黨武彦著

清代経済政策史の研究

汲古叢書95

汲古書院

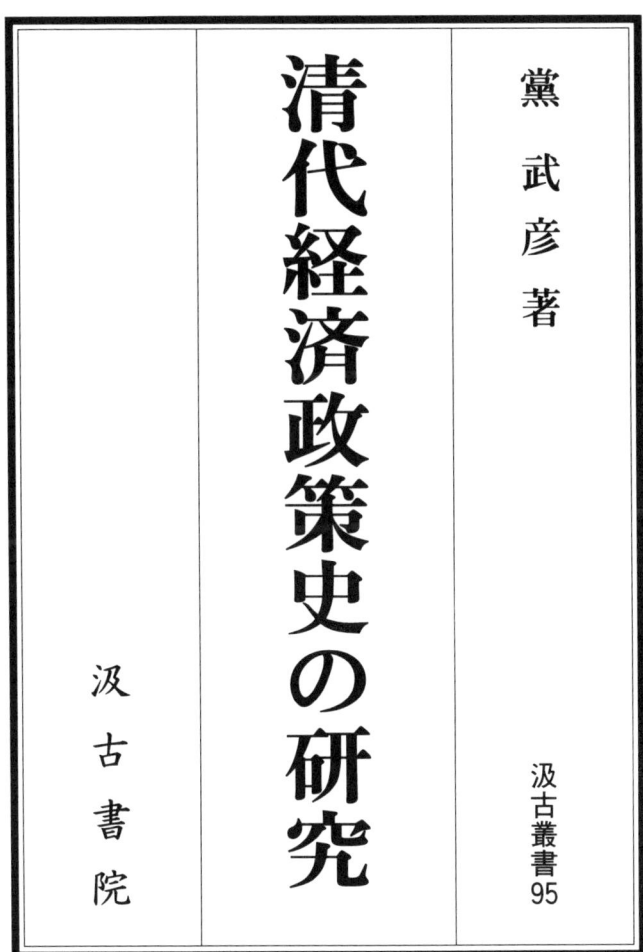

清代経済政策史の研究

目次

凡　例

（1）漢語史料は原則として書き下し文によって引用したが、必要に応じて現代語訳したものもある。また短いフレーズは原文のまま引用したものもある。字体は原則として常用漢字表に依拠したが、漢字の原義を損なう恐れがある場合はそのかぎりではない。（例、「弁」など）

（2）先行研究については、「黨〔2003〕」のように著者名と発表年によって表記した。単行本としてまとめられた論文は、改稿や補足がなされているものが多いため、参考文献には原則として単行本を挙げた。特定の章を参照した場合には各章註の初出時に章名を明記した。原発表年は必要と判断した場合のみ注記した。

（3）満洲人の人名はすべて漢字表記とし、満洲語よみのふりがなを加えることはしなかった。人名索引においてもすべて漢字音順に配列したが、満洲語よみが一般的なものについては舒赫徳（シュヘデ）のように附記した。

（4）暦はすべて太陰太陽暦によるものに統一した。元号については各章各節の初出時、あるいは必要に応じて、ほぼ相当する西暦を注記した。

（5）銭価などの数値は原則として漢字表現に統一したが、可読性の観点からアラビア数字や漢字の位取り記数法を用いたところもある。

（6）事項索引は重要なもののみを採用し、特に地名や『高宗実録』などの頻出史料については原則として採用していない。ただし人名索引・研究者名索引については網羅的な収集に努めた。

清代経済政策史の研究

序論

一・乾隆期の経済・社会環境および政治環境の概観

本書は清代の経済政策についての研究である。対象とした経済政策は京師・直隷省における銅銭流通に関わる通貨政策および治水・水利政策である。時期的には乾隆期（一七三六～九五）を中心とする。

その乾隆期をまるまる含む十八世紀は、中国を文明史的に捉えた際に重要な意味をもつ時代である。なぜならば、秦漢期において成立した、皇帝を頂点とし州県制を基本とする政治構造体（帝政中国）が、十六世紀からの世界史的な時代の変動の中に否応なく巻き込まれていく時期である[1]一方で、そのような世界史の展開とはあたかも無縁であるかのように、自らの文明の自己展開、つまりは中国史において繰り返されてきた王朝の成立・繁栄・衰亡という興亡のサイクルにおいて、「康熙・乾隆の盛世」と呼ばれる繁栄の時代を迎えたと認識されている時期でもあるからである[2]。

かような状況下にあるこの時代について、本書に関わる限られた部分のみであるが、その経済・社会環境および政治環境の二点を概観しておこう。

まず経済・社会環境について見る。研究史を概観すると、十八世紀の中国経済をいかに位置づけるかという問題関心において、乾隆期の経済問題や経済政策に関する研究が特に一九八〇年代後半から蓄積されてきた。これらの研究の結果、十六世紀からの継続的な銀の流入、乾隆期以降の物価上昇および好況、急激な人口増加[3]、地域差を有するもののかなり高度な商品経済の展開と市場《しじょう》の発達[4]が指摘されている。また、これらの急速な変化によって、社会の流動化が進んだとされている[5]。これらの事象は本書においても当該時期の中国社会を理解する上で重要な鍵となるものとして位置づけたい。また、これらの研究の背景には、封建制から資本主義への「移行」[6]といった直線的で非可逆的な経済発展のモデルよりも、好況—不況といった波動的な経済局面への着目がある[7]。本書では通貨政策、治水・水利政策という「経済」が非常に大きく関わる政策を分析の対象とするが、経済環境の局面については、経済変動・経済長期波動という点に着目したい。

次に政治環境についてである。本書は「経済政策」を主題とするが、「経済」よりも「政策」という部分に大きなウエイトを置く。経済史への関心と研究の蓄積に比較して、清代の政治史・政治制度史や政治過程の分析については、それほど多くの研究成果はない。例外と言えるのは一九五〇年代末から六〇年代にかけての京都大学を中心とする雍正時代史研究[8]であるが、一方でそれに匹敵する乾隆時代の政治史研究は特に日本では乏しく、あるいは断片的なものに止まっており[9]、一般概説書においても、上記の雍正時代研究の成果を踏まえた上で雍正期については詳細な記述がなされているが、乾隆期については「十全老人」という語に象徴される軍事的成果と支配領域の拡大、康熙の寛大と雍正の厳格の折衷、南巡・外征による浪費、『四庫全書』編纂と思想統制、和珅の専横、乾隆末年における白蓮教徒の叛乱等に見られる衰退への徴候[10]、等が語られるに過ぎない。近年やや研究は進展しているとはいえ[11]、明らかにされていないことがまだ多い。ゆえに本書は、一貫して政治史の視点を強調して乾隆期政治史の空白を補完することを念頭に記述を進めていくことにしたい。

なお、冒頭で十八世紀という世界史を意識した時期区分の表現をする一方で、実際には皇帝の在位期間に基づく「乾隆期」といった断代による研究時期の限定をすることはアナクロニズムである印象を与えるかもしれないが、特に十八世紀に清朝の皇帝であった康熙・雍正・乾隆の各皇帝は、すでに明初の六部直轄以降の制度的な独裁君主であったということに止まらず、アクター（行為主体）としてその制度の設定意志を極めて積極的に体現しようと行動し、また、その他のアクター――例えば満洲人貴族や漢人士大夫――も自発的にその行動を容認した。[12] ゆえに、各皇帝の政治理念の違いから、その時代の個性が明確に分かれる。また、康熙・乾隆期のような長期におよぶ在位期間においては、その治世の性格が変化することもある。皇帝治世による断代を前面に押し出した意義はここにある。

二・「経済政策」への視点

二・一　清代中国における「政策」

本書では、歴史研究において考慮すべき様々なファクターのうち、「政策」という事柄に焦点をあてる。この点は本書で最も強調されるべき問題設定である。

さて「政策」とは、政治体系からの出力（アウトプット）である。[13] 政治体系とは、ある範囲の人々全員を拘束する決定（集合的決定）を供給する機能的装置のことである。本書であつかう政策は清朝が出力するものであるから、考慮すべき政治体系つまり政策決定機構は清朝という統治権力およびそれがかかえる官僚機構ということになる。中国

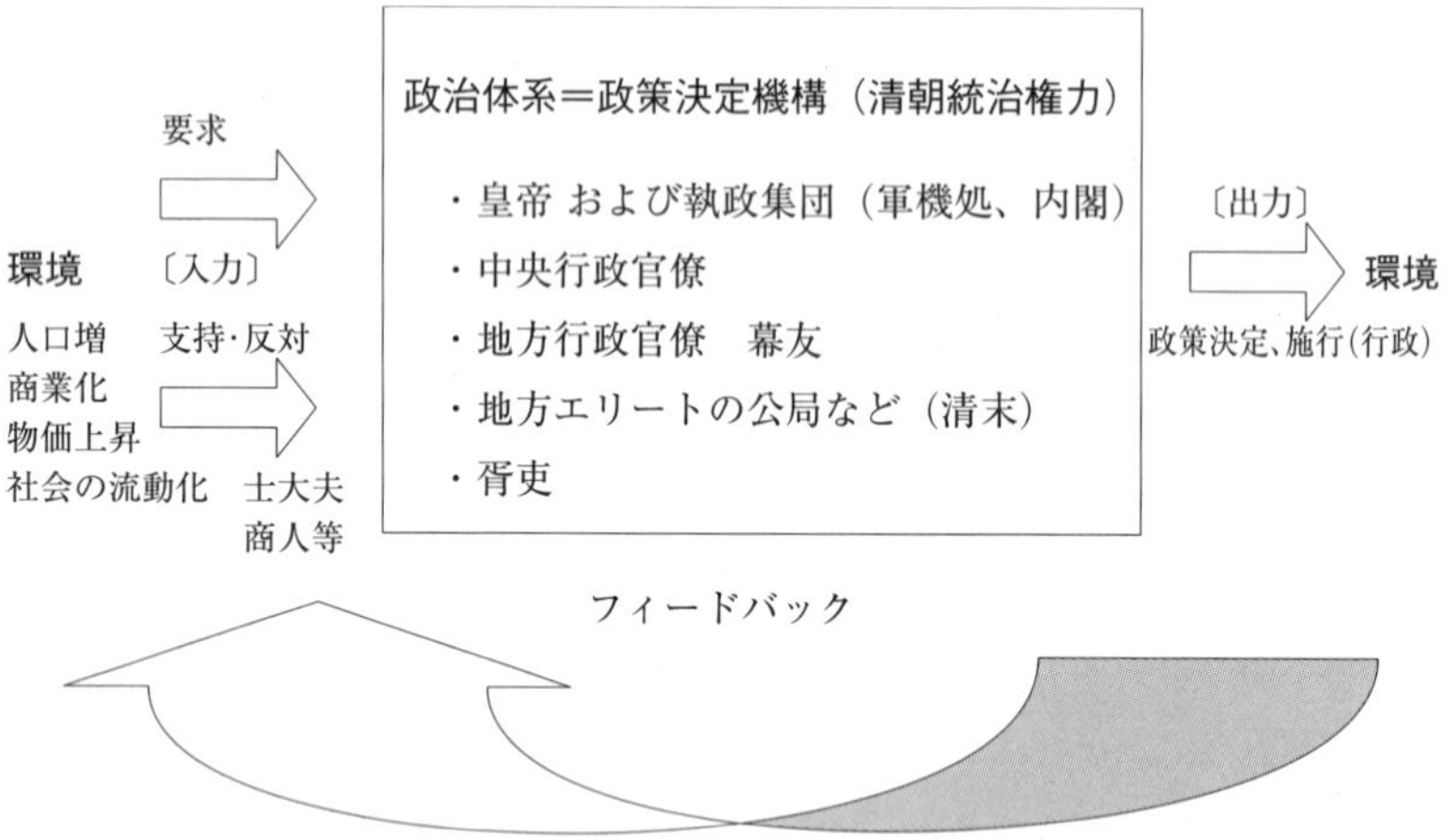

図　序―Ｉ　清代の政治システム

では帝政の成立期より、この官僚機構が高度に発達しているので、政治体系を分離独立させて考察することには有意性があると考える（図序―Ｉ参照）。

さて中国停滞論の克服、という問題意識から進められた第二次世界大戦後の日本の中国史学界の明清史研究においては、時代区分論、資本主義の萌芽論、商品生産論、地主制論、郷紳支配論等の研究が進められ、およそ一九七〇年代までに多くの実証的な成果が残された。そこでの議論の焦点の一つは、「国家と社会」[14]、本書の主題に即してより概念を明確化して用語を置き換えるならば、「統治権力とその他の社会集団」（以下本書で「国家と社会」と表現した場合はこの意味で用いる）の関係のありかたであった。八〇年代以降の「地域社会論」などの研究の新潮流の中でもより重要な論点として検討された。

本書も「国家と社会」問題への関心をその考察の基底に置くが、「統治権力の政策[15]」をあつかうことから、「その他の社会集団[16]」よりも「統治権力」に注目することになる。

ここで、中国社会全体において、統治権力を、その他の社会集団と並ぶ一つのアクターとして相対化して理解するのか、それとも「国家」＝統治権力は他の諸団体とは違う審級にあるのか、という問いが投げかけられる。ここで立ち戻るべきは、「国家とは、ある一定の領域の内部で―この「領域」という点が特徴なのだが―正当な物理的暴力行使の独占を（実効的に）要求する人間共同体である」[17]というウェーバーの国家の定義である。清代中国において暴力行使（死刑、杖刑、身体の拘束など）を正統的・合法的に独占していたのは清朝統治権力であり、このことは他地域に比しての帝政中国の「近代」性である。一方、近代国民国家の暴力が（近代的な意味での）社会そのものを防衛することを理念としているのに対し、八旗や緑営という清朝の暴力が「社会」（その他の社会集団）から清朝みずからを防衛するためのものであったことは「前近代」的特徴である。いずれにせよ暴力の独占という点で国家を別審級にあるとみなすのが妥当であろう。

暴力を独占した国家（＝統治権力）は、暴力を背景に税という形で社会から富を収奪し、その富によって軍事力や警察力をさらに強化する形で暴力を組織化し、支配に永続性をもたせようとする。[18]ただ、それだけでは中国本土のような広大な領域を長期的・継続的に支配すること、またそれに正統性―被統治者が自発的に支配を受け入れようとすること―を附与させることは難しいだろう。そこで要求されるのが私人性[19]を越えたなんらかの公共性である。ここに統治思想・政治思想としての儒教[20]に注目する必要がある。特に康熙帝以降、朱子学の再興とともに経世致用の学が発展する。清代に経世官僚と呼ばれる単純に私人的とはいえない、なんらかの公共性を追求していこうという知識人たちが活躍する背景である。[21]

本書は「国家と社会」問題について何らかの明確な解を求めようとするものではないが、「国家と社会」のあり方が、十八世紀の直隷省でどのような位相を見せるのか、という点については常に意識しつつ考察を進めていく。

二・二「経済」への視点

さて、本書であつかう「経済政策」という用語にみえる「経済」は economy の訳語としての経済である。この経済の語が「経世済民」という熟語からの用法であることは周知のことであり、本書で幾度となく登場する乾隆前半期の官僚である方観承は「経済の才をもって聖治を上輔す」（『述本堂詩集続集』の姚鼐撰の序）と称されたが、これは無論経世済民の才能がある、つまり政治能力・行政能力一般に優れている、の意味である。市場社会が成立する以前の社会においては、「経済は社会に埋め込まれている」[22]、という表現にみえるように、「経済」システムが、ほかの社会システムの諸下位システムの中で特権的な位置を占めることはなかったとされる。しかし、冒頭で述べた銀の流通と人口増加を背景とする社会の流動化という状況・環境の中で現実に統治権力が対処しなければならなかったのは、商品流通・通貨問題など近代の economy の問題に切り分けることができる領域が主要な部分を占め、政治体系を担う者、すなわち「政策」を立案し決定する者も、文字どおり「経世済民」を実現しようという者も、この economy の意味での「経済」の領域に否応なく踏み込まざるを得なかったのではないだろうか。やはり十八世紀にヨーロッパで成立した“political economy”との同時代性を見ることも可能である。以上は、本書で諸政策のうちから、特に経済政策を分析の対象として選択した背景でもある。

二・三　政策の決定および施行

従来の清代史研究においても様々な政策の決定が議論されてきた[23]。歴史学は個別の事例を明らかにすることに主眼が置かれるから問題とはされなかったが、本書のように「政策」を抽象化して表に出す以上、政策決定のある程度のモデル化が必要であろう。

ここで参照すべきは、政治学の分野でその問題点も含めて十分な検証がなされているアリソンモデル[24]である。これは、政策決定を（1）合理的行為者モデル、（2）組織過程モデル、（3）政府内政治（官僚政治）モデル、という三つのモデルから分析していくものである。

これまでの清朝の政策をあつかった研究もおおむね上記のモデルのどれかに対応する解釈を行っていると見てよいだろう。例えば、「清朝の経済政策は逆に、流動化の趨勢に対応した効率的な経済制度を構築するところにその主眼があった[25]」という表現は、（1）の合理的行為者モデルの典型であり、「清朝」を単一の合理的な行為体とみて、その意志決定を説明しようとするもので、ここで主語となった「清朝」は整合的な目的を持ち、その目的を達成するために、すべての手段を考え、それらの手段のなかから最も適切なものを選択する、と解釈する。また、「戸部は部駁を行った」などと機関が主語になる場合は（2）の組織過程モデルであり、衙門の定型的な行動の表出とみる。つまり衙門はある問題が起きると、合理的な選択を試みるよりも、過去の経験からその問題に対する標準的な作業手続き（例えば部駁）や対応プログラム（例えば、「無庸議」を導く文書作成）を発動する[26]。また、「雍正帝は『大義覚迷録』の出版を命じた」、「方観承は永定河の下口移動を行った」など個人が主語になる場合が、（3）の政府内政治（官僚政治）モデルである。政府内部での少人数の意志決定を想定し、その意志決定者はそれぞれ起きた問題に対する異なる認識や解釈（各人の信条や自己の所属する衙門の利益）を持ち、それゆえに擁護する政策目的や政策の選択枝が異なっている、と想定する[27]。

それぞれのモデルは並立が不可能ではない[28]が、ある皇帝や官僚の例えば保身や出世・金銭欲や特定の人物に対する好悪による政策決定が、清朝の「合理的決定」と反することはあり得る。また、歴史研究においては研究者が想定する歴史解釈や評価に整合的なモデルによる政策の意味づけを選択する傾向にある。例えば「合理性」と言っても近代人から見た合理性の解釈であることもままある。このような危険性を廻避するためにも、モデルによる政策決定の解釈の相対化は必要な分析検証作業となるであろう。本書に多少でも新しい観点があるとすれば、近年の社会史研究が描いたように社会も多様であるが、統治権力もそう一枚岩ではなく、また、合理的判断のみをするものではない、という点に注目することにある。

以上は「決定」についてであるが、「決定」が政治体系によりなされたのちは、その政策の施行がなされる。図序—Ⅰに示したように、政策の施行の結果、それがその政策立案と決定を要求した「入力」にフィードバックされ、検証が行われ、政策決定の妥当性が吟味（支持・反対）されることになる。本書ではその政策の施行を価値判断を比較的含まない「行政」という用語でとらえることとする。近代国家の「行政」の定義の一つに、統治権力の活動のうち立法や司法を除いたものというものがあるが、清朝では体系上立法はもちろんのこと、司法も分離しておらず、すべて清朝統治権力の中に含まれる。ただ、「監察」は清代の政治過程においては、政策提案（アジェンダの提示）と政策の評価において重要な機能を持つ[29]ので、「行政」とあえて分離させて考察する意義がある。

さて、この「行政」を、どうとらえることができるか、という問いには、清代中国に実体として存在したもの、具体的には清朝史に即して「大清会典」の体系と重ねることによって理解すれば、より実態に近いと考える。つまり清代の官制の体系であり、「文書行政」の体系である。例えば清末の同時代において日本人が清朝の制度を現状分析的に調査検討しようとした際に「行政」というものが注目され『清国行政法』が編纂されたが、その主要な典拠の一つであった光緒『大清会典事例』一千二百二十巻は二世紀半におよぶ清朝の官僚制とそのシステムが施行した行政の事例先例の蓄積である。これらの蓄積が果たして社会に対して実効的に機能したものなのか、行政自体の自己循環により惰性的に肥大化したものなのか、二者択一ではないにせよ、本書の個別事例の研究において常に意識すべき問題である。

つまり政策という対象への視点は「行政官僚制」の議論とも密接にかかわり合う。政策はこの行政官僚制のシステムを通じ文書を媒介にして行われる。この行政官僚制は中国においては科挙を通じて社会的流動性を生み出す一つの源泉でもある。[30] 本書は官僚制自体の問題を直接扱わないが、行政の個別事例の分析において官僚制の動態的側面を常に問題とすることになる。[31]

三・対象とする地域について

三・一 「北部中国大地域」への着目

次に、対象とする地域について問題としたい。本書では清朝の中国本土支配に焦点をあてるが、そのうち、「北部中国大地域」を特に分析の対象とする。

「北部中国」、という地域区分はスキナーの大地域（macroregion）論によるものである[32]（図序―Ⅱ）。清朝の行政地域においては承徳府北部を除く直隷省、山東省、山西省東部、南陽府を除く河南省、安徽省のうち鳳陽府と潁州府と泗州、江蘇省のうち徐州府と淮安府と海州、に相当する。この大地域論については問題点もあるかもしれないが、[33] やや安易に使用される傾向にある「華北」という地域区分よりも実体が明確であり、また本書第一部において検討する銅銭の流通においても、この地域区分に対応した事実を明らかにすることになる。この地域は明清史研究においては、

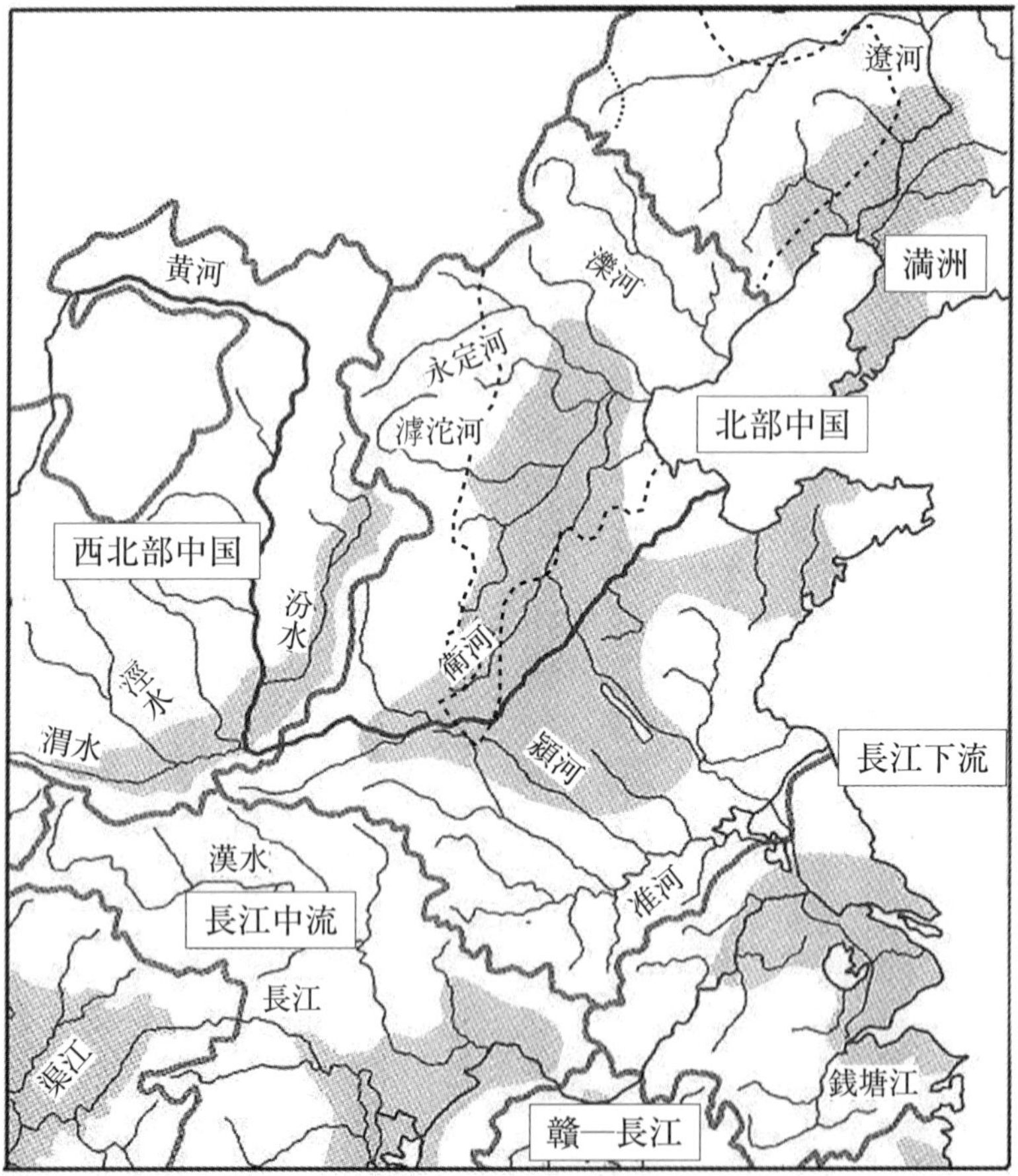

図　序—II　北部中国大地域（1893年ごろ）
（出典）スキナー［1985］うすいグレーは地域コアの範囲、点線は直隷省界

中国の発展を示す典型事例研究としての江南社会研究や近年の社会史的・社会人類学的関心からの研究が進みつつある華南社会の研究に比較して、従来研究の蓄積の少ない空白の部分である。しかし、単に研究の空白を埋めるという消極的な理由ではなく、この地域を対象とすることは次項に述べる後期帝政中国の南北問題という分析枠組みとも密接に関連する。

この北部中国大地域のうち、さらに「直隷省」という行政地域を特に主要な分析の対象とすることの意味について述べておきたい。現在の河北省にほぼ当たるこの地域が「直隷」として位置づけられるのは明代からのことである。明朝はこの地を当初は北平行中書省とし、また洪武九年に行中書省を廃止した後は承宣布政使司を置いた。永楽期以降北京に首都が遷ると布政使司は廃され、所属の府州県は北京行部の直隷となった[34]。つまり文字どおり中央の直隷の地（北直隷）であった。清朝も当初これを踏襲し、布政使・按察使は置かず、その代替的措置として財政担当と刑事事件担当の道員二員を巡撫とともに正定府（康熙八年に保定府に移駐）に駐在させており[35]、中央六部の直隷という形式は残った。しかし、雍正二年に布政使・按察使両司が置かれると、名実共に「省」となり、直隷であり行省であるという本来相容れない言葉が結合した直隷省となった[36]。とはいえ、京師を含むが故にあくまでも「畿輔」の地であるという理念的地理的位置づけは残り、さらに清代においてはこの地に多くの旗地を含むという特殊な事情により[37]、独自の位置を有していた。

本書においてこの地域に焦点をあてることについては以下に述べる枠組みを考えるにあたって重要な意味を持つ。その枠組みとは、後期帝政中国における南北問題、中国行政における中央—地方の問題、である。

三・二　後期帝政中国における南北問題、中央—地方問題

まず、後期帝政中国（Late Imperial China　宋代もしくは明代以降の帝政中国）における南北問題について考えてみよう。元以降の中国王朝の体制の構造を考える場合、支配者が漢民族であるか否かといったような「民族」的問題を越えての共通性は、明初の一時期を除き、「基本経済地域」[38]である南方の資源（米穀等の諸物資・貨幣・文化・人材等）を、現北京（以下元代の大都、清代の京師も特に区別する必要がある場合を除き北京と表記する）がおかれた政治的中心である北方へ移動させることであり、このことは改めてここで指摘するまでもない周知の事実である。[39]

『尚書』禹貢篇にみえるような理念的な中華世界の構造においては、王都とその直轄地である甸服（畿内）はすべての中心である。秦漢以後は州県制が適用された地域までこの範囲が拡大したと考えるべきであるかもしれない。しかし明清期に現実に「畿輔」と称された地域は、北直隷あるいは直隷省という行政制度的に限定された地域であり、端的には皇帝の存在により政治的・礼的秩序において「中心」であるといえたが、宋代以降の社会経済の展開を経たこの時期においてはすでに経済的には中心であるとはいえなかった。政治的・礼的秩序における中心と社会経済的中心とのズレ、このズレを解決するための機能が南北の資源の移動であったともいえる。[40]

明代においては「漢民族」が自らを秩序づけるための伝統的システム[41]（礼的秩序、官僚制等）に沿うかたちで、また清代においては満洲人支配者層がそれを忠実に運用していくなかで現象化するこの南から北への資源の流れは、明清期の経済的問題のみならず政治社会的な問題の背景に常に存在する構造であった。しかし、この構造はその不安定さ故に、常に固定された現象をもたらすものではなく、歴史的状況の変化によって様相を変える。図式的に両極端の例を言えば、先述の二つの中心（焦点）が緊密に作用して動的に安定した一個の楕円構造を形成している時期もあれば、

それぞれが乖離しつつ二つの中心を形成していく指向性を持つ時期もある。

上記の南北構造は地域的差異を背景にはしているが、あくまでも一つのモデル設定である。一方、中国は実体の上においても広大な領域の中で多様性を有していることはいうまでもない。その多様性に本書での重要な分析対象である「政策」が現実にいかに関わったかということは非常に大きな問題である。そのなかで中央行政・地方行政というもののあり方や構造が一つの重要な鍵となる。上述の南北関係も中央と地方の関係として捉えることができる[42]。

以上のような分析の枠組みにおいて、本書で主たる分析対象となる「直隷省」という行政的地域区分にあたる地域は南北関係と中央―地方関係という枠組みがクロスオーバーする地域である。また、地方という行政区分内において中央を地理的に内包しているが故に、北京と四川、北京と広東などといったような明らかな中央―地方関係よりも錯綜した形で中央―地方関係の特質や問題が顕在化する、興味深い対象であると位置づけられよう。

またこれらの枠組みは近現代史においても考慮すべきものであり、その意味を失ってはいない。例えば内藤湖南は、辛亥革命時において存在した、中国を南北の二国として現在の局面を打開しようという議論を、「詰まらぬこと」であるとして批判している[43]。ここで大きな論拠となっているのはやはり元以降の体制において北方が経済的に南方に依存しているという歴史的背景である。現今における、たとえば北京と上海、あるいは北京と広東の関係などに象徴されるごとき中央地方の問題、あるいは地域間格差の問題は国民国家を志向して成立した中華民国および中華人民共和国においてもその物理的サイズ故に常に課題として残されている問題であるといえよう。

四・檔案史料と文書行政システム

本書で主体となる史料は、「歴史檔案史料」という範疇のものである。現代中国語の「檔案」の語の示す実体はかなり広い[44]のであるが、特に清代史研究においてこの語を使うときは編纂物ではない行政文書の第一次史料を指すことが多い。本書で主要な史料となるのはこの歴史檔案史料であり、そのうち特に清朝の宮中や中央政府機関にあったものが中心となる[45]。

清朝宮中蔵の檔案史料は清末から中華民国初期における紆余曲折を経たが[46]、一九二八年の『掌故叢編』（のち『文献叢編』と改称）の整理出版を嚆矢として、『史料旬刊』『明清史料』『清三藩史料』『清代文字獄檔』『清代外交史料』等の史料集となり出版された。その後一九四九年までの内戦の過程で北京の現中国第一歴史檔案館と台湾故宮博物院・中央研究院に別れて保存されることとなった。これらの機関に保存される檔案の種類は多岐にわたるが、そのうち本書で主要な史料となる「奏摺」とよばれるものは、台湾の故宮博物院から『宮中檔光緒朝奏摺』（一九七三～七五）、『宮中檔康熙朝奏摺』（一九七六～七七）、『宮中檔雍正朝奏摺』（一九七七～八〇）、『宮中檔乾隆朝奏摺』（一九八二～八八）として景印出版された。その後康熙朝、雍正朝のものについては中国第一歴史檔案館所蔵の奏摺が併せられた上で『康熙朝漢文硃批奏摺彙編』、『雍正朝漢文硃批奏摺彙編』としてやはり景印出版されている[47]。これらの檔案史料の出版により、漢籍のような編纂史料においてはその性格上省略されていたり、美文化されていた部分が明らかになり、より具体的な事実の解明に寄与するものとして歓迎された。しかし檔案史料はそのように使われるべき史料ではない。檔案史料は行政文書であり、必ずしも客観的事実を記述したものではない。あくまでもそれを記述する「官僚」の立場を反映したものであるからである。その具体的で詳細な記述におぼれるのであるならば、檔案史料を積極的に位置づける意義は卑小なものになる。[48]一方、本書であつかう「政策」決定においては、その手続きの過程で生じたものであるから、内容とともにその存在のあり方自体が検討の対象となる。

つまり、確かに漢籍史料を補うものとしての位置づけもその一部にはあるが、それよりも、かなりの膨大な量が体系的に存在している故に、それらを系統的に分析することにより、文書行政そのものの実態・性格・意味について明らかにすることができるということである。清代の文書行政の実態については、例えば『大清会典』のようなものでは不明な点において、現実に残っている各種文書からの分析により、特に中国第一歴史檔案館の研究者によってかなりの部分が明らかにされている。[49]この研究分野は歴史檔案学ともいうべきもので、文書の形式的な部分が強調される。本書はこれらの成果を十分に取り入れながら、現実の行政の場においていかなる文書システムが形成されていたかについて常に意識していく。

この文書行政システムへの視点は、対象を東アジア世界全体に拡大することが可能である。帝政中国が東アジアの様々な「民族」グループに対応するにあたっては、それぞれその対応の形式や内実は変化を見せるが、文書行政というものが必ず附随する範囲というものがある。例えば冊封体制下におかれた朝鮮や琉球やヴェトナムなどとの文書往復はその典型である。[50]当然中心からの距離が離れるほど、その「政策」の内実が、琉球社会なり朝鮮社会なりの現実の対象に影響を及ぼす範囲は極めて限定されるものとはなるが、そのような現実の比重は別としてその各々の国家存立の上で象徴的に文書行政が非常に大きな意味をもっていたことは間違いない。

五・通貨政策と治水・水利政策

本書では前節までで述べてきた視点を踏まえながら、乾隆期の通貨政策および治水・水利政策について具体的な分析の対象とする。数多い経済政策のなかから、これらの素材を選択したことについて説明をしておく。

本書で扱うこの二つの素材はその各々の領域で完結しないものであるゆえ、「国家と社会」を考える上で、絶好の素材となるものである。貨幣は当時高度に発達していたと評価しうる流通システムにおいて要となる働きをするものである。すなわち財政政策や通貨政策という回路を通じて「国家」と「社会」を循環するものであった[51]。治水・水利は当時の生産の基礎でもあり財政の基盤であった農業に関わるものであるが故にやはり「国家」と「社会」の問題と深く関わる。結論をやや先取りすれば、治水・水利工事における大量の労働力の調達において貨幣（主として銅銭）が投下される。すなわち財政という問題を軸に両者は深く関わるものである。そして上記「流通」「循環」「投下」という動きのベクトルは本書を貫く視点である「南北問題」「中央―地方の問題」と密接に関わる。また非常にメタフォリカルな共通点ではあるが、両者とも「流通」と「水流」という流体的なものであり固定的なものではない。ここに政策としての単純な対処を許さない困難さの共通性も存在する。「治民は治水のごとし[52]」という言葉はその象徴的表現である。

ここでは以上のように通貨および治水・水利の重要性と共通性を指摘するに止め、個別の問題の所在については第一部、第二部のそれぞれの「はじめに」の部分で改めて述べることとする。

註

（1）十八世紀中国を政治・文化・経済・地域の総合的観点から概述した研究として、Naquin and Rawski〔1987〕、戴〔1999〕をはじめとする『18世紀的中国与世界』のシリーズがある。

（2）ひとつの理解として、斯波〔1990〕において紹介されている Joseph Fletcher の議論がある。これによると、十六世紀から十八世紀の世界のそれぞれの社会が「タテの連続性」を残しながらも、その「タテの連続性」と社会の「相互依存」「ヨコの連続性」が織りなすパターン（国際海上商業、新大陸作物の伝搬、スペイン銀の回流、貿易様式の変化、宣教師の活動、等々）がこの時期の歴史を特徴づけるとする。

（3）則松〔1989〕、黒田〔1994〕、岸本〔1997〕等。人口増加については諸研究において指摘されているが、イーストマン〔1988〕第一章　人口―増加と移動、に最も概括的な記述がなされている。

（4）山本進〔2002〕。

（5）岸本〔1999〕〔2001〕参照。

（6）本書で「中国社会」と表現する場合は、地理的にはおよそ中国本土（China proper）を想定し、その範囲に存在する構成員による社会システム全体を指すこととする。あるいは漢人知識人である顧炎武が『日知録』巻十三、正始、にいうところの「亡天下」の「天下」の実質上の範囲に比定してもよい。もちろんこのような清朝の中国本土支配のみへの着目は、近年の研究の進展によって十分に相対化され、モンゴル・チベット等の藩部を含んだ多元的な清朝の東アジア支配システムの構造およびその安定性が強調され、もはや定説となっている。しかし、その多元構造解釈の妥当性と重要性を認めた上で、人口や資源といった物量的な面においても、統治思想を含む文化的蓄積においても、清朝にとっての中国本土の漢族統治の比重はかなり大きなものであったし、その比重は十八世紀以降大きくなっていったと考えられる。本書はそういった意味で清朝の中国本土支配をさらに高次元に再考しようとする意図を持つ。

（7）いわゆる発展段階のモデルを批判しての経済変動・景気変動への着目は宮崎市定氏の指摘（宮崎〔1977・1978〕）が早いが、

それを明清経済史の実証研究において明確に示したのが岸本〔1997〕の物価史研究・市場研究である。

（8）のち東洋史研究会〔1986〕、としてまとめられた。これらの研究群は『雍正硃批諭旨』という史料に注目している点に大きな特色がある。原文に近い形での奏摺を集めたこの史料の存在が、雍正期の研究を他の時期に比較して突出したものにしたのであるが、やはりこの史料そのものの持つ限界、つまり雍正帝自らが指示した編纂物であるが故に内容の改変があることや意図的な史料の残されかたをしていることに注意すべきである。（例えば雍正から乾隆期にかけて四川で独自の勢力を持っていたとされる岳鍾琪の奏摺が『宮中檔雍正朝奏摺』等を見れば多数存在しているにもかかわらず、『雍正硃批諭旨』にまったく含まれていないことなどはその代表的事例である。川勝〔1988〕参照）。

（9）杉村〔1961〕などがあるが、文化史的記述に偏ったものである。中国においては、乾隆期についての関心がやや高く、戴〔1992〕をはじめとして、孫〔1993〕、郭・成〔1994〕、白〔2004〕等の乾隆帝の伝記類の出版が盛んである。本書で特に参照したのは、戴〔1992〕、高〔1995〕である。また欧米の研究としては、Bartlett〔1991〕があり、雍正・乾隆・嘉慶期の軍機処の詳細な分析と評価をする。

（10）鈴木中正〔1952〕の序章「清朝中期史概観」、第一章「清朝中期の社会問題」、は先駆的に乾隆末年の諸状況を描いている。

（11）邦文文献では、木下〔1996〕が、乾隆期政治の問題を従来の枠を越えて叙述しており、本書もその成果をふまえている。割辮案をあつかったキューン〔1990〕は、官僚制との関わりで乾隆帝の政治を描く。石橋崇雄〔2000〕は、乾隆帝について、康熙・雍正帝の後を受けて十分な政治効果を発揮できるだけの内政能力を備えていなかった、と評価する。また大谷〔2002〕第三章「清代の政治に関する研究」が乾隆期の政治について主題は限定されてはいるがまとまった記述をする。

（12）この時期の政治史的考察において皇帝個人の比重をどの程度重きをおいて考えるかについては、清朝の統治範囲の大規模性と官僚組織の複雑性からみて議論の余地があるところであろう。しかし、ここで結論からいえば、清朝においては、皇帝個人の政策的な位置づけが非常に重いとみなさざるを得ない。従来は、明代の皇帝は暗愚なものが多かったが清代ではそうではなかった、という言い方や、また、康熙帝の個人的有能さを強調し、雍正帝の勤勉さを殊更に強調するといったような、個人の資質に帰せようとする素朴な議論以上のものは無かったと言ってよい。しかし、宮崎〔1947〕〔1950〕を嚆矢とする清朝制度史研究は、個人の資質という問題のみではなく、康熙～乾隆期に確立した政策決定システム上の問題であることを明らかにした。つまり、南書房制度から軍機処制度、さらには奏摺制度の確立により、執政集団（political executive）における皇帝というアクターの比重が飛躍的に増加したと評価しうるということである。

(13) 政治体系論を提唱したイーストン〔1965〕の政治体系と環境の相互作用モデルを参照。政治体系は政治システムと翻訳表現される場合もあるが政治システムを政策決定機構に限定するのではなく、相互作用モデル全体を政治システムとした方がベターであるという、田中〔2000〕の提言を採用し、本書では、図序―I全体を「清代の政治システム」とする。

(14) 「国家」には現状の研究水準では十分に相対化が進んだとはいえ、歴史的な生成物である「国民国家」の概念がつきまとう。「社会」には、一定の枠の中で共同の生を営んでいるという意味での社会と、近代に生まれた国民国家がほぼ重なる新しい社会の概念がある（竹沢〔2010〕）が、「中国社会」と表現した場合には、後者が投影され、その場合には統治権力をも含んだ社会システム全体を指す場合と、統治権力を含まず「国家と社会」という形で対峙させる場合などがある。なお戦後明清史研究における「国家と社会」問題の研究史については、山本英史〔2007〕序章三頁を参照。

(15) 広義の政策には統治権力以外の諸集団の政治的決定も含まれるが、本書でいう政策は清朝の中央・地方の統治機構が行う決定に限定して使用する。

(16) 具体的には例えば、「宗族」「宗教結社の成員」「ある村を構成する人々」「江南の士人層」「北京の同業団体」などを想定する。なお、足立〔1998〕ではこれらの社会諸団体は、必要に応じて作られた任意団体であり、自律性を持たず、相互規定的な規範の共有関係をもたないとする。

(17) ウェーバー〔1919〕。

(18) 暴力と国家の関係については岸本〔1993〕および萱野〔2005〕参照。

(19) 村松〔1949〕は、一八六〇年以降の清朝の地方統制力の衰退という歴史性を強調しつつ、「県と、省と、中央政府とを通じて、だから中国の『政府』の動態は、甚だ私人的であると言えよう」と中国の統治機構の私人性を強調する。また、官僚制度についても、「中国の個々の官吏が示す極めて個別主義的な、私人的行動様式」に言及している。ただ、村松氏のいう「私人」の概念は、近代欧米の視点に近い。

(20) 伊東〔2005〕第五章「〈秩序〉化の位相」、第六章「近世儒教の政治論」、参照。

(21) 清代の経世思想については特に大谷〔1991〕第三部清末政治思想と経世学、清代郷紳・士人層の「経世済民」型志向のあり方については森〔1995〕参照。

(22) ポランニー〔1977〕第一部第四章、参照。

(23) 白〔2002〕、趙〔2007〕は清朝の政策決定についての専論である。

(24) アリソン〔1971〕。なお、その中国政治分析への適用については、国分〔1999〕参照。

(25) 岸本〔2001〕四頁。

(26) 膨大なエネルギーを費やして生み出される題本は、確かにアジェンダ設定や政策決定においては意味を失っていったが、この題本によって行われている衙門のルーティンを阻害するような決定がなされようとした場合、衙門はその決定を非決定に導くような動きをみせるかもしれない。黨〔2006〕参照。

(27) 形式上、皇帝にすべての最終決定権があるシステム下ではこのモデルの意義が問われるだろうが、実際上は各中央衙門や地方衙門では数多くの実質的最終決定がなされている。また、表に出ない「非決定」という「決定」も、これは胥吏レベルから行われていたはずである。

(28) キューン〔1990〕二二七頁、に「独裁支配とルーティンの支配は両立しないわけではなかった」とする。

(29) 足立〔1998〕一六六頁は「自己責任にもとづく決裁能力を官僚機構から奪う過程は、同時に監察機構の発達過程である」とする。

(30) 何〔1962〕参照。

(31) 本書で「官僚」という用語を使うときにはいわゆる「官」のみではなく、各機関の「吏」もその範囲に含める。なぜならば、各レベル衙門の様々な行政処理において「吏」の存在は必要不可欠であり、また身分上は峻別されている官と吏は文書行政システム上は連続しているものであることが、たとえば第一歴史檔案館蔵『長蘆塩法司衙門檔案』、東京大学東洋文化研究所所蔵『昭文県文書』（黨〔1998〕参照）の諸史料を検討すると明らかであるからである。したがって本書において「官僚」というときには、「文書行政システムを担う者」、という意味あいが大きい。図序—1においても胥吏を政治体系の中に含むものとしている。

(32) Skinner〔1977〕〔1985〕。

(33) 代表的批判は、Sands and Myers〔1986〕である。彼らはこの研究の中で、"discriminant analysis" の手法を採用し、さまざまなデータを用いてスキナーの枠組に批判をくわえ、（一例を挙げれば、山東と浙江と広東の耕作密度《"Cropping Intensity" すなわち総作付地域／総耕地面積×１００》の各県別データにより、スキナーが行ったコアとペリフェリーの区分が妥当性を欠いていることを言う）スキナーの提示した概念に、「重大な欠陥がある」とし、また「現実的な説得力に欠ける」とまで言っている。一方コメントとして Little and Esherick〔1989〕と、Lavely〔1989〕があり、Sands 等の議論にたいする批判を行っている。

(34) 『明史』巻四十、地理志一、京師。

(35) 『皇朝文献通考』巻八十五、職官考九。同、巻二百六十九、輿地考一。

(36) 藤井〔1961〕、藤岡〔1963〕参照。なお網羅的に調査したわけではないが、「直隷省」という言いかたは『宮中檔乾隆朝奏摺』には少なくとも乾隆二十年代から見られるようになり、また少なくとも乾隆四十年代になると、もともとは直隷及び各省という意味であった「直省」という用語が直隷省を指す用例を見ることができる。

(37) この時期の畿輔旗地については、石橋秀雄〔1989〕Ⅲ-1「清朝中期の畿輔旗地政策—特に雍正、乾隆年間の制度上にあらわれた旗地の崩壊防止と旗人の救済に関する政策を中心として」、村松〔1970〕等を参照。なお後者で検討されている「総冊」

に記載されている租地の所在は本書第六章で検討する永定河流域の宛平・大興・固安・永清・涿県の各県にわたっている。

(38)　冀〔1936〕。

(39)　開封に首都をおいた宋代についてもいえることかもしれないが、本書では直接の検討の対象とはしない。宋代の南北問題については幸〔1986〕〔1993〕を参照。清代における南北問題の南方からのアプローチについては、川勝〔2009〕後編第五章「清、乾隆初年雲南銅長江輸送と都市漢口」参照。

(40)　中国の南北問題についての先駆的研究として桑原〔1925〕参照。明初において、二つの中心が一致したこともあった。しかし永楽帝の北京遷都により、一時的なものに終わる。このことの意味は宮崎市定氏、檀上寛氏らによって検討され、仮説が提示されている。その仮説は、中華帝国が江南の漢人を中心とした江南政権にとどまるか、モンゴル等の周辺諸地域も含めた世界帝国への可能性を残していくか、という選択において後者が選ばれた、というものである。宮崎〔1969〕は元明の政権の連続性を強調する。檀上〔1995〕第一章「明王朝成立期の軌跡」、第三章「初期明王朝の通貨政策」は遷都の意味を更に正面から扱う。檀上氏の研究は洪武期と永楽期を断絶とは見ず、洪武期においてすでに江南政権脱却の指向性があったとし、洪武永楽の連続性を強調する。また、上記の問題を視野に入れながら、実際の南京の都市機能について考察したのが川勝〔2004〕第八章「明末、南京兵士の叛乱―明末の都市構造についての一素描―」である。この世界帝国指向の仮説は元が南宋を滅ぼした時点を中国史の画期とする岡田〔1983〕の見解とも符合し、当時の言説において明確にその意志が示されているわけではなく、現実には永楽期を除きそれが実現することはなかったが、単に軍事的な意味のみからの説明よりも説得力のある仮説である。清朝においてはその政権基盤が異なるため、明朝のような「漢民族」政権内部の葛藤において首都を決定したという説明はできない。十八世紀すなわち乾隆期、清朝はモンゴル・朝鮮・ベトナム・琉球・チベット・中央アジア等も含めた東アジア世界の盟主であり礼的秩序の中心であり、元朝・明朝が目指した姿を最終的に完成したともいえよう。その意味において政権の基盤そのものが北方にある清朝が北京に首都をおいたのは、地理的にも、明朝の継承といった面でも、当然の帰結であったのではなかろうか。そういった中で中国本土は清朝にとって、その「植民地」的支配地の一つであるにすぎないのかもしれない（岡田〔1992〕）。この説明は中国歴代諸王朝の中の一王朝としてのみ清朝を位置づけることの偏りを相対化する点で意義のある見方である。しかし現実においては、清朝の中国本土における漢民族支配は「清帝国」の完成過程において、その経済的基盤や理論的支柱（ここでは儒教的礼的秩序を想定している）をおいていた故に、註（6）で既に述べたように清朝の支配総体のうちのそのかなりの比重を占めていたことは紛れもないことであり、王朝末期には清朝が「漢族清朝」（安部〔1971〕1「清朝史の構造とその動因」）の様態を呈していたことは、そのことの帰結であったのではないだろうか。とはいえ、黨〔1999〕で部分的にではあるが指摘したように、崇陵（光緒帝陵墓）建築には仏教・道教的要素が多分にあり、清末に至ってもそう単純ではない。

（41）檀上〔1995〕第四部第二章「明朝専制国家と儒教的家族国家観—尾形勇氏の所論によせて—」は秩序形成や権力における「国家」と「民衆」の相互性を強調する。

（42）この中央と地方の問題を国家構造の問題としてとりあげたのは岸本美緒氏である。岸本〔1997〕第八章「清朝中期経済政策の基調—一七四〇年代の食料問題を中心に—」は経済政策の理念や運用における中央と地方、という問題、地方官僚は多様な場面で「因地制宜」による処理を要請されながらどの程度の範囲自立的でありえたか、という問題を考察した。また川勝〔2009〕後編第四章「清、乾隆期雲南銅の京運問題」は「清朝国家＝中国の抱える根の深い、スケールの大きな諸問題」の一つとしてこの問題について、銅輸送の事例を通じて示唆している。

（43）内藤〔1912〕第三講（下）結論、「南北分立論」。

（44）一九八八年一月一日施行の「中華人民共和国檔案法」第一章総則、第二条には「本法に称する檔案とは、過去あるいは現在において国家機関・社会組織または個人が政治・軍事・経済・科学・技術・文化・宗教等の活動に従事するにあたって直接形成される国家や社会に対して保存の価値を有する各種文字・図表・音・画像等の種種の形式の歴史記録を指す」としている。

（45）例えば徽州文書に多く見られる民間文書はそれだけでは行政文書とは言えないが、例えばその文書が何らかの事件において行政によって取り扱われることになれば、行政文書となる。このように行政文書の概念の境界は連続的で幅があるものである。

(46) さしあたり中国第一歴史檔案館〔1985〕、秦国経〔1994〕〔2005〕、黨〔2003〕参照。

(47) その後『乾隆朝上諭檔』(檔案出版社、一九九一)をはじめとする上諭檔のシリーズなど多数の影印本が出版されている。その他、中国第一歴史檔案館編(第一～四輯は故宮博物院明清檔案部編)『清代檔案史料叢編』第一～十四輯(中華書局、一九七八～九〇)等のテーマ別の檔案史料集も数多く出版されている。

(48) 滝野正二郎〔2001〕が同様の指摘をする。

(49) 単〔1987〕、倪〔1990〕、雷・姚〔1990〕、裴・何・李・楊〔2003〕等参照。その他、台湾の荘〔1979〕、日本の内田〔2005〕等の研究も参照すべきである。

(50) 琉球と中国の外交文書集である『歴代宝案』に残された史料はその典型である。濱下〔1990〕には、「朝貢の理念が貢納であり、それが国内統治の原理と実質的には同一であり、かつまた、その国内統治にあって、中央と地方の並存制、制度としての中央集権にもかかわらず、運用が地方主導であること等に鑑みるならば、対外関係にあっても、それは国内・国外と二分された一方として別個の統治ではなく、むしろ、国内統治が外辺に次第に拡大していく対象であったと見なすことができよう。」と論じられているが、まさにその「統治」の経路のひとつが、本書の対象とする文書行政システムなのである。

(51) 本書は貨幣の生成論には立入らないが、「国家」＝「統治権力」を重視する立場から、萱野〔2005〕第七章二四六頁に述べられているように、貨幣が税の徴収からうまれたという見解に与する。

(52) 中国第一歴史檔案館蔵『硃批奏摺』財政類、貨幣金融乾隆元年三月二十七日、戸部尚書史貽直の奏摺。通貨(銅銭)の問題を議論する奏摺中でのこの言葉は、本書で扱う貨幣と治水・水利という素材を象徴的に統一しているものである。

第一部　乾隆期における通貨政策

はじめに

第一部においては通貨政策が主たる分析の対象となる。まず貨幣を扱うことについて、若干の考えを述べておきたい。

貨幣の問題を分析するということは「経済」(economy)の問題を扱うことである、という命題は貨幣の現象的機能から見ても当然だと思われるものであるが、現実には貨幣の問題は経済のみの問題として完結し得ないところにその分析の困難性がある。つまり貨幣の問題は経済的領域の内部では自己完結せず、例えば信頼・慣習・法・規範といったような非経済的要素を取り込まざるを得ない。第一部であつかう通貨政策はいわば「貨幣経済の技術」であるが、上記の貨幣の問題の性格上、その技術の行使によって社会に陰陽様々な帰結をもたらす。また、その貨幣の技術が工学的技術[1]と本来性格を異にするのは、貨幣の技術が対象とする経済が極度に複雑であるからであり、そのため政策の帰結も多岐にわたる。貨幣の技術を問うということは、個々の技術の優劣や実行可能性を問うことではなく、むしろ社会の複雑性を認識すること、すなわち、社会の表と裏、表層と深層、構造と変化、といった様々な位相を組み立て全体化するということである。[2]つまり、貨幣は本稿の序論に述べたいくつかの課題を考察するための格好の素材であるということがいえよう。

こういった視点をふまえつつ、本書においては経済史的な観点を含みつつも、序論で問題提起した政策主体の議論を中心とした、政策決定過程を中心とした政治過程分析を行っていくこととなる。時代の垣根を撤去して中国貨幣の本質を論じようとするアプローチこそが中国貨幣史であるとされている現状においては、本書のような視点は、長期的展望を欠く、視野の狭い不備な貨幣史の一事例として取り扱われる傾向にあるため、本書は単なる貨幣史ではない、ということを逆に表明しておく。一方、政治過程分析については、批判の俎上にのぼること自体を得ることができない状態である。このことは、これまで研究の展開が見られない清朝乾隆期の政治史の分野であるがゆえのものであると考えられる。したがって、第一章〜第三章では、檔案史料が未出版であるために史料が乏しい状況にある乾隆初期政治史の一つの事例としての検討も同時に試みたい。

第一部の本論にはいる前にまず、清初から乾隆期に至る銅銭をめぐる通貨政策についてごく簡単に整理しておく。「国宝貴於流通」とは清代乾隆期における上諭・上奏等に見られる決まり文句である。そして清朝当局にとってかくあるべき銅銭（国宝）の姿であった。伝統の中にあり、また人々の日常性の構造の中に刻みこまれ、「民間日用、首重米穀、次即銭文」とされ、また「民間日常必需」たるものであった銅銭が、清朝にとってまことにやっかいな存在であったことは、以下の行論からも明らかとなろう。

清代の中国貨幣制度の問題点については既に川勝守氏により指摘され[3]、清代の銅銭流通の構造的特色は黒田明伸氏により検討され[4]、また、近年上田裕之氏によって清初からの貨幣政策が綿密に検証された。[5]ここでは三氏の議論をふまえた上で、清初から乾隆初期の通貨政策を概観する。

清朝順治期までにおける通貨政策の目的は正統王朝であることの意思表示として、あるいはこの事業をその必要条件として認識した銅銭鋳造であり、さらに明末に混乱した銭法の弊害除去とそれによる民心の安定にあった。また財政補塡的な見地から、「鋳息」（鋳造利益）を得ることをその大きな目的の一つとしていたことは確実である。[6]しかし、康熙期の体制確立期に至り、経済が一応の安定を示すようになると、逆に混乱に乗じて得ていたとも言える鋳息が望めなくなり、問題はいかにして銅銭を安定供給するかという点に変化する。[7]そして原料である銅・鉛の調達、すなわち辦銅・辦鉛が政策重要課題となる。特に問題となった銅について言えば、この時確立していったのが日清貿易による洋銅の確保と、関差辦銅・商人辦銅等の京局銅供給システムである。[8]洋銅にその供給を依存する体制は雍正期にも継承されるが、既に指摘されているように主に日本側の要因（正徳新例などの銅輸出の制限策）により、供給が不足がちになり、この不安定性が銅禁の策を求めさせたが、必ずしも有効策であるとはいえなかった。しかし乾隆期に至り京局需要銅の雲南銅への切り変えが開始され、乾隆三（一七三八）年には六百三十三万斤すべての銅が雲南銅に求められる銅供給システムが成立した。このシステムが、単に銅の安定した供給額の確保を可能にしたということにとどまらず、清朝の行政システムや経済・流通システムに極めて大きな影響を与えたものであることは川勝氏の専論において指摘されている。[9]このシステムの成立によりはじめて、黒田氏が画期的であるとする乾隆五年以降の各省の銅の自立的確保による鋳銭の開始につながる。[10]そしてこの時期の通貨政策の第一の政策課題、つまりアジェンダとなるのが「銭貴」の問題であった。

以下まず第一章では、乾隆帝即位から乾隆十年前後にいたる間における京師およびその周辺における「銭貴」に対応せんとする諸官僚の議論および現実の政策について詳細に分類して検討した上で、乾隆九年京師銭法八条を一つのメルクマールと位置づけ、その成立過程およびその八条対策の失敗にいたる経過について論ずる。第二章は、乾隆九年の京師銭法対策の各省での適用の是非を問われた督撫がどのように対応したかについて見る。第三章においては、乾隆十七～八年の直隷省を中心とする囤積銭文問題に対する清朝の対応を見ていく。第四章においては、乾隆末年の「小銭」問題(11)を分析し、乾隆初年の政治過程と末年の政治過程の相異を検討したい。

註

（1）本書第二部における、治水・水利問題も単なる工学的問題では無いことは行論により明らかになるであろう。

（2）以上の視角は、間宮〔1986〕参照。

（3）川勝〔2009〕後編第四章「清、乾隆期雲南銅の京運問題」。

（4）黒田〔1994〕は清代の貨幣史研究を格段に進歩させた金字塔的研究であり、いくつかの書評が書かれたが、後半の近代史に関わる部分、市場構造に関わる部分に多くの論評が集中し、本書が対象とする乾隆期の銅銭問題について論じられた部分については、一つにはその難解さゆえか、ほとんど検討の対象とならないままに定説と化しているところがある。そのため、上田裕之〔2009〕の三三頁で、上田信〔2005〕の黒田説の誤解を指摘しているような問題が生じている。その意味で上田裕之〔2009〕はその緻密さゆえに重要な著作である。本書もまた、黒田説を一定程度検証しようとする視点を持つ。例えば制銭の素材価格が名目価格を上回るものであったといった黒田氏の指摘は、少なくとも清代においては、制銭の成分（銅は五〇%から六〇%）から考えても成立し得ない。黒田氏が論拠としている佐伯〔1971〕一八「清代雍正期における通貨問題」に所引の『硃批諭旨』の王士俊の史料は制銭の成分が銅一〇〇%であることを前提とした、誤解か他におもわくがある論議である。同様の議論は『聖祖実録』巻一一六、康熙二十三年九月丙寅の条にも見られる。なおこの時、制銭重量は一文＝一銭に変更された。

（5）上田裕之〔2009〕序論一四頁以下の清代貨幣史の先行研究整理は優れて明解で要を得たものであり、本書においてつけ加えることは特にない。その他参照すべき研究として、足立〔1991〕、鄧〔2001〕、市古〔2004〕、鄭〔2006〕がある。

（6）『清代檔案史料叢編』第七輯、一六一頁以下、「順治年間制銭的鼓鋳」の諸史料参照。彭〔1982〕参照。

（7）中国第一歴史檔案館「康熙八至十二年有関鼓鋳的御史奏章」『歴史檔案』十、一九八四、参照。

（8）香坂〔1981〕、劉〔1986〕参照。

（9）川勝〔2009〕後編第四章参照。

（10）黒田〔1994〕参照。

（11）小銭問題については鄭〔1997〕参照。

第一章　乾隆九年京師銭法八条とその成立過程

一・乾隆初年の銭貴に対する議論

本章は乾隆九（一七四四）年十月に施行された京師銭法八条を、清朝の銅銭に関わる通貨政策の画期と位置づけたうえでその政策過程の分析を進めていきたい。したがって、まず、その京師銭法八条について原文を提示しておこう。

1．京城内外鎔銅打造銅器舗戸、宜官為稽査。
2．京城各当舗、宜酌量借給貲本銀、収銭発市流転。
3．官米局売米銭文、不必存貯局内。
4．京城各当舗、現在積銭、宜酌銭数送局、一并発市。
5．銭市経紀、宜帰併一処、官為稽査以杜抬価。
6．京城客糧店、収買雑糧、宜禁止行使銭文。
7．京城銭文、宜厳禁出京興販。
8．近京地方囤銭、宜厳行査禁

これらの対策は決して乾隆九年に忽然と提示されたものではなく、乾隆初年から継続して検討されてきた議論の集大成であると考える。[1] 乾隆初期に清朝が通貨問題において解決すべきアジェンダ（政策課題）としたのは銅銭の価格高騰つまり「銭貴」（おおむね銀一両＝七百五十文〜八百文）であるが、この問題に対応しようとする諸官僚の議論を見ると、「百計思惟するも究に其故を得ず」[2]というのが正直な見解であったようである。つまり銭貴の状況は厳然として存在するが、その原因を明らかにし得なかったのである。ただ、銅銭の不足、ということは共通の認識として持たれていた。

そしてその対策案として様々なレベルの官僚が自らの観察結果・考察結果により上奏文を提出する。年代順に列記すると、以下史料群Aのようになる。列記したのは、原則として京師および直隷省における銭貴に関するものに限り、地方の状況・雲南銅の問題に関するものは、いくつかの事例を除き挙げなかった。また乾隆九年から十年にかけての京師銭法八条施行途中の時期における銭貴対策の関連史料もいくつか加えてある。（史料群Aの括弧内『硃批奏摺』としたのは、中国第一歴史檔案館蔵『硃批奏摺』で数字は中国第一歴史檔案館編『中国第一歴史檔案館蔵清代硃批奏摺財政類目録』第四分冊、経費、貨幣金融の目録の番号である。軍機原件・軍機抄件としたのは同館蔵『軍機処録副奏摺』の原件ならびに抄件。官職は筆者の判断で省略あるいは補塡。《　》内は議覆における主体。）

○史料群A

1・雍正十三年十二月十六日　工科掌印給事中　永泰（『硃批奏摺』一二二六―〇二五）

2・乾隆元年二月初七日　戸部尚書兼内務府総管　海望（『硃批奏摺』一二二六―〇二九）

3・乾隆元年三月二十七日　戸部尚書　史貽直（『硃批奏摺』一二二六―〇三三）

4・乾隆元年九月初二日　礼科掌印給事中巡視北城　徳寿（『硃批奏摺』一二二七―〇〇三）
5・乾隆元年九月初八日　順天府府尹　陳守創（『硃批奏摺』一二二七―〇〇四）
6・乾隆二年七月初七日　鑲黄旗漢軍副都統　策楞等（『硃批奏摺』一二二七―〇一二）
7・乾隆二年九月二十二日　総理事務保和殿大学士仍管戸部尚書事　張廷玉等《戸部》（『硃批奏摺』一二二七―〇一七）
8・乾隆三年二月初六日　直隷按察使　多綸（『硃批奏摺』一二二七―〇二四）
9・乾隆三年二月十二日　戸部尚書兼内務府総管　海望等《九卿》（『硃批奏摺』一二二七―〇二六）
10・乾隆三年三月初一日　通政使司右通政　李世倬（『硃批奏摺』一二二八―〇〇二）
11・乾隆三年三月初一日　掌河南道監察御史　明徳（軍機原件）
12・乾隆三年三月初六日　戸部尚書兼内務府総管　海望等《戸部》（『硃批奏摺』一二二八―〇〇三）
13・乾隆三年三月十一日　陝西道監察御史　舒輅（軍機原件）
14・乾隆三年三月十六日　河南道監察御史　李源（軍機原件）
15・乾隆三年四月初六日　鴻臚寺少卿　査斯海（軍機原件）
16・乾隆三年五月二十日　直隷総督　李衛（『硃批奏摺』一二二八―〇〇六）
17・乾隆三年五月二十六日　鑲白旗漢軍参領　金秉恭（『硃批奏摺』一二二八―〇〇七）
18・乾隆三年五月二十七日　通政使司右通政　李世倬（軍機原件）
19・乾隆三年五月二十九日　正白旗蒙古管理印務参領　四十七（軍機原件）
20・乾隆三年五月三十日　巡視東城掌陝西道湖広道監察御史　朱鳳英（軍機原件）
21・乾隆三年六月十七日　監察御史　馬昌安（『硃批奏摺』一二二八―〇一〇）

22・乾隆三年六月十七日　大学士　鄂爾泰等《大学士・九卿・科道》（『硃批奏摺』一二二八―〇一一）
23・乾隆三年七月初六日　両江総督　那蘇図（『硃批奏摺』一二二八―〇一三）
24・乾隆四年三月初九日　内閣侍読学士　祖尚志（『硃批奏摺』一二二九―〇一二）
25・乾隆四年七月初八日　浙江巡撫兼管塩政　盧焯（『硃批奏摺』一二二九―〇二二）
26・乾隆四年九月二十二日　浙江布政使　張若震（『硃批奏摺』一二二九―〇二七）
27・乾隆四年十月十六日　掌京畿道事広東道監察御史　鍾衡（『硃批奏摺』一二三〇―〇〇一）
28・乾隆五年三月二十九日　閩浙総督　徳沛（『硃批奏摺』一二三〇―〇二〇）
29・乾隆五年六月十九日　御前侍衛裏行署理鑾儀衛鑾儀使　張謙（軍機原件）
30・乾隆六年二月十五日　分守広東糧駅道　朱叔権（『硃批奏摺』一二三一―〇二三）
31・乾隆七年四月十一日　吏部左侍郎　蔣溥（軍機抄件）
32・乾隆七年四月十四日　兵部左侍郎歩軍統領　舒赫徳・順天府尹　蔣炳（軍機抄件）
33・乾隆七年五月初八日　正藍旗漢軍都統　伊勒慎（軍機原件）
34・乾隆七年五月二十日　兵部尚書湖広総督　孫嘉淦（『硃批奏摺』一二三二―〇二一）
35・乾隆八年六月十三日　河南道監察御史　周祖栄（『硃批奏摺』一二三三―〇一五）
36・乾隆八年十一月初九日　浙江道監察御史　薛澂（軍機原件）
37・乾隆八年十一月二十一日　山東道監察御史　張漢（軍機原件）
38・乾隆八年十二月初七日　西安布政使　帥念祖（『硃批奏摺』一二三四―〇〇二）
39・乾隆九年二月十九日　稽察北新倉江南道監察御史　丁廷（軍機原件）

40・乾隆九年五月初九日　湖北巡撫　晏斯盛（『硃批奏摺』一二三四—〇二〇）
41・乾隆九年六月十一日　大学士　鄂爾泰等《大学士・戸部》（『硃批奏摺』一二三四—〇二五）
42・乾隆九年八月初五日　広東道監察御史　李清芳（軍機原件）
43・乾隆九年十月二十六日　都察院左副都御史　励宗万（軍機原件）
44・乾隆九年十二月十一日　礼科給事中　鄒一桂（『硃批奏摺』一二三五—〇一一）
45・乾隆九年十二月十五日　福建道監察御史　范廷楷（軍機原件）
46・乾隆十年正月初十日　湖北巡撫　晏斯盛（『硃批奏摺』一二三五—〇一二）
47・乾隆十年正月二十二日　大学士　張廷玉等《大学士・戸部》（『硃批奏摺』一二三五—〇一三）
48・乾隆十年二月十一日　大学士　張廷玉等《大学士・戸部》（『硃批奏摺』一二三五—〇一六）
49・乾隆十年二月二十五日　浙江布政使　潘思榘（『硃批奏摺』一二三五—〇一七）
50・乾隆十年二月二十七日　署理兵部右侍郎鑲藍旗満洲副都統　雅爾図（軍機原件）
51・乾隆十年四月初四日　戸部尚書　海望等《戸部》（『硃批奏摺』一二三五—〇二五）
52・不明（乾隆元〜二年）　翰林院侍講学士蔣溥（『硃批奏摺』一三四九—〇三一）

これらの上奏の内容を大まかに整理すると、次のように分類される。

（a）制銭一文の重量の変更、及び単位の変更
（b）銅銭の成分の変更
（c）銅の管理

（d）銅銭の鋳造量・搭放量の増加
（e）官米局の売米銭文についての規制
（f）経紀・銭市に関する規制
（g）銭の囤積・蓄積行為に関する規制
（h）販運行為に関する規制
（i）銅銭使用の制限または銅銭使用額の上限規制
（j）その他

以下、上記の分類にしたがって議論を時期順に追い、当時の議論がいかに展開され、またそれらの議論が現実の政策にいかに反映されていったか、あるいは反映されなかったかについて分析してみたい。

（a）制銭一文の重量の変更、及び単位の変更

制銭一文の重さの変更に関する上奏は乾隆初年において何人かの官僚によって提出されている。ちなみに乾隆初期の一文の重さは清初からの紆余曲折を経て雍正十二年に決定され、結局はそれが清末まで踏襲される一銭二分（約3.73グラム）であった。乾隆初年の重量変更案のうち主要なものを提示すると、原文は現在のところ確認できないが、史料A—9に言及されている乾隆二年七月の工部侍郎鍾保[3]（一文＝一銭案）のもの、乾隆三年二月の直隷按察使多綸（史料A—8）のもの（七分案）、乾隆三年三月の通政使司右通政李世倬（史料A—10）のもの（一銭案）、がある。

李世倬の上奏をうけて出された三月十五日の上諭[4]によれば、史料A—9の多綸の上奏に対する戸部主稿による九卿

議覆[5]、それに引用された鍾保に対する議覆を含め、制銭の改鋳案について既に九卿議覆が三回行われ、ある程度の議論は尽くされていたことを示すが、上諭は「銭文関係重大」を理由に再度の議覆を大学士に要求した[6]。鄂爾泰等の議覆によると、李世倬以外にも「吏部等衙門」がやはり一文＝一銭案を提出している。管轄外の機関による提案は興味深い事例である。またこの時刑部尚書であった孫嘉淦が京局の余銅を官が販売し、銭貴の一因である銅の価格を安定させることを提案しており（孫嘉淦の策は（C）銅の管理、にあたる）、これも議覆の対象となった。

議覆を行った鄂爾泰等は、改鋳案については一銭二分の重さは「適中」のものであり、また、二分を減らして改鋳すれば、新旧の銅銭が混在し民間の交易に紛擾を来すとして政策提案を採用せず、孫嘉淦の提案についても、鋳銭以外に銅の余剰があれば、産銅の省において商民に購買と販売を行うことを許すことはよいとしても、京師に運搬し官局に入れた銅を販売することは、運搬コストを費やすのみならず紛擾を引き起こし、「体制」の観点からみても妥当ではないとして退ける。一方、戸部は一銭の銅銭を鋳造すれば不肖の奸民が旧銭を私銷して新銭を私鋳することとなり、一銭の銭を一銭二分の様式で製造すれば銭が軽薄となり、また、康熙期の様式に照らして（直径を減じて）製造すれば民間では小銭として行使され、制銭の支給を受ける兵丁において虧折を生ずる、などと述べる。鄂爾泰等の議覆はこの戸部の議論を是とし、三月十七日に「依議」の旨を奉じている。

その後の重量減少案には、乾隆九年五月初九日の湖北巡撫晏斯盛（史料A―40）のもの[7]、また乾隆十年の御史欧堪善のもの（一銭案）[8]さらに乾隆十一年の陝西巡撫陳弘謀のもの（一銭案）などがある[9]。これらは、銅銭の私銷行為が銅銭不足ひいては銭価上昇の原因の根源であるとし、その私銷防止を主たる論拠とした重量変更案であった。また重量を減らす事による銅の節約とその分の鋳造量増加による銅銭不足解消もその論拠の一つである。（欧堪善の案はむしろこの論拠が中心）多綸の案に至っては一文＝七分にするという案であった[10]。以上の京局を主たる対象とした減重量案はすべて採用されず、また、その後しばらくは制銭の重量をめぐる議論は起きていない。

ただ、乾隆十一年の湖北省の改鋳案においては一文＝八分の改鋳が試行されている。[11] この問題については、少なくとも以下の点は指摘しておきたい。それは、経済構造・市場構造上一省における軽銭策の成功の可能性が皆無であったと現在において分析され得たとしても、当局者の当時の考えにおいては、もし成功したとすればそれを定制とする可能性はあったのであり、京局鋳造の制銭と規格が違うことについても容認する余地があったことである。

単位の変更については清初から提案者は少ない。よく知られている例としては順治期の工部侍郎葉初春による当二・当五銭の鋳造案があるが採用されていない。[12] 乾隆初期には乾隆三年に「持論悖謬にして、妄に変乱成法を欲す」として却下された御史穡魯の当十銭鋳造案がある。[13] ここで興味深いのは、穡魯が「毎銭一文重四銭は、小銭の十、現今制銭の五に当たる」としているように当十を現に当時の市場において主たる銅銭として流通していたと思われる小銭（の銅含有量か）を基準にして考えている点である。本書の各所で強調することとなるこの時期の小銭流通に関する現状追認は、このようなところにもはっきりとあらわれている。[14] また乾隆八年十二月の西安布政使帥念祖（史料A—38）は私銷の防止策として重さ五銭、百文＝銀一両の当十大銭を鋳造すべきことを述べ、田賦・商税をその大銭で徴収し、俸餉工役を大銭で支給し通用力を持たせること、更に江南の漕船回空に際して積載させ広域流通をはかること、を提案する。乾隆帝は大学士と訥親（吏部尚書、協辦大学士事務）に議奏を命じたが不採用となった。[15]

（b）銅銭の成分の変更

成分の変更については黄銭から青銭への変更がよく知られている。[16] まず乾隆三年七月に両江総督那蘇図によって提議され（史料A—23、議論の結果は不明。しかし後の経過から見て一旦は不採用になったようである）、翌年九月に浙江布政使張若震によって再提議され（史料A―25）大学士九卿の議覆を経て案は採用された。十二月には浙江の炉匠を京局に派遣して鋳造法が指導され[17]、乾隆五年の三月前後に大学士九卿議奏を経て裁可された。この案は、1・江蘇・浙江において康熙・順治期の青銭が多く流通しており、近年鋳造の黄銭はかえって流通が少ない、2・銅器の需要が多く銅舗はその原材料を黄銭に得ている、3・銭舗は黄銭千文を青銭千百文で兌換し黄銭を銅舗に売っている（3のみ那蘇図の観察）、という現状認識を踏まえた上で、具体的には、現状の配鋳の百斤毎に二〜三斤の広東の錫を加えるというものである。こうすることによって、銅質がもろくなり、つまり黄銅の性質である展延性がなくなり、銅器の打造が困難になり、また一度錫を加えた銅は再び成分を分離して純銅を得ることが難しくなるのである。この成分変更は宝泉・宝源二局に適用された外、後に開局する地方銭局にも同様に適用されたが、雲南の鋳銭局については現地の錫を用いること、京局の銅五・鉛五の配搭ではなく、従来通り銅六・鉛四（正確には紅銅六十斤、亜鉛三十斤余り、鉛五斤十五両余り、錫二斤）と銅の分量を増すことが認められている[18]。この策は画期的な私銷防止策と考えられたが、乾隆九年には民間において分金炉を利用した成分分離が行われている、という報告があり[19]、また、乾隆九年の京師銭法八条に私銷対策として第一条の銅舗対策がとられているのをはじめとして、この後においても私銷対策を言う官僚が無くならないように、私銷防止策としては効果が薄かったようである。

（c）銅の管理

銅の管理を論ずる官僚の多くの論拠はやはり制銭の私銷防止にある。議論は銅禁策、官定による銅価の設定策、銅の市場への安定供給策の三つに大まかに分類される。以下この三つをそれぞれ概観したい。ただし京師銭法八条の第一条にある銅舗の管理に関する提議は見られない。

（ア）銅禁

銅の管理についての極端な対策が、雍正期において行われた銅禁および銅の収買である。銅禁および銅収買の解除は、史料A―2の乾隆元年二月の戸部尚書海望の請により実現した。海望は、1・民間は銅器の収買には消極的であり、収買期限の延期を求める奏請はなされても、収買完了の日を報告する者はない状況にある。また収買時において胥吏等による政策運用の不公正が生じている。2・官による収銅が、事実上の官による銅の勒索となっている。3・収買する銅器は質が悪く、鎔化したときに欠損が多く、それを用いた鋳造額が収買時の費用を下回る。4・黄銅の成分中の半分を占める紅銅を禁じていないので銅の価格が上昇し私銷を助長しているし、また同様に禁止対象外の白銅が増えているが、これは奸商が制銭を銷燬して薬品をまぜて白くしたものである、という四つの弊害を挙げ、また雍正期の銅禁をあくまでも権宜の計であったと位置づけた上で、弛禁策を要求する。この海望の上奏には硃批は与えられていない[20]。しかし、同様に弛禁を求めて乾隆帝の全面的な指示を得た、史料A―3の史貽直の上奏に対する乾隆帝の硃批に、「此の議、朕喜悦して之を覧る。戸部尚書海望も亦た此の奏を為す。部覆以て応に奏する所に照らして行うべしと為すも、朕猶お以て之を行うこと既に久しく、未だ更張するに便ならずと為す。今卿の奏を覧るに明晰妥協にして情理允当なり。已に行うを準せり」とあり、海望の策について既に部覆において採用すべきことが議されていたが、乾隆帝が恐らくは「祖法」に配慮してか判断を保留していたことがわかる[21]。

銅禁解除の一方で乾隆三年三月の陝西道監察御史舒輅（史料A―13）や同じく三年四月の鴻臚寺少卿査斯海（史料A―15）のように銅禁をもとめる上奏も提出されている。

舒輅の上奏は以下のように主張する。銭価が日々上昇し一両七百八十文となり、なおかつ米糧や食物の価格もすべて上昇している。物価というものは低高常ならぬものであるが、この銭価の上昇は長期にわたっており、銭局が多量の鋳銭をしているにもかかわらず銭価安定はみられない。以上のような観察結果をもとに、銭貴の主要な原因は、私鋳に比して査察が困難な（私鋳のように特殊な器具等の痕跡が残らず、小人数でも可能であり、一旦炉に入れて溶かしてしまったらそれが制銭であったかどうかを確かめる方法もない）私銷行為にあるとし、雍正年間に銭価の安定に効果があったと彼が評価する黄銅の禁を施行することを要請する。ただしこの銅禁はあくまでも「権宜之計」としてのもので、銭価が安定すれば停止されるべきものであるとする。なお、舒赫は「邸抄」により他の官僚の銭貴対策提案の情報を得ていることがわかる。軍機処に原奏が留められたこの上奏文自体には硃批はつけられていないが、議覆により不採用とされている。[22]

査斯海の上奏は、他の官僚が指摘する当舗や印子銭の銭文蓄積は銭貴の理由ではなく、やはり根本問題は私銷行為にあるとして黄銅の使用禁止を請うものである。査斯海は私銷の背後には、時価銀一両二分の制銭一串を私銷して銅器を製造すれば二〜四両の利益があるということ、また京師における銅器打造舗戸が千か所以上あり、そのために銅の供給が追いつかず、制銭に銅の供給をもとめることが私銷行為の原因だとする。彼は傍証として億万万に止まらない鋳銭をした康熙通宝が十五年後の現在においてほとんど見ることができないことを挙げる。その私銷行為はどの官僚も指摘するがごとく私鋳に比して査察が困難であるから、古銅楽器・紅白銅器皿以外の黄銅は王より庶人に至るまですべて禁用とすべきであることをいう。（処理結果不明[23]）

また、乾隆三年五月十八日に硃批を得た協理山東道事湖広道監察御史陶正靖の上奏も[24]、史料A―2の海望が指摘するような弊害の多い銅器の収買策を行う必要はないが、大常寺使用の楽器や宮中需要の銅器以外の銅器は、黄銅・紅銅等を問わずすべて禁止し、民間需要の青銅鏡は工部が開局して鋳造することを請う上奏をしている。

このように銅禁策の復活は銭価安定策の一つの有力な議論であったのであるが、乾隆三年五月二十五日の「訓飭言事諸臣」の上諭[25]の中で乾隆帝は、今諸臣が上奏するところには全く正しい意見や善謀は無く、目前の一～二の時事についてて繰り返し辯論しているに過ぎない。もともと国家の政務というものは数年行って徐々に結果が現れるものであり、旦暮の間に効果が現れるものではない、とした上でその例として銅禁に関する議論を取り上げ、今日銅禁を言うものはなぜ弛禁の日においてそれを言わなかったのか、とする。この上諭の影響か、しばらく銅禁を議するものは無くなる。

その後、乾隆八年十一月の浙江道監察御史薛澂が史料A―36において銭価の原因を鼓鋳数の少なさ・囤積・人口増加による民用銅銭の不足、そのいずれでも無いとし、すべての原因を私銷にあるとして銅禁を要求する。その根拠として京城内外にある打造銅器の舗戸は数十座を下らず、毎日の打造の銅は数百斤を下らないが、原料の銅の供給源が不明である。康熙銭は僅かにあるというものの、順治・雍正銭はほとんど見あたらなくなっている、また私銷が盛んに行われる背景として、制銭一串で重さ七斤半、価格は一両二銭五分、それを銷燬して粗重器を打造すれば斤あたり三銭、つまり二両二銭五分を得ることができ、工費・燃料費を除いても利を得ることが可能で、零細銅器を造れば利益はさらに数倍になる、という実態を述べる。彼の銅禁策は従来主張されているものよりも範囲を広げたもので、民間の現有銅器・鏡・楽器は除くものの、雍正期の銅禁や従来の銅禁要求では対象外であった紅銅についても対象とし、銅舗にある打造用の機器類を半年の期限付きで売り出すか官に提出させ、後者の場合は官は以前の銅器収買の例に照らして給価する、というものである。この奏には硃批も無く、どう処理されたかは不明であるが、銅禁策が採用された形跡は無い。

また、京師銭法八条の施行後である乾隆十年正月には、湖北巡撫晏斯盛が、前年の十一月江夏県において制銭の周辺の肉厚の部分を削り取るいわゆる剪辺制銭によって茶匙を打造し、削り取った後の五分の重さの制銭を一文として使用していた人犯の摘発を行ったことを報告することと併せて、銅禁を再度行うべきことを提議する（史料A―46）。彼も強制捜査や強制収買については否定し、また現在すでにある器皿については関与せず、新造・新売の銅器について厳しく禁止し、自ら官に銅器を提出するものは実価によって収買、打造舗戸は二年以内に改業させることを具体策とする。

この提議に対して大学士・戸部はその議覆（史料A―48）において、乾隆元年の海望の奏を引用して、弛禁策の確認をすることと乾隆十年正月初九日の各省への京師銭法八条についての諮問の上諭に言及するのみで、大学士・戸部においては「未便遽議」として処理を保留し、乾隆帝に判断をゆだねた。乾隆帝はこれに対して「奏内事情鄂彌達・晏斯盛に著じて、妥協実力之を為さしめよ。余は議のごとくせよ」の旨を与えた。鄂彌達は当時の署理湖広総督事務である。この旨により戸部は咨文を湖北省に出し、その咨文は三月初一日に湖北に届く。この咨文と正月初九日の上諭に答える形の上奏が鄂彌達と晏斯盛の連名で三月十八日に行われ、銅禁については現今において遽に銅使用を禁ずることは困難で、打造舗戸の期限内の改業もまた難しい。よってできるのは私銷行為を厳禁するのみである、として、銅禁策を自ら取り下げる。(26) ここで注目すべきは、銅禁に関しても地方的処理が行われる可能性があったことである。現実には湖北省で銅禁が行われることはなかったが、乾隆十年を過ぎたこの時点で必ずしも中央が統一的施策に拘泥していなかったことを示すものである。このことは（a）で述べた湖北の八分銅銭の問題と同様である。

以上のように銅禁案は断続的に提議されるが、この時期に結局は採用されることはなかった。(27) 銅禁という極端な対策であり、さらに禁止が雍正期において現実に行われたものであるが故に、乾隆初期における政策の厳と寛のゆれという問題を読みとることが可能であるかもしれない。(28) しかしこの問題について言えば、各官僚の議論の中にそのような抽象的な問題を必ずしも読みとることはできない。現実への対応が提議の基準であるということが言える。やや抽象的な議論としては、先帝雍正帝の行った政策を変更することについてどのように正当化するかというものがあるだけである。

（イ）官定銅器価格の設定

上記三年五月二十五日の、暗に銅禁策を非とする上諭と同日には通政使司右通政李世倬[29]が銅禁を再び行うことについては否定しつつ、黄銅と制銭は表裏一体である、という前提のもとに、以後一切の黄銅器皿の売買については悉く経紀に憑り、すべて銅斤の軽重を以て随時価格を高下させればよいとする上奏を行った（史料A―18）。『高宗実録』の記事は李世倬の奏と大学士九卿科道の議覆の内容を混淆しているので判り難いが[30]、原文を検討すると、彼は以下のように述べる。銀一両が七百五～六十文であったとするとその重さは五斤十一両であり、銭文一斤の価格は僅かに銀一銭七分である。この七百五～六十文という数字は、以下で見る史料A―19等によれば当時の銭価水準である。現状においては銅器の値段は粗重なもので二銭七～八分であるから、銀一両を銭文に兌換しそれを銷燬して銅器を製造すると銀六銭を得ることができる。これは王法を顧みざる行為である。よって今後製造するところの黄銅器皿は一斤一銭七分としこれに三分の手工銀を加えて両毎銭毎に逓算して交易させ黄銅により装飾した物も同様にして価格を付け、一方白銅・紅銅については従来通り売買させ、経紀の関与を許さないようにすればよいという案を提議する。すなわち工費を含めて、黄銅器一斤あたり二銭の官価とすることを要請したものである。この提議について、史料A―22の大学士九卿科道の議覆は、民間の黄銅器皿の売買においてはもとより製造の精粗によって定価の上下があるのであって、銅の重さによってのみ計算しているのではない。精巧な物は銅が軽くても価格は高く、粗用の物は銅が重くとも価格は安い。今もし製造の精粗を論ずること無しに三分をもって工価となすのは、価格のズレが大きくなるばかりではなく商本に欠損を与えることになる。また奸民が官価があるのを恃んで高価な物を安値で強制買いする弊害も考えられる。また、経紀の設置については、御史陶正靖の奏により銭行経紀について既に廃止を決定している段階であり、ここでまた別の銅行経紀を設置することは弊害を増すことになる。したがって李世倬の議は用いる必要はない、として採用されなかった。

李世倬の奏の二日後には参領四十七が同様の提案をする（史料A—19）。現状の銭価は七百五～六十文であり物もこれにより騰貴し貧苦の兵民は苦しんでいる（銭貴ではなく物価騰貴に苦しんでいるという文脈であることに注意）。この原因について輿論を調査すると銭貴の原因は銭が少ないことにあり、銭少の原因は銷燬と囤積にあるというのが多数の意見であった、という結果をもとに、彼は私銷と囤積問題について対策を提示する。私銷については、四十七は京城において黄銅器を製造する舗戸は数百を下らないが、官が銅運を開始してから商人が京城に銅をもたらすことが無くなり、おのずから銅の供給を銭文に求めざるを得ない。また銭を銷燬して黄銅器皿を造るとその利益は大きい。よって彼は一切の黄銅器皿の価格を一斤一銭八分にして売買することを提案する。これは上記李世倬の奏と共通するものであり、彼は明記していないが一銭八分という数字は、当時の銭価から逆算した数字であることは明らかである[31]。

乾隆四年七月、浙江巡撫兼管塩政盧焯も銅禁策を非としつつ官定の銅価を設定することを請う（史料A—25）。彼の案は部定の熟銅（精銅）一銭一分九厘、生銅（粗銅）九分五厘、紅銅一銭四分五厘に火工（加工費）毎斤二分を加え、小銅器においてもこの値段を適用し、違反する者には厳罰を与えるというものである。この提議に対しては「九卿詳議具奏」の硃批が与えられたが、九卿議覆の内容は不明。しかし、史料A—28の閩浙総督徳沛の奏摺によれば九卿の議覆への旨は「此案新任総督徳沛に交し該撫盧焯と会同して本地情形に就きて詳悉定義具奏するを著ず」で、盧焯自身は自分の提議した策を浙江においてのみ行うならば興販の弊害が生じ、浙江の銭が少なくなるばかりでなく銅器も欠乏してしまう、と自ら指摘しているように浙江省のみの問題として考えていたわけではない。しかし九卿議覆の過程で地方的問題となってしまったか、あるいは結論先送りとなり、乾隆帝が地方状況に即した処理を判断した可能性もある。ここでやはり注目すべきは、この策も銅禁と同様の弊害が想定され、運用が成功する可能性は少ないと評価できるのであるが、（a）や（cのア）において見た湖北省の一文＝八分案や銅禁案のように場合によっては浙江省で黄銅の官価設定が実現した可能性もあることである。しかし現実にはおりしも（b）で見た同じ浙江省の布政使張若震が提議した「青銭」の議が承認された時にあたり、銷銭防止を目的とした盧焯の策は再議を行う必要がないと閩浙総督徳沛が盧焯と会同の上判断され、議論自体を問題にしないことが結論づけられた。

乾隆八年十一月山東道監察御史張漢は以下（d）で述べる銅鉱の開採・各省開鋳とあわせて三つの対策を「貨泉之通」として提示するが（史料A―37）、その三番目が銅器の価格についてである。彼は黄銅の価格を一斤一両五～六銭とすることをいう。黄銅器とはしていないのだが、価格水準から言って、これは黄銅器についてであろう。さらにその銅器の価格を各省銅鉱の開採によって銅価が安定した後に、さらに市場の銭の価格との関係によって再設定すべきことをいう。銷銭対策がその目的であり、上記李世倬や四十七や盧焯の提議と同様のものであるが具体的な数字を挙げているわけではない。なお、この上奏には硃批がなく処理結果は不明。

（ウ）銅の市場への安定供給

これもやはりいずれも銭貴の原因を私銷にあるとし、その私銷の原因は銅の供給不足にあるとの認識から、銅の市場への安定供給を計ろうとする議論である。銅鉱の積極開採などは（d）の中での議論にもみえるが、ここでの議論は銅の鋳銭局への安定供給ではなく、民間市場への銅供給を念頭に置いて議論しているものであるという相違がある。

乾隆三年五月、朱鳳英は現在各地の開鉱が弊害を増すものとして行われない以上、銅の供給先は雲南銅と洋銅に限られる。ところが雲南銅産は旺盛ではあるが京局の鼓鋳の需要に足るのみであり、洋銅は官価（一銭二分／斤）と市価（三銭／斤）の差が大きく、積極的に海外に赴いて銅を購買しようとする者はいない状況である。したがって以後洋人が持ってきた銅斤については従来通り部価に照らして平買するが、商民が海外で購買した銅はその自售販売を許すようにすることを要請する（史料A―20）。この提議は陶正靖の経紀廃止（f参照）・銅禁復活（cのア参照）について検討している最中に出されたもので、硃批「大学士等会同九卿科道一併具奏」により、陶正靖さらに史料A―18の李世倬の提議とともに検討された。その大学士九卿科道の議覆（史料A―22）は朱の提案を「殊為合理」と評価し、以後各省の商人が出洋貿易する場合には江蘇・浙江の督撫に報告し執照をうけて出洋するようにする。また京師の殷実な商人で赴洋して銅を購買することを願う者があれば、当該商人は保証書をとった上で戸部に赴いて具呈させ、戸部は奏明した上で執照を給与し、江浙の督撫に行文して出洋買銅させる。各商人が運んできた銅及び洋人自帯の銅斤（朱鳳英は後者については官買のみを要求している）は官の収買を願う者は公平に収買し、民間に発売するのを願う者はその自行售買をゆるす、という決議をし、裁可されている。

以下の二つの議論（史料A―42および50）は銅鉱の積極的開採を求めるものである。史料A―42の乾隆九年八月の広東道監察御史李清芳は、現状の雲南銅への依存を至善であるとしながら、湖北・広東で開採をすれば運搬費用の節約になるが、現状の買い上げ価格では商人は工本が不足するとして官価の引き上げを提議する。また銅百斤ごとに正課二十斤を輸納する以外、残りについては半分は官買、半分は商人に自ら販売を許す、という提議も行った。これらの提議については大学士等の議覆により、前者については採用、後者については不採用になった[32]。史料A―50の乾隆十年二月の雅爾図も同様の提議をなす。この時は既に京師銭法八条が施行された後であり、京師の銭価は安定し、私銷の弊もなくなりつつあるとしながら、外省の銭価はなお高く、これは外省の私銷がなお行われているからだ、として各省の銅鉱の開採を要請し、その際雲南銅の銅価に拘泥する必要はなく各省毎に銅価を設定すべきことを提議する。

これは広西省・広東省・四川省・湖南省等の銅鉱が官設定の銅価が低すぎることにより採算が合わず、つぶれてしまったことを念頭に置いた提案である。この提議の処理結果は不明。

史料A—44の乾隆九年十二月十一日の礼科給事中鄒一桂の上奏は、京局の鼓鋳以外の各省鼓鋳においては雲南銅の辦銅を停止し、山西省が召商して辦銅を行っている例に倣って洋銅を用いるべきであると提案する。これに対し大学士・戸部の議覆（史料A—47）は、現状において貴州・四川・湖南・広西・広東は本省の銅鉱開採では不足であるので雲南銅を採買しているが、江蘇・浙江・江西・福建の四省はすでに洋銅を収買し、また商人范毓馪が毎年洋銅百三十万斤を採辦して直隷・陝西・湖北・江西・江蘇等の省に運び鋳造の用に供するなど各省督撫がその地方の状況において因地制宜に行っているもので、すべての省が雲南銅を用いて鼓鋳しているわけではない、と鄒一桂の現状認識を否定し、さらに雲南銅を採買している各省にすべて洋銅を招商採買させることについては、各省から江蘇・浙江の海関への道程の遠近に差があり、また招商の難易についても差があり、またもし各商が争って洋銅を購入しようとすれば同時に対応できない恐れがある。民間銅については江浙の海関において商販の銅はその半分は江蘇・浙江省が官売する外、残りの半分は商人の自売を許しているから、民間への銅の供給が不足していることは無い。よって鄒一桂の提議は採用する必要ない、とした。

（エ）その他

銅の管理であるとは直接には言えないが、史料A—24の内閣侍読学士祖尚志は、銭局において鋳銭後に出る渣土（残土）について、乾隆三年四月の鴻臚寺小卿楊嗣璟の奏により工匠・舗戸・窮民が宝泉局に赴いて渣土を購入し、空処に運び猛洗焼煉しそこで得た銅を販売することについては許可されており、これは銅を広く供給する一つの方法であるが、この渣土を猛洗する炉は近水曠遠の地に設立され官吏の察訪が及ばないので、銅銭私銷の温床となっていることを指摘し、歩軍統領衙門・巡城御史に命じて捜査を行うべき所は旧例通り察訪する以外に、常に専員を派遣し厳重に査禁を行うべきことを提案する。この提案については「軍機大臣等密議具奏」の硃批が与えられ、軍機大臣の議覆は官役・巡査を派遣して厳しく取り締まりをさせればかえって胥吏等の弊害を増すことになるので、旧来通り捜査を行うべき箇所について暗行察訪を行うようにすべきであるとし、祖尚志の提案は採用する必要はないとした。(33)

（d）銅銭の鋳造量・搭放量の増加

乾隆二年十一月、翰林院編修商盤は、外省の鼓鋳を提案しているが、「意は不善にあらざるも、未だ時事を暗ぜず」として、この時点では採用されなかった。(34)しかし、後に各省鼓鋳は実現することとなる。

乾隆三年六月、史料A―21において監察御史馬昌安は兵餉への搭放を増加させることを一時の急を防ぐ方法であると位置づけ、戸部工部から内外の各庫・米局にいたる存貯の銭を暫時工部の九百制銭＝銀一両の例に照らして、翌月から放餉することを要請しつつ、利を永遠に得ようとするならば加卯すなわち鋳造量の増加を行うべきであるとし、銅の不足は洋銅の積極的購買と、広東・広西省の鉱山の積極的開採に求める（雲南銅への言及は全くない）。彼は当時の銅銭流通の状況について、京局の制銭は従来は黄河の南には行かず、北省において流通していたに過ぎなかったが、清朝百年以来制銭の流通が天下に広がり、各地方の舟車が京銭を載運するようになった、とし、また、各省の雑項の小銭が（雍正期の）官の収買を経て少なくなったことも京師の銭文が地方に拡散し、京師の現銭が日々減少する原因であるとする。考察の是非はともかく、大まかな京局銅銭の流通範囲の変化を示す言説である。

（c）の（エ）ですでに挙げた乾隆四年三月内閣侍読学士祖尚志も、その三条の条奏の中の一つで京局の鋳銭量の増加策を以下のごとく提議する（史料A―24）。現状の全四十一卯、毎卯一万二千余串、合計五十一万二千串、うち炉頭・匠役の工料八万八千余串を除き四十二万三千五百串が搭放兵餉用の銅銭である。従来兵餉においては毎月一成の割合の搭放で一年に約四十三万串が必要であり、銭価が上昇した際には二〜三カ月搭放額を加増するので銭文の数は不足する。工部宝源局の銭や五城糶売米穀銭を搭放銭に流用することがあってもこれは成例ではない。近日八旗の兵丁に軍餉の加増が決定され、また搭放も単月一成・雙月二成となり、計七十六万余串が必要となる。目下雲南銭三十四万串の解京があるがそれを足しても搭放額以外には一万串あまりしか残らない。何らかの方法を講じる必要があるが、それは加卯を行うのがよいとし、現状の余銅・余鉛の状況や兵餉必要額から考慮して五〜六卯を加えることがのぞましいとする。また、銅確保のため各省運解の銅斤についてつとめて定額通りの運解をさせるほか、従来の溶欠分の銅についても期限を設けてすべて補解させることをいう。この提案について軍機大臣の議覆は、祖尚志の加卯の案について有益のこととしつつ、彼のいう余銅は計算上のもので実際に局にあるものではなく、やはり銅の確保が問題だとする。それについては、前年の張允随の雲南銭の解京停止の議(35)が採用されたことにより、一〜二百万斤の銅の多解ができる。広東銅・洋銅についても前者は銅鉱の開採が認可され、後者は山西商人の官商范毓馪等の承辦がある。よって各所が銅を京師に解到した日に改めてどの程度加卯すればよいかを議すればよい。という決定がなされた(36)。

史料A—30の乾隆六年二月の分守広東糧駅道朱叔権は、（i）において詳論するが、銭貴の原因を銀使用から銭使用への変化、銭使用人口の拡大にあるとし、その対策として銭使用額の上限設定を言う。しかし彼の議論において、この上限設定の提議は従来からの規定を再度周知させるという消極的なもので、彼の議論の中心は各省の開鋳にある。その為には銅の供給の確保が最大課題であるが、彼は「辦銅之道」として、1・雲南銅生産の拡大安定のために滇東・滇西の銅の買い上げ価格を上昇させること、2・商人による銅の輸入を促進させるために洋銅を官価ではなく時価に照らして購入すること、3・産銅の省（彼は広東・江西・湖広・四川を挙げる）における積極的な開採、以上の三つの銅供給の安定確保による各省開鋳を求める。この上奏は「九卿議奏」の処理がなされたが、『高宗実録』巻百三十九、乾隆六年三月癸未、戸部議准、には銭使用の上限設定のみが言及されるのみで、辦銅についての彼の提案は採用されなかったようである。

史料A—37の乾隆八年十一月の張漢は（cのイ）で述べたごとく「貨泉之通」として三つの方法を挙げるが、その一つめと二つめは銅の確保（銅鉱の開採）と鋳造量の増加（各省の開鋳）を要求するものである。銅の確保において彼は積極的な鉱山の開採にそれを求める。彼は諸臣が開採を求める請を行っても、その議が駁議においてしばしば退けられることについて、駁議で指摘される龍脈の問題、廠徒がもたらす弊害の問題、開廠し人が集まれば米価上昇をもたらす問題等についてそれぞれ解決可能とする。また、順治・康熙年間に各省開鋳をしているときは銭価が安定しており、雍正期に収買した銅により鋳造した際も少額ではあったが銭価安定に寄与した。よって各省は広く開鋳を行うべきであることを言う。張漢の提議は具体性をもたないものである。しかもこの時期はすでに各省開鋳の準備が着々と進められている段階であったが、張漢がこれらの情報を得ていたかどうかは疑問である(37)。

史料A—39の乾隆九年二月十九日の丁廷も銭貴の原因を銭文の不足と流通の未遍にあるとし、まず京局から銭の増産体制に入ることを要求する。彼は戸部宝泉局監督であった時の情報として乾隆七年の奏銷項下の実存銅が八百十万斤あることを示し、これは二年分以上の鼓鋳が可能な額であり、銅塊のままで置いておくよりは鼓鋳した方がよい、とし、また雲南銅の毎年の戸部への解銅は四百万余斤で、宝泉局の応鋳銭は七十万串、必要銅斤額は三百三十万斤であるから、六〜七十万の銅が余る。よってこの銅を使用して鼓鋳すれば十五万串の銭を得ることができる。工部宝源局もこのようにすれば七万串を得ることができる。この合計二十万串以上の銭文を兵餉に搭放し市場に流布すれば銭文は多くなり銭価も減ずるであろう。また銭価が安定した後は旧例どおり鼓鋳すれば庫貯においても問題はない。以上のような提案をした。この奏に対しては「大学士会同該部議奏」の硃批が与えられたが、議覆の結果は不明。

鋳造量を増加させるという問題については、上記のように原料の銅・鉛をいかに確保するかというのが最大の問題で、京局の鋳銭に関しては雍正末年からの雲南銭局鋳銭銭文の京師解送などの措置もとられたが[38]、乾隆二年七月の尹継善の上奏により従来の洋銅依存分をすべて雲南銅に切り替えることとなり[39]、更に乾隆三年に行われた李衛の上奏により、各省分担の京局辦銅が停止されて雲南省の辦銅担当官が京師へ雲南銅を輸送することになり、京局鋳銭の銅は雲南銅に一〇〇パーセント依存する体制の確立によって問題に対応した[40]。また、各地方銭局の独自の原料確保による鼓鋳が個別に承認され、原料の確保の問題から存廃の頻繁であった地方銭局の恒常的鋳銭の制度化が行われた。地方銭局の問題については本書では直接には対象とはしないが、大まかなアウトラインは以下に示す。地方的な問題については、乾隆十年一月初九日に出された上諭[41]に対する各省の回答の分析をもとに次章で検討する。

地方銭局の恒常的鋳銭が可能になった背景には何か理念的な政治方針の転換があったわけではなく、各地で問題になる銭貴への対応と京局が洋銅に依存しなくなったことによる銅供給の若干の安定化がある。まず鋳銭が可能になったのは、京局辦銅から切り放された洋銅の供給が見込める江蘇・浙江・福建・江西等で、雲南銅の余剰および雲南に近いという地理的位置により銅供給が見込める湖北・湖南・四川等でも開鋳が立案され相次いで実現する。

その過程で乾隆八年十一月の上諭[42]において、鼓鋳が行われていない省について鼓鋳を開始すべきか否かについて検討が命じられる。山東・河南では結局原料確保の困難から鼓鋳は見送られた[43]。山西省では山西商人の洋銅の辦銅による鼓鋳が決定された[44]。

（e）官米局の売米銭文についての規制

乾隆年間の米局についての最も早い言及は乾隆元年九月の巡視北城徳寿の奏に見える（史料A—4）。彼は戸部に収存されている五城が送った売米銭文を発出して五城察院の兵馬司に交与し、官銭牙に転給して発売させ、その際大制銭一串を紋銀一両とし、市価の安定を図ることを提案している（硃批が無く処理結果不明[45]）。おそらく同時期に、当時翰林院侍講学士であった蔣溥は、五城の（十廠）米局および八旗米局の発糶の銅銭について、現状ではすべて戸部に送っているので、米廠の左右に経紀に櫃を設けて兌換させたり、廠に近い舗戸に兌換させたりすることにより、在旗の民人等は易米・易銭に両方に便があるし、銅銭を戸部へ運ぶ運送費も銀に兌換しておけば節約できる、とする[46]（史料A—52）。この提案には「此の奏是なり。該部速議具奏せよ」の硃批がつけられるが、実施の有無は不明（後の四十七の提案からみて、八旗米局に対策が行われなかったのはわかる）。また米局のみに関わる問題ではないが鑲白旗漢軍参領金秉恭（史料A—17）は銭行の市価が一両七百五十文であること、兵餉の搭放銭の割合が一〜二割であるため兵丁は銭舗で銀を兌換しなければならず、ゆえに開餉時に銭価が上昇することから、五城売米局の銭文を一両九百文で計算し、兵餉には四分を制銭による支給とする、という案を提出している。（処理結果不明）

乾隆三年には参領四十七が八旗が開設している米局二十四カ所の毎局の一日の得る銭数が数十串であることから、これを兌換しないと官が自ら銭蓄蔵の弊害を為すことになる。よって米局内に銭局を兼設し、米局において米を売った銭を直ちに銭局において出兌し、その価格は時価を基準として官価を定めず、その出兌する総額にも制限を設けない。そして銭を兌換して得た銀をもって米を買うようにすればよい、と要請する（史料A—19）。これに対して大学士鄂爾泰等の議覆が行われ、四十七の要請の通りにすれば米局に銅銭が堆積することはなくなるだろうとして、要請の一部を認めつつ、銭局を兼設することについては否定し、米局内で辦理することを決め、その案が裁可された[47]。

乾隆八年六月に至り、河南道監察御史周祖栄は（史料A―35）、昨年の経紀の復活（以下のf参照）や搭放額の増加にもかかわらず今年の夏に入ってから銭価が高値を示しており、従前は市戥銀一両で大制銭八百文であったのが今は七百八十文になっている。市戥は（庫平に）一分程度を加えるものであるから、これを考慮すると銭価は以前に比してさらに高いことになり、既に数カ月を経ても減少の気配がない。各衙門が申禁切示の努力をしていないわけではない。銭市の交易において銭を買う者が多く銭を売る者が少ないために銭価が上昇することは如何ともし難く、官法をもってしても制御することは困難である、という観察結果を述べた後に、近日米価・豆価が高騰したために京倉貯蔵分を平糶するとの記事を邸抄において見たが[48]、従来より八旗官局や五城各廠が平糶する際には零星な出入であるから基本的に銭文を用いている。今平糶にあたり銭文を官が貯蔵し流通させせないならば、民間の需用はますます減ることになる。米豆の価格はしばらくは安定するだろうが、銭価が高くなれば便民の策ではない。よって平糶により収めた銭文は官局を設けて減価して発売するか、兵餉の搭放に加えるかすればよい。以上のような提議を行った。この提議自体には「該部密議具奏」の硃批がついたが、その結果は不明。しかし、二日後の六月十五日に行われた歩軍統領舒赫徳等の上奏で、八旗五城が米・豆を平糶する際に得る銭文について、従来は戸部に送っていたものを市において減価発売して銀に換え、そのうえで戸部に送ることが提議され、この奏には「著照所請行、該部知道」の批が与えられており[49]、この提議の方が採用され、周祖栄の官局を設けるという案は採用されなかったようである。

乾隆九年十月二十六日都察院左副都御史励宗万は、既に施行されている京師銭法八条のうちの米局対策にならって、各州県の平糶の際に得る銭について各城郷の銭舗に発して直ちに銀に換えること、また興修工作の所があれば銭文を給発すること、税糧徴収の銭納部分で得た銭文も以上のようにすべきであることを提議している（史料A―43）。この提議の直接の議論の結果は不明であるが、平糶銭については翌年正月初九日の上諭[50]に言及され、次章で詳細に検討するが、各省もその対策を上記の線に沿って行うことを上奏している[51]。

（f）経紀・銭市に関する規制

雍正元年に設置された銭行官牙[52]（官銭牙）すなわち経紀の改廃については、乾隆初年の数年において紆余曲折がある。まず乾隆三年五月十八日に硃批を得た湖広道監察御史陶正靖の上奏[53]に、経紀が市場を壟断しているために銭価が平減せず、物価もまた安定しない、よって経紀を一切廃止し、銀銭の交易に経紀の関与を許さないようにすべきだとの請をうけ、史料A—22の議覆における検討の結果、陶正靖の原案通り原設の経紀（十二名）を廃止することとなった。陶正靖の奏は要約でしか確認できないため、経紀の弊害の具体的な状況については不明であるが、史料A—19の参領四十七の上奏には以下のような指摘がある。城外銭市の官設経紀は銀一両で制銭八百三十余文の官価を設定しているが、銭店においては七百五～六十文の銭価で、官定銭価と市場銭価の差があること、また銭市においては銭の値が銀五十両以上ではじめて上市することができるという制限があり小舗戸や傭工などの零細な銅銭保有者が銀に兌換することができず、もしその彼らが他所において兌換をすれば私的売買のかどで摘発される、という二つの弊害をあげ、官価を設定しないこと、銭の額にかかわらず銭市への出換を可能にすることを要請している[54]。

その後、乾隆七年四月、兵部左侍郎歩軍統領舒赫徳と順天府尹蔣炳の奏請によれば、銭を囤積している各舗戸が銭価をつり上げ、銭舗は高値で買わざるを得ない状況であり、また経紀がいないために信頼できる銭価がなく、奸民が銀を騙取している状況である。よって旧設の官牙十二名を復活し、大興・宛平二県の殷実老成の人に領帖して充当すべきである、とする（史料A—32）。これを受け大学士等の議覆が十六日に行われ、舒赫徳等の請は原案通り裁可された[55]。この舒赫徳等の奏には銭市の当時の慣行として舗戸は現銭を銭市に運ばず、銭を買おうとする者はまず銀で票を買い、それを舗戸に持っていき銭を受領する、という興味深い事実を指摘している。

囤積・蓄積行為が行われる場については様々な意見が出されているが、特に当舗については議論者が多いので別に項目を立てる。

(g) 銭の囤積・蓄積行為に関する規制

(ア) 当舗等の小規模金融機関についての対策

当舗が銭の集積されやすいところであるということはこれも共通の認識であった。当舗について言及した上奏にはまず、史料A—4の乾隆元年九月の礼科掌印給事中徳寿のものがある。徳寿は、近来当舗が増加している、という現象に言及した後、当舗への銅銭の集積が銅銭不足の要因であるとし、当銭は一串以下としそれ以上は当銀とすること、当舗内の存銭は、百串以内とし、それ以上は銭舗において兌換することを提議している。また、戸部の奏である史料A—7には乾隆元年の九月に総理事務王大臣の議准を経た、大当は銭七～八百串、小当は一～二百串の存銭を許す、という当舗の存銭の制限額が決定されていたことが言及され（史料A—4との関係は不明）、史料A—7が提出された乾隆二年の九月に暁諭と査察の徹底が謳われている。同時期乾隆二年九月には御史朱士伋は、「売銭舗家」の囤積が銭貴の原因だとし、舗家の二十四家を一牌として、一司事の人を設け、その人物に囤積の稽査と売銭を上市させることを提案したが、議復において却って混乱を招くとして退けられている[56]。

翌年の乾隆三年三月の掌河南道監察御史明徳の上奏[57]（史料A—11）において彼が挙げた六つの対策のうちの一番目が当舗についての対策で、彼は京師の当舗が大小あわせて二百座をくだらず、各当舗の積銭はおよそ三～五百串であり、あわせると十万串にもなり、また当舗は銭市においてややもすれば銀五～六百両にもなる銭を買い、その行為が銭の不足を来たし銭価を上昇させる、という状況を述べた後、その対策として、当銭の限度を銀六銭にすること、それ以上は当銀のみを許すこと、という案を提示している。この奏に対して戸部の議覆において検討が加えられ（史料A―12）、当舗の積銭・当舗の銭購買の背景について、冬季においては民間が綿衣を質受けして当舗に存銭が多くなる。春になり綿衣が質入れされる際には銭文が欠乏するためあらかじめ銭を買って蓄えておく、という事実を述べたのちに、明徳の提議を採用はするが、当舗の規模の大小を考慮し、小当は明徳の提議通り銀六銭、大当は銀一両と当銭の限度額に差を設けている。またこの対策の位置づけはあくまでも「因時制宜之一法」とされ、将来の銭価安定の際には停止する可能性があることを含みとして持たせたものになっている。しかし大当小当の境目の基準は明記されず、いかにして当銭の額を監視するかの規定も無い。

また、同じ月の河南道監察御史李源の上奏（史料A―14）は、銭の不足を銭貴の原因であるとした上で、当舗や行舗が銭の集中しやすい所であるという認識は肯定しながらも、京城内の「印子銭文」が銭不足の大きな要因であるとする。印子銭文は多くは山西の人が多くの資金を携帯して京師に至り営運するもので、そのやり方は先ず十千文を貸し与え、一日毎に四十文の銭を取り、三百日後に本利とも完済とするもの。利子は二千文となる。利子が低く、また銭文を日用に必要とするためにこれを利用する者は多い。李源の調査によればこの営運を行っている者は四千にのぼり、その中の大なる者は銅銭を一万串、中規模のものは七～八千串、小規模のものでも三～四千串有しており、平均して各家が五～六千串有しているとすれば、全体で二～三千万串の多量の数になる。李源はこれらの「印転生理之人」にすべて順天府への「報名」の義務を与え、経営者は人となりは忠誠で家道は殷実な者を選び、檔を二本立て一つは官に存し、一つは経営者に与え各家に保管する。改業する場合は檔から除外し、新増のものは附入する。そしてその檔を按じて経営者に毎日百家毎に百串の銭を上市発売させる。この上奏については「該部議奏」の処理がなされたが、戸部においていかなる議論がされたかは不明である。印子銭については銭法との関わりではこの李源の上奏以外には今のところ確認できない。印子銭自体については李源の上奏文中に、「印転については従来は厳禁されていたが、今は天恩を蒙けてその禁をゆるめている」という記述があり、この時期においては民間の小規模金融機関として公認されていたようである。

（イ）当舗以外の囤積・蓄積

（gのア）の当舗に関する規制の中で言及した、史料A—11の乾隆三年三月の御史明徳の六つの対策のうちの三つが囤積・蓄積行為に関わるものである。その3つとは、1．「奸商富戸」が兵餉の発出や開倉に乗じてあらかじめ銭を囤積し銭価のつり上げを図っている。これは文字どおり囤積行為である。(58) 2．近京各所の村荘の富戸がその蓄積した柴草糧食等の物資を、近京各所において行われる様々な工程の実施の際にその工事の現場において常時の倍値で販売している。これらの富戸は勤倹朴素であるから得た銭文は集積されて運用されず、京師の九門から出る銭文はあっても帰る銭文はないという事態をまねいている。3．郷農の富戸が同額の銀よりも銅銭の方が多量であることをもって串を取り去って一室に蓄積し、盗難防止或いは被害の最小化を図っている。この三つの銭の囤積・蓄積行為にはその主体の意図するところにはっきりとした相違があり、またその場も異なる。すなわち1の場合は京城中心に順天府までの範囲、2は近京であるがやや周辺、3は直隷省全般にわたるもの、という相違がその査察と下部機関への伝達を命じられた衙門の相違によって明らかになる（1は歩軍統領・順天府尹・五城御史、2と3は直隷総督）。明徳は囤積については厳重な取り締まり、蓄積銭文に対しては暁諭して蓄積銭の発出をさせることを要求し、戸部における検討の結果（史料A—12）、ほぼ明徳の提議通りの施行が議され裁可されている。

史料A—16で直隷総督李衛は銅銭の蓄積行為についての別の事例について述べる。西山すなわち直隷省西部の山間部一帯は焼柴・木炭の生産が盛んであり、生産者は日々往来してそれらのものを貨売しており、その際には多く銭文が用いられる。近年の干ばつや水害によって平地の燃料となるものが不足しており、民間の炊爨に艱難を与えているが、そこで西山の小販が秋の収穫の後に車で山柴を運んで倍の値で販売している。保定府城に関していえば、毎日の往来の柴車は数百輛で車毎に四～五千文を売る。よっておよそ千串もの銅銭となる。各郷の市鎮においてもこのような状況であるから本地の銭文は不足し銭価が上昇する。また西山の売柴居民は皆な安分守朴の人であるから銭の運用をせず、有力の家においては売柴の銭文は日々蓄積されている。さらに聞くところによると富戸のなかには盗難防止のために銅銭を深蔵し、なかには順治通宝を収蔵している者も存在する。石炭や果物を産する山中の居民もやはり銭を集積している。しかしこれらの者は銭をただ用いないというだけであって、囤積して値のつり上げを図っているわけではなく、官法をもって取り締まればかえって弊害をまねく。よって従来の規定である銭糧一銭以下の徴収において銭納を許すという規定を拡大し、西山一帯の州県においては銭糧の多寡にかかわらず銭納を許せばよい、とする。その銭納で得た銅銭は銀に換えて起解したり、地方公用において用いる。以上は直隷省「富戸」の具体的姿を示す記述である。なお、戸部の検討の結果は不明。

史料A―19の参領四十七は既に（c）において述べたように銷銭と囤積を銭貴の原因としてみていた。その囤積について彼は、従来囤積を議論する者は当舗に規制を加えるべきであるとするが、そうすることは貧民の不便をまねくことになるとして、当舗については規制を用いるべきでない、とする。そのうえで京中の客商の決算の時期が毎年二～三回に止まるため、舗戸の売貨銭文は入るのみで出ることはなく、囤積居奇を行う土壌となっている。また煤炭の販戸や蔬菜の園頭は銅銭の堆積を行い、重利を得ることが可能になってはじめて兌換を行う。また、直隷省属の郷屯の風俗は売買交易に当たっては銭に照らして価格を按ずる。よって殷実の家や、やや資本があってそれを運用する者は銭の搬運を行い、これが銅銭が流通せず、価格が安定しない原因だとしている。このような問題についてはしばしば禁令が出されているが狡猾な舗戸は銅銭を内屋の櫃中に深蔵し偽の帳簿をつくり官の査察に際しては偽帳簿を提出して囤積の事実を隠蔽する。官も大きな理由無く入室捜索する事もできず、弊害が止まない原因となっている。よって多量取引における銀の使用推奨についての暁諭、百串以上の囤積をした者についての取り締まりと罰則および連座制を強化して対処すべきであることをいう[59]。

史料A―31の吏部左侍郎蔣溥は、恩旨による八旗兵丁資生銀両百余万両の借給後に、安定しつつあった銭価がそれまでの八百二十文から八百文に上昇し、銀を銭に兌換する八旗兵丁がその弊をうけ、また肩挑市販もまた累を受ける状況になったことを、舗戸が銀両発給の情報を知って銭価をつり上げたことによるとして、歩軍統領・順天府尹・五城御史に命じて恣意的な騰貴を取り締まることを要請した。この要請は彼自身もことわっているように、短期的な変動に対する対策であり、根本策としては疑問はあるが直ちに施行が命令されている。

史料A―32の歩軍統領舒赫徳・順天府尹蔣炳は既に（f）で言及した経紀の復活とともに囤積居奇防止のために京城内外の舗戸の銅銭保有額の上限を提案している。それによると、従来より囤積の禁令はあるがその上限の数目等が具体的ではなく虚文に属するものであった。したがって検討した結果、当舗を除き各項の舗戸は毎日に得る銭文が五十串以上になった場合は直ちに市に赴して兌換を行わせ、もし囤積勒価して査出されたり告発されたりした場合には銅銭の半分を最初に査出した人に賞給し、半分は官が没収する、というもの。この提案は経紀の復活とともに裁可されている[60]。

しかし、史料A―34の湖広総督孫嘉淦は上記（史料A―32）で決定された銭保有制限策について特にその取り締まり方法について異議をとなえ、今京師の舗戸においてほとんどが五十串以上の銭文を有している。そのような状況下で査出や告発によって半分を賞給するとすれば番役の人が勒索するのみでなく、遊手無頼が舗戸に擅入捜査し弊害を為すことになる。もしこういう事態を防げ得たとしても舗戸が保有の銭文を売ろうとした時に、市において売るものが多くなれば自然買うものも少なく、勢い外来の小販が利を売るために銅銭を買い、京師外に販運して、数カ月を経過せずして京城の舗戸には余銭がなくなり、銭価はまた上昇するだろう。このように目前においては弊害が考えられ、また結果としても銭価の高騰をまねくならば、このような方法は便ならざるものである。よって禁令を弛めるべきである、というもの。この上奏は孫嘉淦が赴任地の湖北において邸報にあった決定を見て提出したものである。これに対して乾隆帝は「新定例も亦た目前を救うに過ぎざるのみにして、久しく行うべきに非ざるなり。奏する所知道了」との硃批を書き、権宜の策として、史料A—32の策を位置づけ政策の変更はしないものの、孫嘉淦の提議には一応の理解を示している。

（h）販運行為に関する規制

史料A—11の乾隆三年三月の御史明徳の六つの対策のうちの一つが漕船及び民船の販運行為に言及したものである。具体的には糧船が回空する際に従来は沿途において貨物を請け負って運んでいたが、近年漕運米集積の促進（催攅）の目的で中途停泊が禁じられたため、また民船が南下する際にも通州や張家湾等において圧空（バラスト）と称して制銭を積載し、銭価が高いところで貨売するために、運河沿い各省の開鋳をしていない地方の銭価が京師よりもかえって安いという事態をまねいている。よって漕運総督・倉場総督に命じて員弁に回空の糧船を厳査させ、また通州・張家湾の沿河の員弁に命じて南下の民船の取り締まりを行わせ、日常の盤費以外の銭を除き制銭の輸送行為を禁ずべきだという。この件についての戸部の検討の結果（史料A—12）は明徳の提案の線に沿ったものである。

さてこの明徳の対策については（g）（h）にわたって検討してきたが、彼は最後に河南省・山東省における開鋳について提案する。この提案自体は、史料A―12の戸部の議覆において、この時点における雲南銅が京師の鋳造に足るのみであることをもって採用されなかったが、他の提案とともに明徳が想定する対策の地理的範囲を示すものである。すなわち彼の視野は京師を中心として、蓄積行為が行われる近京ならびに直隷地域に、また販運行為が行われる運河沿いの河南・山東地域に広がっており、これらの地域に銅銭が移動していることが京師銭価上昇の原因であるとするものである。京師鋳造制銭の拡散の範囲を示す一つの証言である。

史料A―45の福建道監察御史范廷楷の上奏は、中国内地から海外への銭流出について言及したものである。先ず銭貴の原因について銅銭の成分から考えて私銷はその原因のすべてではない、としたうえで、海洋諸番と内地商人の交易において銅銭数十文で番銀一圓と換えることができるために銅銭が海外に持ち出されている。また福建・広東・江蘇・浙江の洋船が出航する際に銅銭をひそかに運ぶ者があり、上海・乍浦においてそれが甚だしく、蘇州において布を買い入れて直隷の天津にて売った商人や、或いは回空の漕運船が南下する際に各所において銭文を収買して上海・乍浦に運び、出洋の船隻に卸す。この二所で毎年数十万串を下らない。その他の沿海各省においても私販出洋の者は多い。国初の海防が厳なる時代は銭価も安定していた。康熙五十七年に商船の南洋貿易・東洋貿易が許され、このこと自体は適時の善政であるといえるが、制銭の流出が放任されることとなった。もとより律の規定によれば制銭を私売して下海するものは杖一百である。また海禁の定例には商船の往来において官が照票を給し、貨物リストを書く規定であり、商船が制銭を密輸出しようとしているかどうかを貨物リストを点検する際に調べれば煩瑣な事はない。しかし員弁の疎縦と上司の失察や粉飾で有名無実となっている、とした上で、沿海各省の督撫提鎮に規定を実力奉行し、また奸商の一人二人を従重処分して他への警告となるようにするように命じ、また虚応故事をきめこみ取り締まりを怠たるならば該督撫等をも処分すべきことを提案する。この上奏については、硃批もなく処理の結果は不明であるが、乾隆十年三月十二日の浙江巡撫常安の奏摺[61]によれば軍機処から直接字寄が各該督撫等に伝達されている。常安の奏は乍浦同知等の報告にもとづき現状では販銭の事実はないとしている。

（ⅰ）銅銭使用の制限または銅銭使用額の上限規制

銭の使用上限規制について提議したものには、まず、史料A―5の乾隆元年九月の順天府尹陳守創上奏が挙げられる。陳守創は民間の交易において一両から数十両に至るまで銭が用いられている。また外来の科挙受験者が銭に兌換し、科挙終了後盤費としてそれを携帯して持ち出す[62]。当舗を利用する兵丁が質受けした後に銅銭が当舗に多く蓄積される。という三つの現状認識から、銀一両を境に銭価に照らして銭使用の上限を設けることを主張する（すなわち銭価が銀一両で八百文であれば八百文が銭使用の上限となる）。なおこの議の処理結果は不明。また、乾隆二年七月には御史蕭炘が制銭五百文以上は銀を用いさせることを提案し[63]、同年十一月には翰林院編修商盤がやはり五百文以上の銅銭使用の制限を提案しているが[64]、どちらも採用されなかった。

一方、副都統慶泰は同年閏九月に崇文門の課税において、銀と銅銭の任意の使用を許し、徴税により集めた銅銭を戸部・官銭局を通じて市場に環流させることを提案し、議覆では五銭以下はもとより銭納を許していたが、一両以上の銅銭についても米局の官定銭価である一両＝九百文での任意の納税を許し、官銭局が発換することが提議され裁可された[65]。

史料A―29は乾隆五年六月の御前侍衛行走散秩大臣張謙による銅銭使用の制限の提案であるが、かなり局地的で限定的なものである。江南の漕米・白米の徴収に当たって、定例として兌費という一項があり、贈軍や開倉舗墊の費用とするもので、従来は銀納であったが近年は銭納で行われておりその額は一石あたり四十余文である。江南の漕・白の額は総計七十余万石であるから、毎年の需要銅銭は三万余串となる。江南の完漕は冬季であり、一時的に銅銭の需要が高まり、舗戸に殺到して兌換するから銅銭が不足気味になり、銭価は騰貴する。これらの銅銭は州県において循環するものではあるが、需給の逼迫を免れ得ず、舗戸の銭価のつり上げも考えられる。よって各府州県の兌費については銀納にすべきである、とする。硃批は「大学士会同該部議奏」であるが、議奏の結果等は不明。

史料A—30の乾隆六年二月の広東糧駅道朱叔権は、銭貴の原因については銭文が少ないことにあるとする点では他の論者と変わらない。しかし彼は他の論者が強調する銷銭（私銷）と蓄銭行為についてそれを原因とすることに否定的である。彼は銷銭という言葉を聞いたことはあるが実際に目にしたこともないし、地方官が摘発した事例も寥々たるものだ、とし、また蔵銭の弊害についても銭貴の原因では無いと断定はしないが、すべての原因がこれにあるわけではない、とする。そして彼は「泉流日々遠く、用銭日々広く、従前用銀の地皆な用銭の区と為る」という銭使用慣行の広がりが銭文の稀少および銭価上昇の原因であるとする。その論拠として彼は自らの観察結果を述べる。「私は浙江省で生まれ育ったが、寧波・温州・台州等の府は交易の規模を問わず銀を用い、銭を用いることはなく厘の単位でもすべて銀を用いていた。故に一切の小規模の経営をなすものは一人一人小戥一つを携帯していた。現在においては上記の府は分厘だけではなく一両十両の単位まで銭を用い銀を用いない。また私はかつて福建・広東に赴任したが福建省は二十余年以前（つまり康熙年間）は大小の交易においてすべて銀を用いていた。今は分厘より田産の各項に至るまで、数十両・百両単位になるもの以外は銭を用いて銀を用いない。広東省は以前より古銭と銀両が兼用であった。今は銭を用いるものが多くなり、また古銭よりも今銭を用いるものが多くなっている。私が訪れた地は皆このように以前は銀を用いていたが、今は銭を用いるようになった。私の至らない省においてもこのような状況であり、銭を使用する所が日々益々広範になり、人口が日々増加して銭を使用する人が日々益々多くなっている。よって現在の銭文の不足は明らかなことである。銭が少ない原因が銷燬や埋蔵にあるならばこの両者を厳禁しなければならないが、原因が銭使用の拡大にあるのであれば、各省に命じて鼓鋳させなければ銭文を多くすることはできない。よって一面では勧諭を行い、銭使用を銀使用に改めさせ、一両以下は銭の使用を許し、一両以上は銀を使用させるべきである。このことは既に部議を経ていることであるが民がこれに応じないのは、道徳斎礼は上からのものであるが売買交易のことは民に属することのためであり、禁止制御することは困難なことである。今は唯だ再び申勧を行うのみである。」

これ以下、彼は各省の開鋳について述べるのであるが、これは既に（d）において言及した。上にみたような非常に消極的な銭使用制限策の提案であるが、戸部の議准においてはこの提案のみが京師と雲南以外の地域において採用されるに至る[66]。

史料A―33の伊勒慎は「銭価貴きに因りて一切所用等物倶に貴し」という現状（この因果論の当否はここでは問わない）を示した上で彼の観察結果をまず以下のように述べる。康熙年間においては銀一両は大制銭九百八～九十文であった。銭賤にして一切応用の物も賤だった。しかし康熙五十八～九年以来、銭価は漸く高くなり、今は銀一両は大制銭八百文となり銭貴によって所用等の物もまた高くなった。これを昔年と比較すると兵丁が毎月に兵餉を得て兌換する額は少なくなり、物価も高いので兵丁は次第に艱難に至っている。

次に銭価が安定しない理由について分析を行う。康熙年間においては、直隷省所属の京畿附近の各府州県城鎮市では零星の売買は銭文を使用していたが、牛馬車騾・米糧等の物を売買するときには銀を用いるものが多かった。その後、各所の交易は規模の大小を論ずる無くすべて銅銭を使うようになった。その理由は奸商が交易や兌換の時の度に銀の成色を攙乱しあるいは大戥を使用するからで、交易を行う者は奸商が難癖をつけるのを恐れ、二～三十両の銀の取引の際においても銅銭を用い明白な取引を願う。このように銭を使い銀荘を用いない慣習が広がったことにより利を狙う小人は更に方法を講じるに至る。現在京師においては銀一両が大制銭八百文であり、郷屯においては銀一両で八百五十文である。このように名目は五十文多いとはいえ、実際には郷屯における銀の秤は両毎に京師と比較して九分から一銭多く、また八百五十文の数を短底し大制銭十二～三文を少なく給する慣行があり、秤とこの短底銭文によって、京師に比して一両において得る銭文の数が三～四十文少なくなる。したがって奸商は銭文を盗運して四方に散布し利を得ることを狙う。よって京師より出て行く銭が多くなり、京師では何度も勅諭により銭価の安定が計られたが銭価の上昇はついに止めることができなかった。このような伝聞の弊害の状況について確認をするために、特に家人を派遣して三河県一帯の地方に赴かせ訪看させたところ、果たして私（伊勒慎）が聞いた伝聞と異なることはなかった。この害民の悪習は禁止すべきである、として、零星の取引については銭を使うのを許す以外は、牛馬車騾・米糧の取引の際には康熙年間の例に照らして銀荘を用いさせ、成色を攙乱する者、大戥を使用する者、禁に反して銭を用いる者は厳重に処罰する、郷民の現有の蓄積銭文についてはその数目を地方官に報告してその使用を許しその後の再蓄積を許さない。以上のようにすれば、四外の用銭の所は少なくなり、奸徒が販運して利を狙う行為も減少し二～三年のうちに京師内外の銭文は豊かになり、銭価は安定し諸物価も下がるであろう、としている。

この上奏は原奏に硃批が無いが、大学士等の議覆により、（g）の（イ）でみたように、すでに歩軍統領舒赫徳等により提議された五十串以上の銭保有の制限策を実施していることを理由に採用されなかった[67]。さて、伊勒慎が要求していること自体は単なる暁諭の実行や取り締まりの強化で特に目新しいものではない。しかしこの史料は直隷省においても康熙末年に至って銭使用の拡大が見られたことを語るものである。また秤の違いと短底という慣行を指摘することにより銭文が京師外に販運される構造を銭価の地域差以外の要因で証言した史料でもある。このように、銭価といっても銀との関係、短底などの慣習によりその形態は一様ではなく、各官僚の議論を見る場合このような事情を認識していないのか、議論の為に敢えて無視しているのか、等の分別が必要である。

乾隆九年十二月、史料A―44の鄒一桂は（c）の（ウ）においてすでに言及したように、銅銭の不足をもたらす私銷についての対策の為に各省は洋銅の採買を行うべきことを要請したが、彼は銅銭の不足の原因は私銷のみにあらずとし、その他の原因について、従来民間の交易においては銀両を用いていたが今は街坊市集のみならず、田房の売買においても銅銭を使っており、その理由は江蘇・浙江において仮銀の使用があり、それは中を切り開いても辨別不可能で、交易を行う人がひとたびその詐欺に遭うと本利ともに損害を被ることになる。故に富豪の家は銭を囤積して使用するという弊害がある。偽造仮銀や使用仮銀については律に条文があり、銭法を混乱させないと言う観点からも地方官は厳査を行う必要がある。また、兵民に示諭して銀銭を併用させ、十両以上の取引には銭を用いることを許さないようにさせることを要請する。この提案に対し大学士及び戸部の議覆（史料A―47）は、民間の日用において銀両は一両から四両程度の使用が多く、十両以上はもとより少ない。民間が一～二両から三～四両（の取引や購買）を必要とするときは多く銀両を用い、零星な取引において銭文が必要であることとは異なる。十両以上で銭を使用することを禁ずれば、かえって十両以下から一～二両までの取引においても銭の使用が多くなり、銭価の上昇をもたらすことになるとして、鄒一桂の提議をしりぞける。その一方で囤積と仮銀について禁令を周知させることについては鄒一桂の提議通りとすることが確認された[68]。

（j）その他

雍正十三年十二月十六日工科掌印給事中永泰の提示した対策（史料A―1）は、「各地方が鼓鋳を始めて以来、京師の銭価が上昇した」という認識から、従来から存在するものを除き鋳銭局の新設を停止するように求めたものである。二つの事象を強引に因果関係としてとらえているともみえるが、彼の論理は以下のように展開される。従来小民の交易においては分厘まで銀を使用して、いささかも不都合は無かった。しかし各地が鼓鋳を始めて以来、銅銭の使用が多くなった。したがって各地で銅を必要とし、「貨売銅斤者」はその地において売ろうとし、京師への運搬費を節約しようとする。よって京師に入る銅が不足することが私銷行為の温床となり京師の銅銭が不足し銭価が高くなる。以上のような論理である。

その認識は以下に述べるような意味で興味深い。つまり、銅の供給を民間に依存して各地が鼓鋳をすれば、京師すなわち北方へは銅は動かなくなる可能性があることを示唆する。数年後の行政による雲南銅の京師への体系的輸送開始の意図せざる伏線ともいうべき議論である。また彼は各省鋳銭開始と貨幣使用慣行の変化についても因果関係で解釈している。この解釈の正当性は疑問であるとしても、また分厘まで銀を使用したという慣行の描写についてまったく具体性を欠いているとしても、乾隆年間の「大量鋳造」を待たずして貨幣使用慣行の変化という現象が現れていたことを示唆するものである。

彼の策自体は、奏摺の末尾に記された批文において「……各省の銅斤若し必ず京に赴きて貨売せしむれば則ち需する所の脚価は銅価と相等なり。即令《たとえ》鼓鋳を停止するも亦た京師の銭価に益無し」とされ採用されなかった。(69) この時期はまだ雍正年間の銅禁（黄銅のみ）が実施されており、雲南が現地の産銅によっているのを除けば、各省は民間から収買した銅を用いて鼓鋳を行っており、それも三～四年に一度、十数年に一度、また収買の量が鼓鋳を行うに不足する場合は鼓鋳は行わずに、中央に送っているという状況で、常時の鼓鋳も銅の市場よりの購買も行われていなかった。すなわち、永泰は地方鼓鋳の状況と銅の収買方法について全く事実誤認していたことになる。このような誤認は本節で見てきた史料群Aのなかにいくつか見られたことであるが、官僚が特定の業務について必ずしも正確な情報を持っているわけではないことが判る。

乾隆四年の掌京畿道事広東道監察御史鍾衡の要請は興味深い内容を示すものである（史料A―27）。先ず鍾衡は銭貴の原因を京師に集まる多くの官僚・商賈たちが制銭を京師外に持ち出すことにあるとする。そして次に各地の銅銭流通状況について概述する。雲南・貴州・広西については自らの省における鼓鋳により、または広西は雲南からの制銭の解運によって銭は充足している。その他の省、例えば江西省では南昌・九江・臨江・吉安等の府では皆小銭を用いており、価格は毎串紋銀八銭六～七分である。広東省の三水・清遠・番禺・南海等の県の市行では制銭は全くなく、唐宋元明の古銭や無名年号の銭（古老銭）が流通しており、価格は毎串紋銀八銭五～六分である。湖広で行使される銭文は康熙・雍正・乾隆の大銭をその両端にし、各種の雑色銅斤・砕小軽薄の銅銭を束ねて串とし、百文の長さは四寸に満たず、紋銀一両で七百六～七十文である。また淮安では銭価は紋銀一両で七百七～八十文であり、百文毎に薄小銭が一～二十文混じっている。[70] さらに浙江・福建でも銅銭は不足している。このような外省の銭不足は京師両局の銅銭があまねく全国に広がることができないからであり、また各省もまた開局鼓鋳していないから銭文の不足をきたし、銭価が上昇するのである。そして外省の鼓鋳の実行が難しいとされる四つの問題をあげる。それは１・銅斤の供給の不確定さ、２・開局に当たっての煩瑣な手続きや準備、３・開炉鼓鋳後の小銭収買における弊害や収買銅銭の品質の劣悪さによる欠損、４・工匠人役の素質の悪さによる弊害発生の恐れ、である。鍾衡はこの問題について、１については雲南銅の生産の現状（東川府の湯丹廠の年産七百余万斤を挙げる）から見て問題はないとする。３については小銭はもとより「不合法制」のものである。開局の日において市価に照らして収買し損失分は報銷することを許せば雑銭は無くなるであろう。２と４については経費や規定については京師や雲南のものに準じ、因地制宜で対処すれば弊害は無いであろう。以上のような楽観的な見通しを立てた後、鍾衡は全国各省の中心地点に鋳銭局を設立すれば各省の需要を充たすことができるであろうとし、具体的には湖北省をあげ、交通の面において長江沿いに上流は四川・雲南、下流は江蘇・浙江、北は河南、南は両広に連なる要衝の地であり、雲南銅の採辦も容易（湯丹→〔陸運〕→永寧県→〔船運〕→重慶→〔船運〕→漢口）で、亜鉛も湖南省に、燃料の炭斤は本省にて自給できる、とする。旧設の銭局や規定もあり増築等は困難ではない。また広東は福建・江西と隣接しており、銅の開採もあるので将来においてやはり銭局を設けるべきである、と説く。

この上奏に対する硃批は「九卿議奏」であり、その議覆そのものについては原史料を確認できないが、乾隆四年十二月十三日浙江巡撫盧焯の奏請（『硃批奏摺』一二三〇―〇〇九）の中に言及があり、九卿の議覆は、雲南省の銅の京師への運送と貴州省の亜鉛の京師への運送において同じ交通路を使用していたために駄脚が不足し、運送路の調整を議論している段階である現在、さらに湖北での鼓鋳を行うならば必要な駄脚が更に多くなり運搬に支障をきたすことが考えられ、よって湖北鼓鋳は挙行しがたい、との判断をしている。

湖北に鋳銭局を設置すべきことについては、乾隆三年に李衛が「該省的中之地、水陸四達、処処可通」として京局の需用の余銅を以て設局すべきことを提案している。(71) この際にも九卿の議覆は京銅を優先する立場から提案の採用を見合わせるべきことをいう。(72) 湖北に一つの鋳造の中心をつくるという案は、漢口の地理的経済的位置を評価している点において興味深い。(73) この鍾衡と李衛の提案は、広域的視野における銅銭の流通を念頭に置いたものであるが、乾隆五年十一月初八日、湖北巡撫張渠が湖北省における低薄軽小銭の流通、及び銭価の上昇により、雲南銅の採買による開鋳を要請した際には、(74) 戸部の議覆は雲南督撫との協議の上において開鋳を認めるというものであった。(75)

乾隆十年二月の浙江布政使潘思榘の提案は銭法に関連して銀についての対策を行うことを要請するものである（史料A―49）。彼は従来は銀を分厘の微においても使用し（ⅰの史料30の乾隆六年広東糧駅道朱叔権も同様の指摘をしている）、銭は補助的に用いていたが、銀の成色の多様化や（ⅰ）で検討した、史料A―44の鄒一桂も指摘していた仮銀の行使の弊害を指摘、市集の交易は銭でなければ行われない。交易においても銀使用が銭使用に変化し、江浙の事例を挙げれば、松江の布・杭州湖州の絲・浙東の麻・炭・楮・漆等のものは従来は銀を用いていたが、今は銭を用いない者は無い。甚だしきは民間の田房交易の高額取引において契内には銀と書いてあるが現実には銭によって売買している。現今の銀の代替として銭を用いるという状況は銀色が一定していないことにより、このことは銭法の大病になっている、と述べた後に、以後民人が交易を行う場合においては足紋のみを用いさせ、銀匠もただ足色のみの傾鎔を許し違反する者は仮銀傾鎔の例に照らして治罪することを提案する。なお銀匠は大県においては数百家、小県においては十余家に過ぎず査察は容易、閭巷の小民も識別行使ができる、とする。

この上奏に対して戸部の議覆（史料A―51）は「固より民間利用を籌画するの意に属す」と評価しつつも、種種の大塊色銀は貿易の商民の間にあって久しく使用され慣習化しているものであり、各種銀両は取引において十成の紋銀に換算されて使用されており、歴来民便にしたがっている。零星分厘の銀においては指摘のように往々にして仮銀が混合して行使され識別が困難であるという事実はある。仮銀の行使については従来より明禁があり、厳しく禁止措置をとるべきである。今、潘思榘の議のごとく大塊・零星を問わず足紋銀を使わせるようにしたならば、元来色銀の使用が一般的な状況において足紋は多くなく、現有の色銀を傾鎔しなおさなければならず、銀匠がこれにかこつけて品質評価をごまかす等の種種の弊害をもたらすことになるし、傾鎔した銀色が十成に不足した場合に治罪するという規定を作れば胥吏等の弊害が想定される。したがって潘思榘の提議は採用できない、とした。この潘思榘提議は、乾隆十年三月十二日に硃批を得ているが、この日は兵部侍郎歩軍統領舒赫徳と順天府尹蔣炳の上奏[76]に対して出された次節でも言及する「銭文一事……」という旨[77]を乾隆帝が下した日でもある。この中で乾隆帝は「向来浙江地方有分厘皆用銀者」と述べているが、潘思榘の上奏を参照しているとすれば、これは現状における浙江省の貨幣使用慣行を想定して述べたものではないことが確認できよう。

＊　＊　＊

以上乾隆初期の銭法に関わる諸議論について検討した。議論の中身に関する評価は第一部の小結において行うとして、議論それ自体の採用不採用という側面について簡単に言及しておく。全体の傾向として御史クラスの京官の政策提案がそのまま採用されることは少ない[78]。督撫クラスの地方的状況に基づいた要請なり提案は尊重されるケースが多く、議覆においては判断が保留され、乾隆帝に判断をゆだねる事例も見られた。

二・乾隆九年の京師銭法八条の施行およびその経過

前節で見たように多くの官僚が多様な意見を出し、銭貴について何らかの対策を提議し、あるものは用いられ、あるものは却下されるなど、様々な経緯があったが、これらの諸議論の蓄積の結果、中央自らが提議して実行に移したものが乾隆九年の京師銭法八条対策であった。

乾隆九年十月、大学士鄂爾泰等の上奏によって、京師における銭貴の対策として八条からなる案が議され裁可された[79]。八条とは、再度提示すれば、

1・京城内外鎔銅打造銅器舗戸、宜官為稽査。

2・京城各当舗、宜酌量借給貲本銀、収銭発市流転。
3・官米局売米銭文、不必存貯局内。
4・京城各当舗、現在積銭、宜酌銭数送局、一并発市。
5・銭市経紀、宜帰併一処、官為稽査以杜抬価。
6・京城客糧店、収買雑糧、宜禁止行使銭文。
7・京城銭文、宜厳禁出京興販。
8・近京地方囤銭、宜厳行査禁。

というもので、鄂爾泰等は現在の京師における銭貴の原因は、これら八条の対策で是正されるものの中に尽くされているとしている。1は、私銷の根源とされた銅舗を政府統制下に置くことによる銅銭溶解の防止策、2は銅銭が集中しやすい当舗に資本銀を貸与してその運用を許し、その代償として毎月銅銭二十四串を、この政策の為に設けられた官銭局（正陽門外の布巷と内城紫金城北東鼓楼の東の二か所）に提出することが義務づけられたもの、3は当時二十七か所あった八旗および内務府米局に集まる銅銭を三日に一度市場に発売することを義務づけたもの、4は2の策が軌道に乗るまでの暫定案として、六〜七百座あるとされた当舗の現在保有する積銭の官銭局への提出（大當三百串、小當一百串）を義務づけたもの、5は現在分散している十二名の銭市経紀を一か所（正陽門外）に集め、官定の銭価の銭市場における徹底をはかるもの、6は京師に至る客糧店に対する銅銭使用の禁止、7は商船や漕運船に対する京師からの銅銭販運の禁止、8は直隷省所属の各村鎮集に対する銅銭退蔵の禁止であり、5を除けば銅銭の流通量の不足、あるいは銅銭そのものの不足を銭貴の根本原因として認識して行おうとした対策である。

この政策の結果については、実録においては翌乾隆十年の正月初九日の上諭において「近年以来京師の銭価増長し、民用便ならず。朕深く厘念を為し、多方籌画し、廷臣に諭して悉心計議せしめ、務めて善策を得て以て価値を平ならしめんとす。上冬伊等議して数条を得、京師に試行す。数月以来銭価漸く減じ、微効有るに似たり、民間便を称す」(80)と述べられ、やや効果があると評価されている。しかし同年三月十二日の兵部侍郎歩軍統領舒赫徳・順天府府尹蔣炳が「京師の銭文、各門厳査してより後、価値漸く平なり。而して近京州県の銭価頓に長ずるは、総て各省糧艘将次《しだい》に通に抵り、閩広洋船将次に津に抵り、及び一切停泊船隻時に乗じて南下し、奸民囤積販売を致す所に因る」として、京師では銭価が安定しているが、近京州県で銭価の高騰があるという事実を述べ(81)、その原因として、彼らは通州に至る各省の漕船、天津に至る福建・広東の海船が南下する際の銅銭の販運行為を挙げ、関係各官（倉場侍郎、直隷総督、天津関監督、漕運総督、天津道員及び知府）のそれぞれの管轄において販運行為を取り締まらせることを請うている。このことに関する対策は先掲八条の7に盛られていたが、具体策を詳細に規定している1、2、3、4、5の対策と異なり、6、8と同様ただ禁止を言うにとどまっていたものである。さてここで注意したいのは舒赫徳等は京師での銭価の安定が京師外州県の銭価上昇の直接的原因であるとはしていないことである。すなわち京師における政策にともない京師に銅銭が集中したことによる銭価の上昇ではないと認識している。

その後実録には、三月二十七日の御史李慎修の京師銭法八条対策批判の上奏を示す記事(82)があり、四月二十四日の上諭において、京師における銭価の上昇が指摘され、五月支給予定の兵餉搭放銭の比率を高めることが諮問された、という記事(83)があるのみである。

以上の記事により、結局前年十月の政策は、すでに翌年三月から四月の時点でその有効性を失いつつあり、一時的効果しかなかったことを十分読みとることはできる。しかしこの実録を含めて後の編纂史料には八条規定そのものがどうなったかについては全く言及がされていない。その意味については後に考えたいが、中国第一歴史檔案館所蔵

『硃批奏摺』、『軍機処録副奏摺』によって経過および結果を明らかにすることができたので以下に詳述したい。

乾隆十年五月初七日、三つの関連上奏文の提出を経て、大学士九卿に順天府尹を加えた議覆が行われた[84]。三つの上奏とは（1）兵部左侍郎歩軍統領舒赫徳と順天府尹蔣炳の上奏、（2）江西道監察御史李慎修の上奏、（3）江南道監察御史欧堪善の上奏、である。

まず（1）は回空漕糧船と海運民船の銅銭圧載を取り締まることを請うたものである[85]。この上奏に対して乾隆帝の諭旨が出される[86]。（1）の原文が確認できないので確証は無いが、この諭旨は舒赫徳等の上奏文に直接書かれた硃批であったと考えられ、つまり、軍旗大事等が擬したものではなく、乾隆帝自身の考えを直接表明したものであるとみてよいだろう。ここには京師における八条対策について、あるいは銭法政策一般について乾隆帝自らの見解が述べられる。まず乾隆帝は、「銭文一事、広く開採を為すを称する者有り、盗鎖を厳禁するを称する者有り、銅器を禁用せしめるを称する者有り、更に多ければ則ち銀を用いせしめ、少なければ則ち銭を用いせしめんことを称する者有り、其の論一ならず。即ち京師現在の章程を議定し、稽査辦理するも亦た補偏救弊の一端に過ぎず、終に正本清源の至計に非ず」と述べ、銭法政策一般、あるいは現に京師で行われている政策について、それを根本を是正する策ではない、という認識を述べる。次にその銅銭観については、「朕思うに五金皆な以て民を利す。鼓鋳銭文、原より以て白金に代えて広く運用し、即ち什物器用を購買するがごときは、其の価値の多寡、原より銀を以て定准と為し、初めに銭価の低昂在らず。今基本を探せず、惟だ銭を以て適用と為し、其の応に銀を用いるべき者、皆な銭を以て代う」という。ここでは銅銭の「補助貨幣」観が表明されている。順治期の制銭に「一釐」と書かれていたものがあったことを想起されたい。そして、銀を用いるべきところまで銅銭を用いる傾向について本末転倒であるとして、それが商民だけではなく官僚の中にも見られることを、直隷省における水利工事や城の修工、あるいは山東省への布疋の採買を例に挙げて言う。そして、「向来江浙地方、分釐皆な銀を用いる者有り、何ぞ嘗て其の便ならざるを見るや」と、江南での事例を引きあいに出して、「嗣後官の銀両を発するの処、工部応に銭文を発すべき者は、仍お銭文を用いるを除くの外、其の他の支領銀両、倶に即ち銀を以て給発し、復た銭文に易するを得ざらしめよ。民間日用に至りても、亦た当に銀を以て重と為すべし。其の如何に條款を酌定し、剴切暁諭して、商民をして共知せしむの処、原議の大臣および現在辦理の大臣に詳議具奏するを著ず」と述べ、銀の支領・使用を徹底させることをいう。

以上の旨は要約すれば前年の京師銭法八条を正本清源のものではなく補偏救弊に過ぎないものであると位置づけた後、官の支出において銭文が多用されている状況を指摘し改善させ、さらには銀を以て重きとなし銀の使用を奨励しようとするものである。まさに乾隆帝自身の提議といえるものであり、それを具体的に運用する上でいかなる方法をとればよいかということについて原議大臣と現在銭法を担当している大臣に詳議具奏が命じられている。この協議結果についてはやはり実録に記載がなかったものである[87]。

(2)の李慎修の上奏は八条対策がされてから五か月後の三月に出されたもので実録においても内容のごく一部は引用されているが、その細かい内容については不明であった。檔案史料により以下それを明らかにしたい[88]。

李慎修は先ず乾隆帝の言である上記「銭文一事」諭旨を楯にしていう。「我が皇上は諸対策が『補偏救弊』であって、『正本清源』ではないことを認識されている。そして、根本策として銀をもって民間日用においても重きとなす事を提案されている。しかし、諸大臣の対策八条はかえって銭文をもって重きと為すものとなっており、不適当であると言わざるを得ない」

諸大臣の策に根本的な疑問を呈した後、彼は自らの見解を開陳する。先ず彼は自らの観察を述べる。「臣は康熙二十四年生まれである。記憶によると、康熙三十八～九年は、銀一両が小銭一千二百文有奇であった。今の大制銭に換算すると六百文有奇であり、銭は極貴と言うべきであるが、諸物価は安く、民は不便と為さなかった。康熙四十二〜三年の間は銀貨が高くなり、一両は小銭二千二百文で今の大制銭に換算すると一千一百文であり、銭が極賤であった。この時には諸物価が以前に比して倍になっただけではなく、民がその銭賤の利を受けることは無かった」。

以上の観察の結果をもとに自らの認識を述べる。「臣思うに、京師の商賈の貿易においてその本利はもっぱら銀をもって計算する。銭が賤ければ物価は必ず上昇する。もし物価が上昇しなければ本において欠損が出る。銭が貴ければ物価は必ず減少する。物価が減じなければ物は売れずに在庫がたまる。このことから推し量るにたとえ銭価がさらに高くなり銀一両で五百文となったとしても、一文は必ず二釐の用をなす。もしたとえ銭価が日々賤くなり、銀一両＝二千文となれば一千文の値をつけていたものは必ずその値を二千文にしようとするであろう。これは皆理勢の必然、一定にして不易のことである。銅銭の貴い賤いがどうして民に損益を与えることになろうか」彼が言う「物価」とは銭で表示される物価であるが、実はあくまでもその換算された銀を基準とした物価動向の認識である。この認識は銀と諸物との価格の関係が一定である（あるいは変化が相対的に小さい）と仮定した場合にはあてはまり、彼の観察した康熙年間においては妥当な認識であるのかもしれないが、銭価と同時に諸物価も上昇している現象を示している（例えば銀建てで米穀の価格が一石一両から二両に上昇したばあい、銭価が一両千文から七百文に上昇したとしても銭建ての穀物価格は四百文上昇することになる）この乾隆初期においては必ずしもそうでない。一方、彼がいうがごとく銭貴が民に損益を与えているか否かについてはこれは早急に結論を出せない。もちろん彼は康熙年間に民が銭貴で困ること無く、銭賤で利益を得ることがなかったことに基づいて発言していることであるが、乾隆初期に果たしてどうだったのであろうか。確かに諸臣の上奏には銭貴により民が害を受けていることを言うがその実態つまりいかなる層がいかなる場面において被害を受けていたのかということについては必ずしも明らかではないからである。[89]

以下彼は京師銭法八条について述べる。「今大臣の議するところの八款は苛急煩砕であり商民が累を受けることがすでに多い。皇上の諭旨を読むと銀銭の本末源流はすでに周知洞察されている。ただ民が銀の重きを知らないという理由において、諸大臣をしてその対策として条款を酌定させ暁諭させることについては私はそれに賛成できない。事の便なるものはいかに厳しい法をもってしても禁じえず、俗のすでにあるものは聖人といえども変えることはできない。江南浙江の分厘まで銀を用いるという習慣は時間をかけて形成されたものであって、法をもって強制したものではない。然るに北方の愚夫は秤の使用法を知らず、銀の成分の識別も困難である。酌議条款にあるがごとく、ある額以上は銀ある額以下は銅銭を用いさせようとしても、銀を用いなければならない額になったときに貧民で銭を有していても銀を持たないものは一体どうすればいいのか。智が蕭何のごときものであっても宜民の良法をあらしめることはできない」、「そもそも銀の重きことは愚夫婦であっても知っていることで、わざわざ暁諭する必要もないことである。彼らが銭を用いる理由は省便だからであって、銀の重きを知らないのではない。臣の愚見によれば、すべて旧に戻したほうがよい。すなわち諸大臣の議する所の苛急煩雑の款はすべて廃止し、貴賤はその自然にまかせ、部内の従来から銀を発しているところは銀を発し、銭についても同様にして、ことさらに別議して規定を設け暁諭する必要もなく、商民の自便にまかせ、官法をもって規制する必要は無い」。

彼のこの上奏には現状認識としては怪しい点はあるが、言わんとする主張は明解で、貨幣の使用慣行についての徹底的な放任策である。この上奏について二百七十七字という異例の長文の硃批を書いた乾隆帝が「此の奏、見るところ無からず」としたのはまさにこの点であり、硃批中に「交易の事、原より応に民の便を聴すべく、法制禁令を以て之を縄すべき者に非ざるは、此れ朕の平心静気の論なり」という言葉を引き出している。この点において李慎修の提議は成功したといえよう。

（3）の欧堪善の上奏は四月初六日に出されたもので、[90] 既に一週間程前の李慎修への乾隆帝の硃批をふまえたものになっている。彼の観察は「伏して思うに、銭価には貴賤があり、物価は固よりこれにしたがって低昂があり、時に銭が貴くして物価が下らず、銭が賤くして物価が上昇しないことがある」といった一応は現状を踏まえたものではある。そして彼が提示する具体策は一文の重さを京戥一銭二分から一銭にせよ、というもので、従来からしばしば提示されてきた案であり、特に新しい機軸があるわけではないが、前節（a）で見た軽銭策の諸論者が私銷の弊害を強調しているのとは異なり、軽くした分の銅を用い制銭を多鋳すべきことを強調するものである。

さて以上の上奏は、九卿に順天府尹を加えた会議において検討される。この戸部の主稿からなる上奏文はまず、乾隆帝の「銭文一事……」の論旨を引用し、銭価の上昇の原因を検討し、（い）「外省昔日用いる所倶に各色雑銭に係わり、京局銭文惟だ京城及び近京地方の用なるに縁り、故に銭価甚しくは昂きを致さず。雍正年間各省廃銭雑銭悉く収買し、京銭因りて流れて漸く広く処に到り行使さる」、（ろ）「商民貿易巨細と論ずる無く、倶に銭文を用い、官領買項も亦た多く易銭して運用す。京局鋳銭多きと雖も銭価転じて昂貴を致すは、皆な銭を以て銀に代うの故に因る」という原因をあげる。（い）は雍正年間の廃銭・雑銭の収買が京銭の流通を広くしたという因果論には疑問はあるが、本来あるべき姿であろう雑銭の淘汰と京銭の全国的流通について消極的評価をしている点については、この時期の政策決定の場においては決して体制論の枠組み、すなわち「政体」「国体」に符合しないから符合するようにすべきである、といったような論理において銭法の議論がされていないことを示していると考えてよいだろう。（ろ）は乾隆帝の論旨を追認したものであり、また銭の行使の拡大の事実認識は疑問の余地がないものとして捉えられていることは確認できる。[91]

以下、乾隆帝の三月十二日の論旨に応えるべく対策が提示される。直隷の水利工事、坐糧庁の山東における布疋の採買、各省の城垣・倉庫・営房・衙署の修理においては匠・夫の雇用の工価を除き、物料の購入において銭の給発を許可しない。民間においては銀を重視させる。京城の布店・糧食店・油塩店・茶葉店の貨物は各本店内においては小規模な売買をおこなっているが、その初めは行家において銀を用いて大量仕入れをするものである。近来の舗店は銭を多く用い、行家もまた銭を求める傾向にあり銭不足と銭価上昇の原因となっている。よって以後は紬緞布疋・糧食・銅錫器・木器・磁器・衣服・首飾・米・塩・油・酒・石炭・煙草・茶等の店舗においては日用の零星売買については従来通り銭を用いることを許すが、行家において仕入れの際には全て銀を用いさせ、銭の使用を許さない。このことを各省督撫から各地方官へ伝え各地方官は舗戸・行商・経紀に周知せしめること。以上のようなものである。一応は乾隆帝の諮問に丁寧に応えたものになっているが、後半の民間への銀使用周知徹底策は単に呼びかけるだけのものであり、その効果のほどは推察できよう。

次に李慎修の上奏について検討される。ここで李慎修が悉く停止すべきだとした京師銭法八条についての現状が述べられ、当舗に関する二条は既に停止、興販・囤積の防止と雑糧店の改用銀両については関係各官が努力中である、とする。(92) 官銭局については設立の初めに当たっては京師の銭価がやや減じたが、近京地方において銭価が安定せず、その原因は奸民が京師において低値で買った官銭を近京諸地方に興販して利を得ており、官銭が奸民の懐を肥やし、兵民に害を与えるものとなっており、よって停止すべきである、とする。官銭局設置に当たって一か所に集めた経紀については元の場所に散処して輪番で業務を行わせる。銅舗の帰併については、この対策は私銷防止の為のものであったが、数か月試行の結果銭価は未だ安定せず、且つ状況を子細に見ると私銷の弊害というのは無いと類推できる。よって帰併した銅舗は散処させ経営させ、官房を設ける策は停止すべきである。八旗官米局・五城官米局の銭文については従来通り上市発売を許す。といったもので、官米局という比較的行政による管理が容易なところ以外は、失敗か現実に機能していないかのどちらかであることが明らかである。議覆は李慎修の銀銭は民間の使用に任せるべきだ、という主張に対しては乾隆帝の諮問に応じて銀使用徹底策をとることから、採用すべきでないことを言うが、上述のようにその効果は疑問であるので実質的には李慎修の主張通りになったと考えるのが自然である。

欧堪善の軽銭案については、諭旨に従って銀を本と為すようにすれば将来銭が安定することが期待できるので、欧堪善の提議は用いる必要はない、としてまともな検討もされずに不採用が議されている。

このような結論に至る過程を史料的にさかのぼって検討すると、京師銭法八条が実施されてから約一か月後の十一月十一日、協理山東道監察御史楊開鼎の上奏(93)には、対策八条によって正陽門外に設置された銭市に自ら赴いて観察した結果として、毎日の上市（官価は五銭九分＝制銭五百文、すなわち一両＝約八百四十七文）において銭を買おうとする者は千人あまりに達するが、兌換できない者が大半である。その原因は官局の発売する銭文が不足しているためである。したがって京城において銭舗を営業している者は銭を多く保有する舗戸に頼るが、舗戸は五十両毎に一両七・八銭から二両にいたる銀を附加し、経紀の手数料や運搬費を加えて結局六銭三分から四分（約七百八十一～七百九十四文）になり、対策が銭価の平減に寄与していないことを指摘している。

また、当舗に関する対策について以下のように述べる。当舗は官に銭を輸納しなければならないので、質金として銀を貸し出すのみで銭を貸し出さない。京城の一切の交易は銭を用いることを銀を用いることよりも便としている。しかし銭舗は上述のように銭を不足させており、当舗が銭を貸し出さないとなると民間の不便は甚だしい。また当舗は春夏は貯銭が少なく、春に至れば官に提出するために禁令にもかかわらず市場から銭を買わなくてはならなくなり、銭価はますます高騰するであろう。よって当舗に関する策は停止すべきである。この上奏に対して原議大臣等の速議具奏が命じられた。その協議結果については原文を確認できないが、上記乾隆十年五月初七日の議覆の記述により、楊開鼎の提案が取り入れられたことは推定できる。

八条対策は以上の経過から見て数か月において有効性を失っていた。警察行政的な販運・囤積の取り締まりは停止されることは無かったが、「日久廃弛」に近いものになったであろうことは想像に難くない。乾隆帝の「朕意銭文一事において、辦ずるを欲せざるに非ず、実に之を辦ぜんとして辦ずべき無く、転た其の自然に聴すにしかず[94]」という言葉が端的に示すように、その後、乾隆十七〜八年の山東布政使李渭の富戸による囤積弊害の指摘に端を発して行われた直隷省を中心とする直隷総督方観承の囤積銭文出易策および銅銭使用の上限設定策[95]を除けば、市場介入による銭貴対策は姿を消す。そして、会典・則例・省例その他の編纂行政法典の「銭法」はそのほとんどが銅・鉛の確保とその運搬の規定[96]となり、清朝は整備された銅輸送制度の中、黙々と銅銭を鋳続けていくことになるのである。

註

（1）『高宗実録』巻二百二十六、乾隆九年十月壬子。なお乾隆三年を中心とした議論とその位置づけについては、川勝〔2009〕後編第五章「清、乾隆初年雲南銅の長江輸送と都市漢口」、参照。

（2）中国第一歴史檔案館蔵『硃批奏摺』（以下『硃批奏摺』とする）一二二六―〇二五、雍正十三年十二月十六日、工科掌印給事中永泰奏摺。永泰が巡視中城御史の時、すなわち京師における観察。彼の議論の詳細については、本文（j）を参照。なお『硃批奏摺』の後の数字は本文中と同様に、中国第一歴史檔案館編『中国第一歴史檔案館蔵清代硃批奏摺財政類目録』第四分冊、経費、貨幣金融（一九九二、中国財政経済出版社）の目録の番号。

（3）唐与崑『制銭通考』巻二、にも言及されている。なお、中国第一歴史檔案館蔵『戸科題本』貨幣金融類も検討する必要があるが、確認の機会を得ていない。

（4）『乾隆朝上諭檔』第一冊、二五八頁、乾隆三年三月十五日内閣奉上諭。

（5）九卿会議にあたっては、事案に関わりの大きい部が会議の前に議覆の底稿を用意して九卿に送付し、会議に際し主稿の衙門（の書吏）が奏稿を宣読し、会議参加者が修正意見を提出し、議が定まった奏稿をもう一度宣読し、九卿が署名する。郭〔1998〕一三三頁。九卿については註（29）も参照。
（6）中国第一歴史檔案館蔵『議覆檔』（以下『議覆檔』とする）第三リール「乾隆三年正月至十二月檔冊」〇八三一〇八八頁、乾隆三年三月十七日奉旨、大学士鄂爾泰等奏摺。『議覆檔』の史料的価値やその位置づけについては、上田裕之〔2009〕、三二九頁以降の補論を参照。なお、本書で用いた銭法関連の『議覆檔』は、上田裕之氏より提供していただいた。ここに記して感謝申し上げます。
（7）乾隆帝は硃批において「此事関わる所大、朕の之を熟籌するを待て」としたが、五月二十八日の「旨」において「大学士戸部と会同して密議具奏せよ」とし、その議覆である史料A―41において不採用。なお晏斯盛は、史料A―40の上奏の前半部分では、湖北省における銅鉱山の開採（塲陽府の竹山県・房県・塲西県）について述べ、この点については承認。また晏斯盛は当時湖北省において流通していた沙板・剪辺・鎚扁・鉛銭・古銭等について三か月以内に地方官が収買すべきことを提議したが、千百の中に制銭が一つか二つというような現状において収買を行うことは制銭の供給が直ちにできない以上かえって銭価の上昇をもたらすゆえ、将来の制銭充裕の後に再び議論をすべきであるとして、問題の先送りが行われた。
（8）『硃批奏摺』一―三五―〇二六、乾隆十年四月初六日、江南道監察御史欧堪善奏摺。次節参照。
（9）『硃批奏摺』一―三七―〇二一、乾隆十一年六月二十八日、陝西巡撫陳弘謀奏摺。
（10）ただし、多綸は現行の銭が重さ一銭であるという事実誤認をしている。史料A―9を参照。
（11）『硃批奏摺』一―三八―〇〇三、乾隆十二年二月二十日、湖広総督塞楞額・湖北巡撫陳弘謀奏摺、同一―三八―〇〇四、乾隆十二年二月二十日湖広総督塞楞額奏摺、同一―三八―〇〇七、乾隆十二年三月二十一日管理戸部尚書事務劉於義等《戸部議覆。なお黒田〔1994〕は乾隆九年の試行としているが十一年の試行である。
（12）『明清檔案』A一―三九、順治元年七月二十六日、工部左侍郎葉初春等の啓。

（13）『乾隆朝上諭檔』第一冊、二九九頁、乾隆三年八月初五日内閣奉上諭。

（14）その他、『議覆檔』第三リール「乾隆四年正月至十二月檔冊」三〇五—三〇六頁、乾隆四年十二月十二日奉旨議覆にみえる事例を挙げておく。南昌府知府呉同仁が「江西・安徽・湖広等の省、制銭を行使するに小銭を攙和すること甚だ多し」として査禁を加えることを請うたのに対し、議覆では小銭を禁ずれば民間の需用を満たさなくなりかえって便ではないとして採用されなかった。なお、乾隆期の知府の奏摺は例を多く見ないが、呉同仁の採用された別の提案について督撫に検討が命じられた際、呉同仁の名は伏せられており、人事権・弾劾権を持つ督撫に対しての一定の配慮がなされている。

（15）『議覆檔』第五リール「乾隆八年正月至十二月檔冊」四五三—四五八頁、乾隆八年十二月二十七日奉旨議覆。その後乾隆十四年五月に至り兵部尚書署湖広総督索宝が一文一銭六分の当二銭を鋳造することを提案するが採用されない。『硃批奏摺』一二四〇—〇〇一、兵部尚書署湖広総督索宝奏摺、『高宗実録』巻三百四十一、乾隆十四年五月戊辰、参照。

（16）当時の制銭の基本成分は紅銅五〇％、白鉛つまり亜鉛四〇％前後、黒鉛いわゆる鉛一〇％前後で、いわゆる真鍮に近いものである。このときの変更で錫が三％が加えられ、亜鉛が三七・五％、鉛が九・五％となった。なお、おそらく行政主体の主観的意図は関係ないと一蹴されるであろうが、黒田〔1994〕、〔2003〕において重要な画期とされる乾隆五年の画一鋳造は註（18）にみるように実際には事実に反することを指摘しておく。

（17）『硃批奏摺』一二三〇—〇〇六、乾隆四年十二月初八日、浙江布政使張若震奏摺。

（18）『硃批奏摺』一二三一—〇一三、乾隆五年閏六月二十二日、雲南総督慶復・雲南巡撫張允随奏摺。硃批は「辦ずる所甚だ妥なり。知道了」で、中央での議論を経ずに裁可されている。黒田明伸〔1994〕は青銭鋳造をもって成分の全国統一がはかられたという評価をしているが、少なくとも乾隆初期においては画一的貨幣制度への指向は言説としては強調されていないこと、地方局の鋳造額が大量鋳造とは言えないことも含め問題であろう。またこれより先、乾隆四年三月、内閣侍読学士祖尚志はその銭法事宜三条の第二条において京運されている雲南銅銭の質が高いことが銷銭の原因の一つであるとして京局の例に照らして鋳造させることを提議したが採用されていない。史料A—24および『乾隆朝上諭檔』第一冊、三八〇頁、乾隆四

年三月十五日、祖尚志奏銭法利弊一摺三条、『議覆檔』第三リール「乾隆四年正月至一二月檔冊」八七―九二頁、乾隆四年三月十五日奉旨議覆、参照。

(19) 史料A―40の晏斯盛奏摺参照。この問題はすでに青銭を鋳造することを要請した、史料A―23の那蘇図奏摺においても指摘されているが、那蘇図は分金炉を利用する費用（燃料費・人件費）が多くかかるためコスト面で問題がないとしている。

(20) 『議覆檔』第二リール「乾隆元年正月至五月檔冊」一五七頁、乾隆元年二月初九日奉旨議覆、は海望の奏請をうけたもので、これに先んじて提出されていた李紱の銅禁拡大案と雲南銅専用案とあわせて九卿の会議において検討することを議したものである。李紱の奏摺については、『議覆檔』第二リール「乾隆元年正月至五月檔冊」〇〇三―〇〇四頁、乾隆元年正月初四日奉旨、及び第二リール「乾隆元年正月至五月檔冊」〇三七頁、乾隆元年正月二十日奉旨、に要約されている。

(21) また、乾隆十年二月十一日の議覆（史料A―48）の中の記述により、その後九卿の議覆が行われたことが確認でき、その九卿議覆により弛禁策が実行された。なお海望は、史料A―2の上奏の中で、江蘇浙江に銅政専管の道員を置くことを雍正十三年の福建巡撫盧焯の奏請によって要請している。この件については継続して審議中であったが、『硃批奏摺』一二二六―〇三〇、乾隆元年二月二十五日漕運総督署理江蘇巡撫印務顧琮奏摺により、銅政に関する五つの条奏の中に海関を専管している道員に銅務を担当させるという案が提示され、その意見が乾隆元年三月十七日の議覆（『硃批奏摺』一二二六―〇三二）により採用された。

(22) 『議覆檔』第三リール「乾隆三年正月至十二月檔冊」七九―八一頁、乾隆三年三月十五日奉旨議覆。

(23) 『議覆檔』第三リール「乾隆二年七月至十二月檔冊」一二三―一二五頁、乾隆二年閏九月十五日奉旨議覆、では御史諸穆布が銭貴の原因が私銷にあるとして、京城内外、および直隷各州県の城市や郷村の集場で打造黄銅舗を開くこと、および黄銅の売買を禁じることを請うた上奏に対して、諾穆布が銭貴を銭の銷燬によるとすることは「懸擬の詞に属し、並に実據無し」として却下されている。なお、議覆には「九月は正に塩菜の期」であり、塩の需要が高まり銭価が上昇することをいう。

(24) 原奏は確認できなかったが、史料A―22によりその内容が実録よりも詳細に確認できる。

(25)『乾隆朝上諭檔』第一冊、八七四頁、乾隆三年五月二十五日、奉旨。

(26)『硃批奏摺』一二三五―〇二一、乾隆十年三月十八日、署理湖広総督鄂彌達・湖北巡撫晏斯盛奏摺。

(27)乾隆十六年七月、軍機大臣と尹継善の協議により、銅禁が議され、裁可されているが、その後の経過は不明である。『議覆檔』第八リール「乾隆十六年五月至七月檔冊」二八一―二八三頁、乾隆十六年七月六日奉旨議覆。なおこの議覆の原本は『硃批奏摺』一二四八―〇一五、にみえるが、日付が無い。中国第一歴史檔案館編『中国第一歴史檔案館蔵清代硃批奏摺財政類目録』は、乾隆十七年十二月と推定しているが、『議覆檔』によって修正すべきである。

(28)岸本〔1997〕、第八章「清朝中期経済政策の基調」、参照。

(29)史料A―22の合壁議覆によれば、この時期の「九卿議奏」の際の九卿は六部尚書・侍郎、都察院左都御史・都察院左副都御史・都察院左僉都御史、通政使司通政使・通政使司左右通政・通政使司左右参議、大理寺卿・大理寺小卿であり、すべてのポストに人が充当されていた場合には合計五十名以上となる。また「九卿科道」とある場合には上記九卿に各科掌印給事中と掌〇〇道監察御史を加えたものとなる。つまり李世倬の官職である通政使司右通政は九卿の中に含まれる。御史陶正靖の奏請は「大学士等会同九卿科道詳議具奏」であったから、議覆の最後の連名には彼の名も列記されるはずであるが、史料A―22には彼の名は記されていない。恐らく彼の上奏が議論の対象であるためであると考えられる。彼は陶正靖の奏を要約した後「臣等旨に遵いて現在詳議す。茲に議に銅禁を厳にせずんば、恐く銭価日々昂く銭文日々少なく、私銷日々甚しくして抵止する無き者有り。議に仍お銅禁を厳にすれば恐くは滋擾を生じ、与に銭価未だ必しも即ち平ならず、私銷未だ必しも即ち已まざる者有り。種種議を持して未だ画一する能わず。如果意見同じからざれば、原より再議三議して、実に據りて陳奏すべし」と述べ、この時点での官僚たちの銅の管理についての意見が必ずしも一致していなかったことが判る。また九卿の一員の李世倬も発言権はともかく議論の場にいたか或いは少なくとも議論の情報を得ていたと思われる。なお彼は六月初二日に通政使司右通政から左通政に転じているので、史料A―22やこれに基づく実録においては左通政と記されている。

(30)具体的にいえば『実録』で「李世倬奏称」以下の「不論製器之精粗、概定以三分遞算之工価」という部分は李世倬の原奏ではなく、議覆の文言であり、また「添設銅行経紀」という文言も同様である。

(31)『議覆檔』第三リール「乾隆三年正月至十二月檔冊」二四一―二四二頁、乾隆三年六月初三日奉旨議覆、によれば、提案は不採用。

(32)『高宗実録』巻二百二十二、乾隆九年八月癸丑、大学士鄂爾泰等議覆。

(33)『乾隆朝上諭檔』第一冊、三八〇頁、乾隆四年三月十五日、祖尚志奏銭法利弊一摺三条、参照。

(34)『議覆檔』第三リール「乾隆二年七月至十二月檔冊」二八九―二九六頁、乾隆二年十一月初七日奉旨議覆。

(35)『硃批奏摺』一二二七―〇二五、乾隆三年二月十二日、雲南巡撫張允随奏摺。

(36)註(33)前掲、祖尚志奏銭法利弊一摺三条、参照。

(37)一般に各省の開鋳に関する問題には「密議」の措置がとられる。その情報を得ることによる銅の買い占め等の市場の混乱が起こることを防ぐためであることが想定される。具体的文言としては、『高宗実録』巻三百二十一、乾隆十三年閏七月己巳、論、において山東省の開鋳の必要性を劉統勲等に諮問する乾隆帝は「奏覆は努めて慎密に行い、幕賓等もその漏洩を防ぐようにせよ。此事には必ずしも良法というものは無く、ひとたび事実が明らかになれば市遂が居奇を計り、民情も惶惑しその効果を見ないうちに先に弊害のみが生ずる」と言う。

(38)『硃批奏摺』一二二七―〇二五、乾隆三年二月十二日、雲南巡撫張允随奏摺によって停止が提議され、『硃批奏摺』一二二八―〇〇四、乾隆三年三月初十日の大学士・海望・尹継善の議覆を経て裁可、乾隆四年三月から停止となった。

(39)『硃批奏摺』一二二七―〇一一、乾隆二年五月二十七日、雲南総督尹継善奏摺、同一二二七―〇一三、乾隆二年七月初十日荘親王允禄等議覆、参照。

(40)『硃批奏摺』一二二七―〇二七、乾隆三年二月十六日、直隷総督李衛奏摺、同一二二八―〇〇一、乾隆三年二月二十五日戸部尚書海望等議覆、参照。雲南銅の京運については、川勝〔2009〕後編第四章「清、乾隆期雲南銅の京運問題」、参照。

(41)『高宗実録』巻二百三十二、乾隆十年正月辛巳、命直省籌鼓鋳、論軍機大臣等。

(42)『高宗実録』巻二百四、乾隆八年十一月戊子、諭軍機大臣等。

(43)その後山東省では乾隆十三年閏七月山東按察使李渭が京運銅の截留をもって山東省の鼓鋳にあてることを要請する上奏を提出（『硃批奏摺』一二三九―〇〇八、乾隆十三年閏七月十二日、山東按察使李渭奏摺）、しかし同月十七日の上諭において截留による鼓鋳は認めないことが強調され（『高宗実録』巻三百二十一、乾隆十三年閏七月己巳、上諭）、同月二十七日の劉統勲・阿里袞の議覆において山東省鼓鋳が必要ないことが報告される（『硃批奏摺』一二三九―〇〇九、乾隆十三年閏七月二十七日、劉統勲・阿里袞奏摺）。なお截留銅による開鋳を認めないことが最初に確認されるのは『硃批奏摺』一二三五―〇二二、乾隆十年三月二十四日の原兵部侍郎雅爾図の奏請に対する議覆。

(44)山西でも当初の報告においては現地の銅産が思わしくないことを理由に鼓鋳に慎重であったが、乾隆帝は硃批において、「山西には殷実な商人がいるではないか」との指摘をし（『硃批奏摺』一二三四―〇〇八、乾隆九年二月初一日、山西巡撫阿里袞奏摺）、商人による辦銅が開始された。政策決定過程における乾隆帝の比重の高さを端的に示す事例である。

(45)ただ、同様に官米・官塩の例にならい「官局」において銀一両=制銭一千文で兌換し、市中の銅銭流通量を増加させることを提案した編修商盤の上奏は、議覆により、確かに効果は予測できるが、富商大戸が機に乗じて囤積し、弊害を招くとして却下されている。『議覆檔』第三リール「乾隆二年七月至十二月檔冊」二八九―二九六頁、乾隆二年十一月初七日奉旨議覆。なお、この「官局」については、史料A―13の陝西道監察御史舒輅の上奏にも見え、また『議覆檔』第三リール「乾隆二年七月至十二月檔冊」三二九―三三二頁、乾隆二年十一月三十日奉旨議覆、において議覆の対象となった御史王文璿の上奏にも見える。また、乾隆三年三月十七日の乾隆帝の旨に「現在各廠糶米銭文、俱に官銭局に交して発売し、以て市価を平にせしめんとす」（『議覆檔』第三リール「乾隆三年正月至十二月檔冊」〇九三―〇九四頁、乾隆三年三月二十一日奉旨議覆）とあり、銭貴の状況下、官米局に集まった銅銭を市場価格より安価に兌換し、銭価を安定させるために設けられていたものであることが推察できるが、なお詳細は不明である。

(46)史料A―52の蔣溥奏摺によれば、乾隆元年～二年前後での京・通各倉の備蓄米は一千三百五十余万石、毎年の進倉正耗米は四百余万石、俸餉に支放する分を除き余剰米は一百余万石であるという。
(47)『議覆檔』第三リール「乾隆三年正月至十二月檔冊」二四一—二四二頁、乾隆三年六月初三日奉旨議覆、および『高宗実録』巻七十、乾隆三年六月甲申、大学士鄂爾泰等議覆。
(48)『乾隆朝上諭檔』第一冊、八六一頁、乾隆八年六月初八日、内閣奉上諭。
(49)『高宗実録』巻百九十五、乾隆八年六月丁卯、歩軍統領舒赫徳等奏。
(50)『高宗実録』巻二百三十二、乾隆十年正月辛巳、命直省籌鼓鋳、諭軍機大臣等。
(51)本書第二章参照。
(52)『皇朝文献通考』巻十五、銭幣考三、雍正元年。
(53)原奏は確認できない。以下の内容は史料A—22による。
(54)『議覆檔』第三リール「乾隆三年正月至十二月檔冊」二四一—二四二頁、乾隆三年六月初三日奉旨議覆、によれば、提案は不採用。
(55)『高宗実録』巻百六十五、乾隆七年四月乙巳、大学士等議覆。
(56)『議覆檔』第三リール「乾隆二年七月至十二月檔冊」二一八—二一九頁、乾隆二年閏九月十一日奉旨。
(57)明徳はこの奏内で言及しているがごとく、乾隆二年の九月に囤積行為や銭価のつり上げ行為を厳重に取り締まることを請うた上奏を行っている。この奏に対する乾隆帝の旨はこの時点での銭価および物価高騰について言及したものである。すなわちこの時八旗兵丁に対して半年分の餉銀を借給することが決定されていたが、その情報が伝わると銀が領出される前に銭価と物価が上昇したという事実を指摘し、これを奸商の投機行為の原因とみなしている。(『乾隆朝上諭檔』第一冊、六六七頁、乾隆二年九月二十六日、総理事務王大臣奉上諭)このような事態は前年の乾隆元年八月にもあり、一年分の餉銀が借給される際、濫費を見込んでの綢緞衣服等の値段の上昇があり、兵丁への銀の借給はもとより商賈にも益のあるものであり、それにもかかわらず投機行為を行うのは「公平之義」に背くものだとして、投機行為を戒める上諭を出している。(『乾隆朝

上諭檔』第一冊、三二七頁、乾隆元年八月二十四日内閣奉上諭）

(58) 前註参照。

(59) 『議覆檔』第三リール「乾隆三年正月至十二月檔冊」二四一—二四二頁、乾隆三年六月初三日奉旨議覆、によれば、提案は不採用。

(60) 『高宗実録』巻百六十五、乾隆七年四月乙巳、大学士等議覆。

(61) 『硃批奏摺』一二三五—〇一八、乾隆十年三月十二日浙江巡撫常安奏摺。

(62) 科挙実施と銭価上昇については、史料A—4にも言及され、科挙実施時（具体的には乾隆二年春の恩科実施時）に宝泉局・宝源局の炉を増やして鼓鋳量を増加させることを説いている。

(63) 『議覆檔』第三リール「乾隆二年七月至十二月檔冊」一九五—一九七頁、乾隆二年閏九月初六日奉旨議覆。議覆においては、交易の際に銀を使用させることが銭貴対策に効果があることを認め、十貫以上の取引における銅銭使用制限策について、各衙門に暁諭を行わせることとした。蕭炘は同時に私銷行為者を告発した者に五十両の賞金を出すことも提案しているが、いたずらに告訐の風を啓くとして採用されなかった。ただ私銷の弊害は認め、各衙門に私銷の厳禁を暁諭させることとした。なお蕭炘は巡視東城御史であったと推察される。

(64) 『議覆檔』第三リール「乾隆二年七月至十二月檔冊」二八九—二九六頁、乾隆二年十一月初七日奉旨議覆。

(65) 『議覆檔』第三リール「乾隆二年七月至十二月檔冊」二四三—二四五頁、乾隆二年閏九月二十七日奉旨議覆。

(66) 『高宗実録』巻百三十九、乾隆六年三月癸未、戸部議准。『硃批奏摺』乾隆十年三月二十八日　蘇州巡撫陳大受奏摺はこの朱叔権の銭使用上限策に言及している。なお貨幣使用慣行の問題は「合理的」経済行為を行う経済主体の選好の問題のみでは片付けられない「非合理的」要素が非常に大きいと考えられる。以下の史料A—33の事例も含め、様々な角度からの検討が必要であろう。

(67) 『議覆檔』第四リール「乾隆七年正月至五月檔冊」二九五—二九六頁、乾隆七年五月十六日奉旨議覆。

(68)　仮銀については、『硃批奏摺』一―二三三―〇二〇、乾隆八年十月初六日、四川按察使姜順龍奏摺および以下の（j）で検討する乾隆十年二月の浙江布政使潘思榘提案にも見える。なお、この時期の『硃批奏摺』等の檔案史料においては銀そのものについての提議は少ない。乾隆七年六月の江西巡撫陳弘謀は毎錠五十両のいわゆる元宝銀について、種種の形態の地丁銀を五十両にするとき銀匠を経る際の火工費の問題、兵に支給の際に五十両では大きすぎ、再度銀匠を経なければならない等の問題の解決のために、五十両の元宝は止め、毎錠五両にすればよいということを提議する。この提議は乾隆帝の硃批の段階で「此事甚煩、況行之已久」として却下される（『硃批奏摺』一―二三二―〇二三、乾隆七年六月十八日、江西巡撫陳弘謀奏摺）。この提議も含めてこの時期の「通貨」問題において銀について何らかの措置をとろうとする議論は少なく、構造上はともかく表面上は銀の流通が行政がとりあつかうべき問題とならなかったことを示す。なお銀両問題についての参考とすべき見解は、黒田明伸〔1994〕のI章参照。また種種の形態の現存銀両を図版入りで紹介し分析したものとして、中国銭幣学会陝西分会編『元宝図録』（一九九二、三秦出版社）、湯国彦主編『中国歴史銀錠』（一九九三、雲南人民出版社）、参照。

(69)　この批を誰が議したかは不明。史料A―3の戸部尚書署理湖広総督印務史貽直奏摺も参照。永泰の奏は史貽直にも詳議具奏が命じられている。史貽直は永泰の奏について議をする必要が無いことをいい、乾隆帝も硃批においてその意見に賛同している。

(70)　以上は彼が郷試考官として雍正十三年に広東省へ（正考官）、乾隆元年には雲南省へ（副考官）赴任する途中の観察である。『世宗実録』巻百五十六、雍正十三年五月戊午、および『高宗実録』巻十七、乾隆元年四月癸未。

(71)　『硃批奏摺』一―二二七―〇二七、乾隆三年二月十六日、直隷総督李衛奏摺。

(72)　『硃批奏摺』一―二二八―〇〇一、乾隆三年二月二十五日、九卿議覆。

(73)　銅輸送と関連して漢口の位置を長江物通のセンターであると評価した論考として川勝〔2009〕後編第五章「清、乾隆初年雲南銅の長江輸送と都市漢口」参照。

(74)　『硃批奏摺』一―二三一―〇二〇、乾隆五年十一月初八日、湖北巡撫張渠奏摺。

(75)『高宗実録』巻百三十二、乾隆五年十二月戊戌、戸部議覆。
(76)『高宗実録』巻二百三十六、乾隆十年三月甲申、兵部侍郎歩軍統領舒赫徳・順天府尹蔣炳奏。
(77)『乾隆朝上諭檔』第二冊、一四六頁、乾隆十年三月十二日、奉旨。
(78)このことは銭貴問題に限った問題ではない。『乾隆朝上諭檔』第一冊、一二五三頁、乾隆四年八月二日、満漢文武大臣奉上諭、の中に引用された張湄の奏に「皇上言路を上に開くも、諸大臣言路を下に塞ぐ。凡そ奉旨交議事件、並に平心和気に可否を斟酌せず、総じて無庸議の三字を以て駁到するを快と為す。甚且しきは極口醜詆し、怒罵に勝るも、意は小臣の口を箝するを欲し、剛傲恣冒にして、已に先ず大臣の体を失うを知らず」とある。とはいえ特に経済問題に関わる御史クラスの提案には波及効果を余り考慮しない提案や考慮したとしても独善的なものが多いことは確かである。採用される提議について検討すれば当時の経済に関わる行政が何を理念として最大化しようとしていたかについてより明らかにできるであろうが、銭法に関する事例だけでは材料に乏しい。なお乾隆初期において多くの官僚が政策提案を行った背景には上記引用文中にある乾隆帝の言路を開くという政治方針がある。
(79)『高宗実録』巻二百二十六、乾隆九年十月壬子。
(80)『高宗実録』巻二百三十二、乾隆十年正月辛巳、命直省籌鼓鋳、論軍機大臣等。
(81)『高宗実録』巻二百三十六、乾隆十年三月甲申、兵部侍郎歩軍統領舒赫徳・順天府尹蔣炳奏。
(82)『高宗実録』巻二百三十七、乾隆十年三月己亥、御史李慎修奏。
(83)『高宗実録』巻二百三十九、乾隆十年四月丙寅、論。また『乾隆朝上論档』第二冊、一七五頁、乾隆十年四月二十四日、奉旨。この論旨に応えて提出されたのが『硃批奏摺』一二三六―〇〇一、大学士張廷玉等議奏。
(84)『硃批奏摺』一二三六―〇〇五、乾隆十年五月初七日、大学士張廷玉等議覆。
(85)『高宗実録』巻二百三十六、乾隆十年三月甲申、兵部侍郎歩軍統領舒赫徳・順天府尹蔣炳奏。
(86)『乾隆朝上諭檔』第二冊、三三頁、乾隆十年三月十二日奉旨。

（87）『皇朝文献通考』巻十六、銭弊考四、乾隆十年、議定用銀用銭事宜、には要約文の記載がある。

（88）『硃批奏摺』一二三六―〇二三、江西道監察御史李慎修奏摺。奏摺原本には日付はないが、実録の日付および軍機処副録奏摺の旨を奉じた日付は三月二十七日となっている。なお李慎修の籍は嘉慶『国朝御史題名』および『清史稿』巻三百六、列伝九十三によれば山東省章丘県、『国朝耆献類徴初編』巻百三十六、諫臣四、宗室昭槤撰の伝には徳州の人とある。しかし彼の康熙時代の観察がどこのものであるかは不明。

（89）いくつかの報告はある。例えば史料A―31の吏部左侍郎蔣溥は、兵餉の銀を銭に兌換する八旗兵丁がその弊を受ける、とする。上田裕之〔2009〕はこの問題を強調する。

（90）『硃批奏摺』一二三五―〇二六、乾隆十年四月初六日、江南道監察御史欧堪善奏摺。

（91）銭の使用拡大について官項の運用に対して疑問を投げかけている乾隆帝ではあるが、例えば、乾隆二年七月初七日の鑲黄旗漢軍副都統策楞・戸部郎中赫赫の上奏（『硃批奏摺』一二二七―一二）において、永定河の洪水被災に対して帑金が発出された際、民間はその銀を銭に易えて使用するが、蘆溝橋や長辛店などは直省の通衢であり銭価がもともと京城より貴く、官銀の発出の後は奸商が機に乗じ、銭価が更に昂貴し被災民が損益を被る、という事態への対策として、発出する銀を全て銭行経紀において市価に照らして銭に換え、その銭を賑所に至って散給することが提議され、「好。応に是のごとく辦理すべき者なり」という硃批を得て議論を経ずに直ちに裁可されている。銭使用拡大の現状への追認はこのような形で行われていったのである。

（92）『硃批奏摺』一二三五―〇一四、乾隆十年二月四日、山東道監察御史楊開鼎奏摺は銭文の京師からの興販防止策がかえって弊害をなしている事例を挙げる。つまり京城以外の人が貿易する場合には一～二十千（貫）から三～四十千が通常であり、零星の兌換は十千が通常であるが、取締官員は五千以上を携帯して京城を出ようとする銭文を没収し、甚だしきは京城外において銭文を十から二～三十千を運んでいるものに遭遇したらそれが京師から運んだものか否かを問わずに没収される。その中には京城外の各鎮市において行われている貿易の銭もあるのだが、みな出京興販の銭文とみなされてしまい、これらの弊害により銭価が上昇している。よって出境の許容額を三十千とし、また京城外での運搬銭文は銭の多寡によらず検査を行わないようにすることを提案する。硃批は「該部密議具奏」であったが処理結果は不明。

(93)『硃批奏摺』一二三五―〇〇八、乾隆九年十一月十一日山東道監察御史楊開鼎奏摺。

(94)『高宗実録』巻三百二十一、乾隆十三年閏七月己巳、上諭。また同時期の陝西巡撫陳弘謀による銭価上昇対策として四川から運んだ制銭の設廠発売を請う上奏（『硃批奏摺』一二三九―〇一〇、乾隆十三年八月十一日陝西巡撫陳弘謀奏摺）に対して乾隆帝は「銭法を辦理するに実に善策無し。亦た惟だ因時制宜・補偏救弊のみ」ともらしている。

(95) 第三章参照。李渭の上奏が無ければこの時期の対策が行われたかどうかは疑わしい。なお、方観承の一連の対策についての乾隆帝の硃批「不無稍補」（『宮中檔乾隆朝奏摺』第三輯、八一六頁、直隷総督方観承奏摺）は成果があったとしてもこれは根本策ではないという乾隆帝の見解を表現しており興味深い。

(96)『湖南省例成案』銭法例、『欽定戸部鼓鋳則例』、等。なお後者については川勝〔2009〕後編第三章「清、乾隆『欽定戸部鼓鋳則例』に見える雲南銅の京運規定」において検討されている。

第二章　京師銭法八条に対する外省の対応

前章では、乾隆初期の銭貴対策の集大成として位置づけた京師銭法八条施行の経緯を明らかにしたが、その過程の乾隆十年正月において政策に一時的に効果があると評価された段階で、銭局のある外省督撫にその対策を同様に行うかどうか諮問された。その回答が各省から順次なされる。本章ではその回答の内容を通して、外省の銭貴への対応について検討してみたい。

まず、史料群を提示する。

○史料群Ｂ

1．湖南省（ａ）　乾隆十年三月十三日　署湖広総督鄂彌達・湖南巡撫蔣溥（『硃批奏摺』一二三五―〇一九）
2．陝西省　乾隆十年三月十五日　川陝総督慶復（『硃批奏摺』一二三五―〇二〇）
3．湖北省　乾隆十年三月十八日　署湖広総督鄂彌達・湖北巡撫晏斯盛（『硃批奏摺』一二三五―〇二一）
4．江蘇省　乾隆十年三月二十八日　蘇州巡撫陳大受（『硃批奏摺』一二三五―〇二三）
5．広東省（ａ）　乾隆十年三月二十九日　広東巡撫印務広州将軍策楞（『硃批奏摺』一二三五―〇二四）
6．四川省　乾隆十年四月初七日　川陝総督慶復・四川巡撫紀山（『硃批奏摺』一二三五―〇二七）

7・福建省　乾隆十年四月十三日　福建浙江総督馬爾泰・福建巡撫周学健（『硃批奏摺』一二三五―〇二八）
8・広東省（b）　乾隆十年四月二十日　両広総督那蘇図・署広東巡撫策楞（『硃批奏摺』一二三五―〇二九）
9・浙江省　乾隆十年四月二十五日　浙江巡撫常安（『硃批奏摺』一二三六―〇〇二）
10・湖南省（b）　乾隆十年四月二十八日　湖南巡撫蔣溥（『硃批奏摺』一二三六―〇〇三）
11・江西省　乾隆十年六月二十日　江南江西総督尹継善・江西巡撫塞楞額（『硃批奏摺』一二三六―〇〇九）
12・貴州省　乾隆十年七月初七日　貴州総督張広泗（『硃批奏摺』一二三六―〇一一）
13・広西省　乾隆十年十月初三日　署理広西巡撫印務託庸（『硃批奏摺』一二三六―〇一六）

各史料からみると、京師において八条対策であったものが、地方に諮問されるにあたって六条となっている（以下地方六条とする）。前章でみたように、当舗に関する二条が既に停止されたか停止が検討されていたからであると考えられる。上諭とともに六条が具体的にいかなる内容で各省に伝達されたかについては、史料B―1によって確認できる。内閣の字寄に上諭とともに単が附されていたようである。以下その原文を示す。（　）内は筆者補記。

1・京城内外鎔化銅斤打造銅器舗戸、不許四散開設、於査出官房令就近搬入開設、官為稽査、毎日将進出銅数登簿報明数目符合聴其発売如数、浮多稟究治罪、官弁通同容隠索詐即行参処。（銅舗対策）
2・官米局及各廠売米銭文、不必存貯局廠、分別毎三日上市易銀交局交部造冊十日一報、仍令管局官員不時査察、如有銭多報少或遅延不報即行参処。（官米局対策）
3・銭市経紀帰併一処交易、官弁兵役稽査、遇有拉運銭文即要経紀印票査対、如無印票即係私買私売、照違制律治罪、

各色舗戸不許濫掛銭幌以杜私売之弊。（銭市・経紀対策）

4．京城雑糧店収売雑糧、不准用銭倶用銀両収売、地方官出示暁諭仍不時査察、儻有用銭収買雑糧将該舗戸治罪。（雑糧店対策）

5．出京客商除携帯道途盤費銭文外、如将制銭駄載出京幷商船糧船多載銭文、希図興販獲利者設法査禁、該犯照違制律治罪、銭文一半入官。（販運対策）

6．近京地方示諭郷農富戸不得囤積銭文至一百串以上、儻不遵禁約将失察地方官参究。（富戸の囤積対策）

この単の内容は、仔細に検討すると、『高宗実録』の京師銭法八条の記述と異なる部分がある。たとえば、3の「遇有拉運銭文即要経紀印票査対、如無印票即係私買私売照違制律治罪、各色舗戸不許濫掛銭幌以杜私売之弊」という記述は、実録にはまったく見えない。地方六条の2にある「造冊十日一報」という記述が、実録の京師八条の官米局対策にないことについては、これが地方に伝達される間に新たに加えられるような性質の内容のものではないので、『高宗実録』の京師銭法八条の記述は大学士鄂爾泰の上奏文原文においては更に詳細であったことが推察される。

さて、この単に従って各省は報告を行う。これらの報告は、当時の各省の通貨問題への対応と銅銭流通の状況をかなりの程度明らかにするものである。以下、各省の事情について地方六条の項目別に概観してみたい。なお順序は報告期日順とした。

（一）湖南省

調査の手続きとしては、湖南布政使長柱、按察使徐徳裕、駅塩長宝道鍾宝に密札し、省城である長沙ならびにその他の外属の状況を得ている(1)。

1・銅舗対策。湖南省は銅産地の雲南に近いという地理的な位置から、銅価は京師に比較して安価である。長沙において黄銅器皿及び楽器を打造している舗は十五戸、煙管やその他零星物件を打造している舗戸は二十五戸それぞれ存在する。これらの銅舗は資本に限りがあるため、原料である銅の供給を制銭に求めており、青銭・黄銭を問わず銅器にして利を得ており、私銷の弊は存在する。その取り締まりについては京師の例を倣照すべきであるが、銅舗の帰併については、すでに銅舗は現状において長沙省城の南門と西門の大街に集中しているので行う必要はない。また京師のように毎日その出入の数をチェックするのは煩雑であるので、十家牌隣に相互に稽察する責任を負わせる。舗戸は毎日の出入の数を帳簿に記録し、毎月一回委員に呈報させる。委員は不正を防ぐため随時交代させる。知府以上の大官は、文・武・委員・兵役等の不正がないかどうかを常に監視する。

以上のような対策が提示され現実に施行された。この対策を施行したのは湖南省だけであり、例外的な対応であったが、史料B—10によれば、わずか一か月後の四月には案牘の煩雑、統一的な査察の困難を理由に停止されている。

2・官米局対策。湖南には官米局は無い。ただ毎年端境期には各県の常平倉が廠を設けて減価平糶を行い、その際の糶価銭文については市価よりも酌減して発売する。乾隆八～九年のこの二年間においてもそのようにして常平倉に銅銭を堆積させなかった。今回の平糶にあたっては京師の事例に照らして三日に一度、米廠のそばに官銭局を設置して市価より安値で発売し、十日に一度銀銭の出入の数値を冊報させる。また、銭舗が安価な官銭局の銭を買い、それを高値で売り出すことが無いように取り締まりを行う。

官米局対策については以下の各省も同様に、端境期の平糶の際に集積される銅銭の出易について対策を立てることを主張する点に注意したい[2]。

3・銭市・経紀対策。湖南には銭市・経紀という名のものは無い。長沙省城は銭舗の数も多くはない。民間日用の銭文は大部分は露天の銭桌において兌換されるもので、規模としては、十余串程度のものである[3]。雑貨各舗が銭幌を掛けて売銭を行っている場合も商品を売って得た少額の銭であり、その銭も早い段階で銀に換えており、民間がその銭供給元としての便宜を受けている状況が以前よりある。雑貨各舗の銭取扱量は多くはなく、逆に銭舗にのみ売銭を許せば、銭舗による銭価のコントロールを許すことになり弊害が生ずる事が考えられる。以上のごとく京師とは状況が異なっており、経紀を設立する必要はなく、各舗戸の小規模売銭の禁は行うべきでない。

4・雑糧店対策。湖南省の各属において牙行・舗戸が糧食を郷民から収買するにあたっては、均しく銀を以て交易を行い、銭は端数において用い、或いは銭を用いて交易するにしてもその数は限られており、京師のように多量の銭を用いることはない。但し各属の当舗については積銭が多いので、存銭額の制限（百串）、質入れ時の銭使用額の制限（三百文）を行う必要のあることをいう。湖南省では当舗の積銭の弊害を認めている。

5・販運対策。京師においては銅銭の量が多く価格が周辺地域よりも安いので販運の利が生ずるが、湖南の現在の銭価は千文につき一両二銭あまりで、他地域と同じであり、遠販の利は無い。湖南省は現在鼓鋳を行っているが、鋳造した銭は兵餉に搭放しその割合は銀百両の内の五串（六両あまり）の割合に過ぎず、日用の行使に足るのみで、購販をおこなう事のできる量ではない。しかし現在弊害がないといっても将来銭価が平減し、販運の利が生じたときに備え、客商については銭文の携帯を十貫以内に制限する。商賈が雲集し、銅銭が集中する事が想定される長沙省城・長沙府湘潭県・衡州府衡陽県・永州府零陵県・常徳府武陵県・岳州府巴陵県では厳査を行い、水路は船行から、陸路は騾馬夫行から甘結を取り、事案に備える。

6・富戸の積銭対策。「北省」の富戸は防盗の便宜をもって串を取り去って銅銭を貯蔵しているが、湖南の人民は銀両を貯蔵し南北の状況は異なる。ただ、もし銅銭の大量貯蔵を行っている家があれば暁諭して銀に兌換させる。禁令に違反して貯蔵が百貫に至るものについては治罪する。失察の地方官も処分する。(4)

その他独自の対策として、兵餉搭放の銅銭の他に官銭局を設けての官売平価を行いたいが、現状の設炉五座二万貫の鼓鋳額では不足するので、各属銅産の状況を調査し三座の増炉を行い、増炉分の銅銭を官売に用いたい、という案を提示している。

以上の報告に対する乾隆帝の硃批は「治人有りて治法無し。即ち京師現行の法も、亦た補偏救弊に過ぎず、経久に行うべきの事に非ざるなり」

（二）陝西省・甘粛省

この報告（史料B―2）もやはり布政使の調査に基づき行われる。陝西省はこの時点では鼓鋳の検討中であり、甘粛省は鼓鋳を行わないことが決定済みであった。

1・銅舗対策。陝西・甘粛には鎔銅大局はなく、販売される銅器は外省から運ばれてきたものである。主として小物を製造する小規模な銅匠は存在するが数家のみであって、銅の供給は廃銅にもとめている。総じて大規模銅局がある京師と事情は異なり、銅舗を一か所に集める必要は無い。ただ銅銭の私銷行為については厳格に取り締まる。

2・官米局対策。陝西甘粛の端境期に行う平糶による銭文は市価に案じて銀に易えて貯庫することを原則としている。しかし甘粛の州県には間々糶銭を庫に保存し、秋の収穫時の買糧に備えている所がある。以後は随時発市易銀を行わせる。

3・銭市・経紀対策。陝西・甘粛には銭市というものが無く、従って経紀もいない。銭舗はあるが、小資本の経営であり、各行舗から銭を収買しそれを兌換して微利を得ており、また、一州一県の狭い範囲においては情報は筒抜けで（情報の独占が困難であり）銭価を壟断して高抬させることは不可能である。よって経紀を設立するとかえって弊害が生ずることになるので、民便にまかせた方がよい。

4・雑糧店対策。陝西甘粛二省の交通手段は多くは陸運であり、また外販による雑糧の流通は無い。民間産出の糧食は本地の市集において売り出されるが、その規模は小さく、銭を用いるものが多い。今、銭使用を禁じても郷民は銀の品質（銀色）重量（戥頭）の識別が困難で、詐取の弊害を引き起こすものである。また、もし銭を使用して売買をしたとしてもその銭は本地にあって流通するものであり、京師の事例のように外来の大量に糧食を扱う舗店が銭を集積し京師の外に持ち出してそれを貯蔵する、という状況とは異なる。したがって、陝西甘粛では銀銭の使用はその便にまかせ、特に禁止を行う必要はない。

5・販運対策。陝西省では以前鼓鋳をしていたときには銭価がやや安かった。当時においては陝西に往来する商民が盤費に必要な銭以外に多くの銭を携帯し、別省の銭価の高いところに運び利をはかり、本地の民間日用に支障を来したので、各関口において査禁をおこなった。今は鼓鋳を停止してから久しく、銭価は日々上昇しており、往来の商民は利を計ることはできず、販運の弊害は無くなっている。したがって現段階で、胥役等による弊害を引き起こすおそれのある稽査を行う必要はない。将来鼓鋳を開始して銭価が平減すれば、その時に方法を講じて査禁を行えばよい。甘粛省では従来より鼓鋳をしておらず民間の使用は均しく旧存の制銭である。これらの制銭は道路が険しく運搬費が高くなるのでみな本地において流通し、外省へ興販するという弊害は無い。よって禁止策を行う必要はない。(5)

6・富戸の積銭対策。思うに直隷所属の地方で多く富戸が銭文の囤積をし盗難防止を計るのは銭文の流通を不能にするものであるから査禁を行うべきである。陝西甘粛二省では流通の銭は元来多くはなく、民間において糧草の売買等で得た銭文は、日用必需品の購入に当てられ、銅銭を大量に堆積している例は未だ聞かない。ただ各州県中には郷間の殷実の家があり、長年にわたる積銭が百串を越えているものがあるかもしれない。よって近京地方の例に照らして地方官に命令して農村の富戸の囤積を許さないとの暁諭を行わせ、もし百串を越える銭文を査出されたり、また告発されたりした場合は違制例に照らして治罪し、銭文は官が没収する。

以上について陝西巡撫陳弘謀・甘粛巡撫黄廷桂と密商した結果意見は同様であった、とした上で報告を締めくくる。乾隆帝の硃批は、「治人有りて治法無し。即ち京城の法、朕も亦た之を十分合宜と謂わず。仍お補偏救弊に過ぎざるのみ」

(三)　湖北省

史料B―3は、湖広総督鄂彌達と巡撫晏斯盛の連名である。すでに、晏斯盛は乾隆十年正月初十日の時点で、前年の十一月江夏県において制銭の周辺の肉厚の部分を削り取るいわゆる剪辺制銭によって茶匙を打造し、削り取った後の五分の重さの制銭を一文として使用していた人犯の摘発を行ったことを報告することと併せて、銅禁を再度行うべきことを提議している[6]。この提議に対して大学士・戸部はその議覆[7]において、乾隆元年の海望の奏による弛禁策の確認と乾隆十年正月初九日の各省への京師銭法八条についての諮問の上諭に言及するのみで、大学士・戸部においては「未便遽議」として処理を保留し、乾隆帝に判断をゆだねた。乾隆帝はこれに対して「奏内事情鄂彌達・晏斯盛に著して妥協実力に之を為さしめよ。余は議のごとくせよ」の旨を与えた。この旨により戸部は咨文を湖北省に出し、その咨文は三月初一日に湖北に届く。この咨文と正月初九日の上諭に答える形の上奏がこの奏摺である。

1・銅舗対策。湖北省城である武昌には城の内外に煙袋（キセル）を打造する舗戸が四十九家、各種銅器を打造する舗戸が五十四家、「漢鎮」（漢口）には銅器を打造する舗戸が九十九家ある。また各府・州・県・市鎮についても同様に銅舗が存在する。従って制銭を銷燬する弊害は実に免れがたいものがある。しかしこれらの舗戸は各所ばらばらに開設されており、また自宅において営業しているものが半数を占めるから、妻子とともに一所に移ることは困難であり、さらに外省であるこの地には（京師のような）舗戸を集中させる為の官房は無い。ただ京師の例に倣照することができるのは、佐雑の武弁を派遣して兵役とともに常に取り締まりを行うこと、また各舗戸十家単位で相互に監視させ、もし銷銭の事実があれば官に対して稟究させること、舗戸には銅の出入の数を毎日帳簿に記入し月毎に呈報させること、また文武各員については不正行為を行わせないように厳しく監督することである。

2・官米局対策。湖北には官米局は無い。惟だ毎年、常平倉穀は例として「春夏之交」において廠を設けて平糶し或いは精米して発売している。従来より州県には売穀銭を存貯しておき、秋にその銭を使って買穀する例がままあり、これは銭貨を流通させるという道に反するものである。京師の例にならって各属に随収随買を命令し、廠に銭局を附設し、商民を銭局に赴かせ銀を銭に換えさせる。もし銅銭の堆貯があればその管轄の上司は掲参を行い、その上司が容認した場合も査参する。

3・銭市・経紀対策。湖北には銭市・経紀の名色は無い。思うに売銭を行っているのは一戸にとどまらず、積銭も多くはない。雑貨舗店が貨を売って銭を得た場合も皆な掛幌し、小民はそこに銀を持って兌換に赴く。民は銭価の高低により兌換をする店の選択をするので、舗店は価格をつり上げて利を得ることはできない。このような状況下、特に経紀を設立し銭市場を帰併させる必要はない。したがって従来のやり方に従いたい。

4・雑糧店対策。この件に関しては既に湖北巡撫晏斯盛が上奏を行い[8]、以後漢口において売買する糧食については石斗以下は銭による売買を許す外は、一石以上は銀を用いて交易させ、銭の使用を許さない、という策が裁可されている。現在各属に通知して周知施行させている。したがって別議を用いる必要はない。

5・販運対策。湖北は近来銭価は千文あたり一両三銭で制銭は甚だ少なく雑銭が多い。他所の銭価と比較するとほぼ同様であるために販運しても利は少なく弊害は自ずから少ない。ただ現在鋳造を始めており、将来銭文が多くなったときに販運を防止するために各属に厳飭し、往来の船隻は日用の盤費を除き、銭文を多載することを許さず、もし貨物に埋没させて舟底に暗蔵するものがあれば取り締まる。また胥吏の取り締まりにかこつけた索詐を厳禁する。以上のようにすれば興販は防ぐことができる。

この時点では販運の弊害を否定した湖北省も、のち乾隆十七年には販運行為の存在を認めている。その対策として、船舶の規模に応じて運ぶ銅銭の制限額を設けている[9]。

6・富戸の積銭対策。湖北省の「有力之家」は多く銀を貯し、銭を貯えるものは少ない。おもうに銭の用は少なく、銀の用が多いためである。これは北地の状況と自ずから異なる。ただ、恐らくは僻地の無知の郷愚富戸の中には貯銭が多きに過ぎるものもあろう。よって示諭を行い、もし禁令より多く銅銭を保有するものがあれば治罪する。失察の地方官も処分する[10]。

以上の外に湖北省は独自の対策を用意する。京師銭法八条のうち地方各省に伝えられる際に削除された当舗の銭保有量に関する規制である。これは上記の連名の上奏に先んじて行われた晏斯盛の上奏を受け、三月初一日に湖北省に届いた戸部の咨において鄂彌達・晏斯盛の酌辦が指示されたものである。京師の場合は大当で五百串まで、小当で百五十串までの規制であったが、湖北の当舗の規模に鑑みて大当で百五十串、小当で八十串とし、それ以上は銭舗に発売させる、という対策である。

また晏斯盛は銅禁および銅舗の二年以内の改業を提案していたが、銅禁については現今において遽に禁ずることは困難で、打造舗戸の期限内の改業もまた難しい。よってできるのは私銷行為を厳禁するのみである、として、銅禁策を自ら取り下げる。ここで、銅禁に関しても地方的処理が行われる可能性があったこと、つまり中央が統一的施策に拘泥していなかったことに注目すべきであるとした点はすでに前章において論じた。

なお、以上に対する乾隆帝の硃批は「総て汝等に在りて妥酌して之を行え。語に云えらく救荒に善政無し。朕銭法においても亦た此のごとしと云う」

（四）江蘇省

まず、鼓鋳の状況から以下のように総論的に京師との状況の違いを述べる。（布政使愛必達の稟をもとに会同、署両江総督尹継善とも会同）

京師には宝泉局・宝源局の二局があり毎年の鋳造量は多い。またその銭はすべて京師において発給されるので対策をたてやすい。一方蘇州の宝蘇局は年間の鋳造量は十一万串に過ぎず、そのうち兵餉に搭放するものは八万両で、しかも督・撫・提・鎮・漕・河・京口・上江の各標営に分散されるので蘇州において散給されるものは僅かに二千八百五十余串だけである。(11) かように銅銭は四散しておりただ鼓鋳する地方（蘇州）において対策を立てるのは便ではなく、とはいえ省全体で一つの対策を立てるのは官銭には限があるが民用には限りがないという状況下ではかえって弊害を生じるだろう。宝蘇局が鋳造した銭文のうち開炉から今に至るまでの余銭は五万四千余串で、これは兵餉の用として留め置くべきものであり、局を設けて発売するには不足している。この状況が京師と江南の大勢において不同なる所である。

以上のように述べた後、各条について検討を行う。

1・銅舗対策。京師の対策は私銷防止の良法であると思われる。蘇州には鎔銅大局は無いが、打造銅舗は府城の内外に百十三家、その他江寧・揚州・松江等のように人口が多くかつ商賈が輻輳する地においても打造舗戸はある。また窮苦の銅匠の中には開舗できず、炉を肩挑して道に沿って営業しているものがあり、名付けて小炉匠といい、最も多いものである。もしただ蘇州という鼓鋳の地においてのみ官局を設立したのでは、現在官局にあてる官房が全くないという問題もあるが、そうでなくとも銅舗が外府州県に逃避するだろう。もし全省に一概に官局を設立するとすれば必要な房は甚だ多く、どこに置くかについての基準が無く、また稽査にその人を得なければかえって弊害を増すことになる。また先述の小炉匠をあまねく定住させて把握するのは不可能であり、京師の例に倣うのは便ならざる事である。銷銭の弊害については銭法において最も問題であり、稽査は困難ではあるが、方法を講じて厳密に対処すべきである。江南の各府は皆な一水にして通じており、河川の分岐が多く、行船は絡繹としている。その中に銅器を打造する小匠のうち私銷を行うものが存在する。城郷と市鎮が一体となって文武員弁に督飭し、また地隣や保甲等に責成して実力稽査させ、事が発覚すれば厳重に処罰して私銷行為を行う者への警鐘とする。

2・官米局対策。江蘇省属には常年の端境期において開倉して平糶を行い、その規模は各県二～三千石から数百石である。糶出の銭文は従来からの規定により五日に一回、市に発して銀に兌換して存庫させるものであり、管轄の知府は随時査察提解を行い、銭を存貯して銭価の上昇を招くのを防止しなければならない。この規定は現在実施中であ

る。（実録には毋庸更議の字句が加わる）[12]

3・銭市・経紀対策。江蘇各属には銭行経紀が存在するが、客の代行をして時価に照らして交易するに過ぎず、その銭価の上下を彼らがコントロールすることはできない。よって京師の対策を倣照する必要はない。

このように江蘇省のみが他省には無いとされる銭行経紀の存在を認める。しかし、陳大受は多くを語らない。

4・雑糧店対策。江蘇省各属の民間の貨幣の行使は、銀銭兼用である。ただ、高郵以北の淮安・徐州・海州等の属は銭文を多用する。[13] 査するに乾隆六年の部議において広東糧駅道の朱叔権が上奏において提案した、地方官に命じて民間の交易において銀と銭を兼用させるように指導させ、数両以上の単位になった際に銅銭を専用させてはならない、という規定が前例として処理済みである。[14] しかし民情のおもむくところ、一時ににわかに変化させるのは難しいので、更に地方官に通飭して銅銭使用の節約を勧諭させ、積習に慣れさせないようにする。

5・販運対策。江南の各属の銭価はおよそ同じであり、省界附近の隣省の銭価もそうは違わない。僅かな上下があったとしても運搬費を加えると利を得ることはできない。したがって、興販の事実は無い。しかし毎年出洋する船隻には奸民が銭を積載して福建や広東等に行く例はある。食米の例に照らして関汛に命じて取り締まりを行わせ、また時ならず員を派遣して密察させ、もし日用の盤費以外に多くの銭を持つものがあれば処罰を行う。

6・富戸の積銭対策。江蘇各属の富裕の家で銀銭を蓄えるものがあれば、或るものは田房を買い、或るものは経商営運し利をはかり、もし余剰の財産があれば所蔵は収貯が軽便な銀両で行い、銭文を堆積するものはない。典舗の当銭については、長江以南の各属の銀銭兼用の地方においては五銭以下の場合に銭を貸し出すものもあれば、まったく銭を貸し出さない所もある。淮北の各属の典舗は銭文を貸し出すが、その当出銭はすなわち贖当の銭である。典舗には銀を塩・米・雑貨等の舗に貸し付け、日々利子を収銭しているものもある。諸店舗にあってはあらかじめまとまった銀を得て商品を仕入れることができるし、典舗も直接の銅銭の購入に比較してやや有利である。しかし、そうして得た銭文も獲得後はすぐに使用され、多積の事実はない。よって査禁を行う必要はない[15]。

最後に総括的な意見として以下のように述べる。江蘇の状況を詳細に分析すると、現今銭価はやや高いが、民間の交易においては或いは銀を以て銭を計り、或いは銭を以て銀を計り、各々時価に従っており、それでトラブルも無い。上諭にあるがごとく、適切な対策が不可能な場合には民に弊害をもたらさないように慎重に査辦すべきである。

以上に対する乾隆帝の硃批は、「見る所頗る是なり。即ち京師の辦ずる所、現即ち扞格難行の処有るなり」

（五）四川省

まず、布政使李如蘭の議覆をもとに、四川省の銭価が一両八百六～七十文であることを述べ、昔年よりも高値であるとはいえ、京師や江南・湖北ほどではないとした上で以下各条について報告する。

1・銅舗対策。四川省城には鎔銅大局は無い。既成の銅器を売買している炉を設けていない舗戸百三十座には議を用いる必要はない。炉を有する舗戸七十二座については日々必要な銅斤は京師のように多量ではなく、且つ四川省の紅銅の市価は斤あたり二銭に止まり、京師の銅価に比して安価であり、もし舗戸が青銭を銷燬して紅銅を得ようとすれば白鉛を加えなくてはならず、銅を購入して銅器を製造するよりもコストがかかり、利を得ることができず、銷銭の弊害はない。また銅舗を一か所に帰併するための官房も無く、京師の例を倣照することは困難である。四川の事情に照らして検討協議すると、設炉の小舗も従来どおりに営業させ、民便に従わせるのがよい。

2・官米局対策。四川省には売米銭を収める米局は無く、議を用いる必要は無い。ただ各州県は端境期において例として常平倉穀を出糶する。その平糶の官米銭文の多寡は予想が困難ではあるが、銭文を出易することは民生において利があることである。督・撫協議の結果、京師の例に倣って、平糶銭文は官売して市価を平にする、という対策を行いたい。各該地方官に命令して平糶官米の際には売出銭文についてその額を調べ造冊して報告させ、銭多報少・遅延不報等の弊害があった場合には管轄の府州が例に照らして詳掲して処罰する。

3・銭市・経紀対策。四川省においては銭市は無く、また経紀も設立されていない。民間の銭文の兌換は香蝋紙馬・雑貨等の舗が銭桌を開いて行っているが、その扱う銭の量は、少ないもので数串、多くとも数十串に過ぎない。また、貿易の人が銭文を肩に掛け、沿道で兌換することもあるが、それとて扱う量は数串に過ぎない。両者とも銭文の売買は市価に照らして直接行っている。もし京師の例にならって銭市経紀を設立すれば、かえって弊害を民にもたらすものとなるであろう。督・撫協議の結果は銭桌の設置とその銭文の交換について旧例の通り経営を許し、禁止をしないというものである。

4・雑糧店対策。四川省は遠処辺境であり、京城の客糧大店が雑糧を収買している状況とは異なる。四川の小販零舗が取り扱う糧食は数升から数斗に過ぎず、その取引に使用される銭文も数十文から数百文に過ぎない。郷民が糧食を運んで城に赴いて售売する場合や、零星の行舗が米糧を収買する時に石以上の単位になった場合にはもとより銀を用いて交易しており、銭文を多量に得て車馬で運び帰ることは無い。以上のような状況下、舗戸や小民は両者とも銭利用の便を得ており、したがって京師の例のごとき禁止策を行う必要はない。

5・販運対策。四川省において毎年鋳造される制銭の定額は七万二千八百串で兵餉等の項への搭放に用いており、便民利用についてはもともと多くはない。江南や湖北等の銭価が高騰している地域の奸商が往々にして銭文を集積して湖北に運び出し、これが四川の銭価が高騰する原因となっている。乾隆八年、現任の巡撫紀山が任務についた後、興販の弊害を知り、特に査禁を指示し、出境の人は三千文のみの携帯を許し、客商については人数の多寡に関係なく船毎に三十千文をこえる携帯を禁止して、この件については既に案件として成立している。今京師における禁止興販の例をうけ、督撫協議の結果、再び地方官に命じて査禁を厳しく行わせ、出境時の携帯の銭文が三十千を越えること一～二百文に至るものは、京師の定例により違制律に照らして治罪し、銭文の半分は官が没収する。もし地方官が実力稽査しない場合や第三者からの告発を受けた場合にはその失察の各官は処分する。以上のようにすれば官民とも益々自らを戒め、興販の弊害は無くすことができるであろう。

6・富戸の積銭対策。国宝である銭文はもとより流通に資するべきものであり、囤積行為は例禁を犯すものである。四川省においては近京の富戸のように銭を一室に堆積するようなことはないが、恐らくは舗戸や奸民が利を得るために数百串以上を囤積している事例があると考えられる。督撫協議の結果、京師の例に倣って各地方官に命令して先ず出示暁諭を行わせ、百串以上の囤積行為を禁止し、もし奸民が禁令を破って百串以上を隠しているものがあり、査察を受けたり第三者の告発を受けた場合には違制律に照らして治罪し、銭文は官が没収する。地方官に失察などがあれば処罰する。[16]

乾隆帝の硃批は「奏する所、倶に悉せり」

(六) 福建省

正月辛巳の上諭の内容に沿った形で、近年の銭不足・銭価上昇の状況や銭貴の原因を私銷や販運行為であることを述べるなどの一般的な議論をした後に地方六条の内容について検討する。

1・銅舗対策。福建の上游の延平府・建寧府、下游沿岸の漳州府・泉州府等のどの府においても、[17]銅器を製造販売するものは均しく小規模で散在しており、房屋を賃借して営業している。その彼らを一カ所に集めるのは各舗戸を住み慣れた土地から移動させるという不便のみならず、そもそも彼らを一カ所に集めて居住させる官房が存在しない。ただし恐らくは小民は無知で利にさとく、打造の炉具が身近にあればひそかに制銭を炉中に入れて鎔化改造する私銷行為をする者が多いだろう。したがって、布政使・各道に命じて各府州県に通飭させ、それぞれの県の管轄内の銅作坊がいくつあるか、銅舗がいくつあるか、また設炉のものはいくつあるか、設炉しないものはいくつあるかを調査させる。炉を設置しない舗戸については既成の小規模の銅器を売るだけであるから対策を検討する必要はない。炉を設置している作坊銅舗については姓名を報告させ造冊取具して制銭の銷燬をさせないようにし、もし違犯があれば地隣保甲の首報を許し報償を与えるが、誣告等をさせないようにする。また典巡千把等の官を派遣して時ならず密察させる。もし事実隠蔽や需索等がありそれが明らかになった場合には総督巡撫がただちに処分を行う。

2・官米局対策。福建には官米局は無い。ただ端境期の米価高値に際しては廠を設けて平糶する。布政使道員等に命じ、各廠員に通達して米を売って得た銭文の数について五日に一度報告させ、該府県に命じて時価に照らして発換し、千文毎に串底の銭文を割り引いて舗戸に給して舗戸の利益に資し、銅銭の壅積や発売の際の割引額を少なくする等を許さない。各州県の銭糧徴収にあたっては一銭以下については例として銭文を徴収している。この銭文についても平糶銭文の例に照らして直ちに兌換を行い、旬報摺中において収換の額を記載させる。福建省においては塩場内で収める長価[18]や官商が塩を売って得た銭文について、もし随時発換しなければ銅銭の壅積をおこす恐れがある。福清場・椴田・恵安・潯美・洒州・浯州・浦東・浦南・詔安の各場ならびに石碼館は塩本・工食に留用したり官哨の薪水・運解課銭等の項に供給し銅銭はこれらの支銷に足るだけであるから、対策を議論する必要は無い。晋江・恵安二県については各項の公用を除くほか、なお余剰の塩銭がある。督撫は関係方面に命令して随時殷実の舗戸に発給して兌換させる。兌換した銭数については十日に一度具摺通報させる。その他の各県の商人の塩を売って得た代価は銀銭兼収であるとはいえ、塩行の売買は頗る広いから、各商に命じて売塩の銭についてはその近辺の舗戸に交給して時価によって兌換させる。十日に一度兌換した銅銭数を県に報告させ、県は晴雨摺内にその結果を附入し通報査考させる。督撫は該当県に命じて時ならず稽査させ、舗戸の値のつり上げ等をさせないようにし　また胥役の勒索を行うものは処分する。

塩の販売に関わる銅銭の集中について具体的に言及している点で他省の報告と異なる。

3・銭市・経紀対策。福建の各州県には換銭舗戸を開いているものはあるが、売銭の市は無い。官銭の発出があれば舗戸に発して交換しており牙行経紀を設立したことはない。今もし官牙を設立したならば胥役の勒索を増すばかりではなく、銭価のつり上げの弊害を招くことになるだろう。ただ舗戸の奸良は一つではない。もし方法を講じて稽査せず、銭価の低高を舗戸に任せれば、銭価つり上げの弊害を防ぎ銭価を安定させることは難しい。よって、管轄の布政使・道員等を通じて各所属に命令し、各所の銭舗銭荘の数を調査し造冊して暁諭を行い、銅舗を巡察する委員に命じ実力稽査させる。もし舗戸に銭価を画一せず、囤積や銭価つり上げ等を行うものがあれば処罰を行う。担当委員の需索や事実隠蔽等もゆるさない。

4・雑糧店対策。京師における雑糧銭文はみな車馬にて運搬されるものである。一方福建には雑糧舗は無い。ただ米麦布疋については従来より民間の交易においては銀銭を併用しているが、もし規制・制限を設けなければ銭のみが通用し、銭が不足して銭価が高騰するなどの事態を引き起こしかねない。したがって司道等に命じて各州県に通達をさせ、以後小民が米麦布疋等の売買をするときにおいては石以上・疋以上の単位の場合は銭を用いるを許さず、升斗・

尺寸の単位の零星交易においては民間の自便に任せる。民間の不動産の取引や質入れや一切の売り掛け、典当営業において出入の一両以下は銭を行使させ、一両以上は銀を用いさせる。本省では既に通行査禁しているが再度通達して違反するものには厳重なる処罰を与える。

5・販運対策。福建は山と海に囲まれ、山道は険しく、銭文の重さでは運搬が困難で商賈は利の計りようが無く興販を行おうとはしない。惟だ海船の出口と回空の洋船の積み荷に恐らくは銭文を私帯する弊害がある。福建の洋船の回棹についてはもとより制銭密輸の禁がある。すなわち内洋の貿易商船について船隻の大小によって十串から二十串の携帯のみを許してその本籍に帰ることを許し、それ以上を査出すればその場において発売させることについて、既に案件として成立している。ただ恐らくは稽察がややゆるんでおり、密輸の弊害が多くなっている。よって関を管轄する将軍新柱と水師提督王郡に咨文を出し、また沿海の各鎮協営管轄の武職の員弁に通達して各関口において稽査させる。また布政使・道員等に命じ時ならず文書通達をして査禁させる。およそ貿易の商船については日用に必要な銭文については斟酌して携帯を許す外は、圧艙（バラスト）に名を借りて銭を運搬して出口することを許さない。もし多載・偸運の情弊が有り、後の関で査出されたならば既に通過した関の官役も処分し興販の人は違制例に照らして治罪、銭文の半分は官が没収する。また係官が勒索して弊害を増す行為は厳禁する。以上のような対策を行えば、海船が銭文を密輸する弊害は途絶するであろう。(19)

6・富戸の積銭対策。民間の富の蓄積は銀をもってするのが大勢である。しかし富厚の家においては毎年収めるところの租息や糶売の銭文を蓄積しているが、これは思うに銀は軽いので運搬しやすく、銭は重くて運び難く盗難を免れやすいという理由である。銭文の囤積が銭価上昇の原因であることを知らない行為である。したがって地方官に通達して暁諭を出示せしめ、郷農の富戸は部議の通り五十串以上の積銭を許さず、違反するものは罰し、銭の半分は官が没収する。また典舗の随時の囤積は尤も多いものである。以後は典舗の大小にかかわらず総じて三百串を越えることを許さず、誓約書を取り、査出して違反があった場合や告発を受けた場合、銭は官が没収する。以上のようにして囤積して利を図ろうとするものの戒めとすれば、銭文は蔵積されず、国宝は流通するであろう。

乾隆帝の硃批は「惟だ因時制宜に在りて之を行うのみ。法制禁令豈に能く天下の情を尽くさんや」

（七）広東省

史料B—5は、史料B—8の会奏の前に、署理巡撫印務の策楞が単独で上奏したもの。広東は停炉して久しく、江西・湖広・広西や鼓鋳を開始した各省が使用禁止をした雑銭が流入しており、また、安南において内地の仕様に照らして鋳造された康熙通宝の小銭を客商が持ち運んでいる[20]。四～五年以前は、平糶銭を官米廠が積貯し、また雑銭を撰銭したので、民間もそれにならい、用いるに堪える銭がますます減少し、小銭一串が銀一両二～三銭であったが、撰銭をやめ売米銭を随時出易した結果銭価は落ちつきを見せているという（史料B—8の小銭価参照）。そして広東省はこの時点で地方鋳造を準備中であることを述べ、地方六条について簡単に検討するが、その内容は史料B—8とほぼ同様である。

史料B—8はまず、広東省の銅銭流通の一般的状況を述べる。広東省行使の銭文には三種類ある。一つは近年各省が鋳造した大制銭であり名付けて青銭という。一つは以前に鋳造された康熙小制銭で名付けて広銭・紅銭という。一つは前代の字号の古銭で名付けて黒銭という。近来、江西省が開炉鼓鋳をし、そこで使用を禁止された小制銭が大半広東省に入り、また黒銭が多い理由は、交趾において内地の様式に倣って小制銭を鋳造行使しており、瓊州・欽州の各所の商販で交趾に行って貿易をするものは多く銭文を運んで広東に帰るからである。したがって紅銭と黒銭が市中に溢れ、民間の利用に資している。惟だ大制銭の一項は本省は鼓鋳を行っておらず、客商が銅銭を携帯して入境するものも甚だ少ない。雲南広西の制銭は多帯出境の禁令があり沿途の関や津での取り締まりが厳しいため、現在広東で行使されている大制銭は非常に少なく、小銭の十分の一である。また大銭の最も重いものでも八斤に過ぎず、千文毎に銀一両二銭、小銭の最も重いもので五斤に過ぎず、千文毎に易銀一両一銭である。これが広東の銭文使用状況である。[21]

1．銅舗対策。督撫協議の結果、銅舗については設炉していないものについては議を用いる必要はない。設炉鎔化の銅舗は広州府省城には四十八座、南海県の仏山鎮には十三座、順徳県の龍江鎮に十六座、潮州府に八座ある。その鎔化銅斤は皆な商人が雲南や広西省等から採買して運び、仏山鎮で発売するものである。その価格は上等の黄銅で百斤十五両、中等の黄銅で百斤十四両で、各舗戸はその値に従って収買し器皿を鎔造し利を得ることができる。大制銭のごときは多く得ることはできず、各項の小銭は質は軽く価は重いので採算が合わず、よって現在は私銷の弊害はない。しかし、今広東省は奏准部覆を経て、皇帝の決裁も受け、鼓鋳を開始しているところである。将来青銭が充裕になれば恐らくは不肖の舗戸が法を犯し利を得るために銷銭行為を行うことになるだろう。査するに広東省には銅舗を集中させる官房が全く無く、銅舗の数も多くないしまたそれぞれが離れてはいない。上諭にあるような京師の情形とは不同である。よって広東省の銅舗は帰併すればかえって移動の煩雑さによる弊害を増すことになる。地方官を督率してその出入銅斤の数目が符合するかどうかを極秘査察させ、もし私銷の情弊が明らかになれば逮捕し治罪する。もし地方官が隠匿した場合や胥役をみだりに派遣した場合、また需索等の弊害があった場合には処罰する。この条は京師の例に倣って挙行する必要はない。

2・官米局対策。広東省の糶売の米石については従来から官局を設立してはいない。ただ端境期の米価が高いときには各属は例に照らして倉にある穀石を厰を設けて減価平糶している。その際得た銭文は事後において銀に換えて倉に貯することになっているが、その時機を失し銭文を壅滞させることになっていることは否めない。以後平糶において収めた銭文は州県官に命じて監糶官と会同して三日に一回市において発売して銀に兌換し倉に収める。もし銭が多いにもかかわらず過少報告した場合、また兌換が遅延した場合には処分を行う。また広東省の鼓鋳銭文（乾隆十年鼓鋳開始）においては、兵餉に搭放する以外に余剰があれば、一概に発売し市価を平にする。この条に関しては京師の例に照らして挙行すべきである。

3・銭市・経紀対策。広東省の民間の兌換銭文においてはすべて自ら交易を行い、経紀を設置することはなく、また銭市もなく、京師の状況とは同じではない。この条は京師の例に照らして挙行する必要はない。

4・雑糧店対策。広東省においては商販が糧食を糶売するにおいてはすべて銀を用いて交易を行っており、銭文を使うことはない。民間日用の雑糧銭文は舗に赴き告糴するのでその数は多くはない。よって京師の状況とは異なり、この条は京師の例に倣って挙行する必要はない。

5・販運対策。広東省と境界を接している福建・江西・広西の各省は、現在青銭を鼓鋳しており広東のものに頼る必要はない。また広東省の小銭は外省においては通用しない。呂宋・暹羅等諸国では番銀銭を使用しており、交趾は銭価が非常に安いので私銭が内地に流入することがあっても内地の銭文が交趾に搬出されることはあり得ない。ただ、広州・肇慶等の府から韶州・南雄に達するのはみな水路による。客商が商品を運び出境するに、積み換えや山越えには均しく脚価が必要であり、銭文を多く携帯せざるを得ない。これらについては規定を定め、韶州の太平関と浛光厰に命じて、太平関については大船は十五串、中船は十串、小船は五串、浛光厰についてはこの半分とする。これらの携帯銭について検討すると、すべて積み荷の積み替えや山越えに使用される脚価であり南雄の境界内で使用されるものであるから、なお広東省で流通することになり、興販銭文出境の弊害は禁ぜすして自ずから除かれる。ただ将来青銭の鼓鋳により恐らくは私販透漏の弊害が起こるであろうから、それを防ぐ方法を講じる必要がある。以後、一切の商販の道路の盤費および韶州・南雄一帯への銭文携帯については議定の額に照らして検査の上通行を認める外は、一概に制銭を多載して出境するを許さず、もし違反するものがあれば本人は違制律に照らして治罪し、銭文の半分は官が没収、逮捕した兵役には報償を与え、経過の地方官が努めて稽査しない場合、第三者により告発された場合、上司の訪拿を経た場合は失察の官員は題参により処分する。この条は京師の例に照らして挙行すべきである。

6・富戸の積銭対策。囤積銭文については従来より定例がありしばしば禁令が出されたが、地方官の運用がよくなく、日々久しく懈弛となっている状況である。地方官に通達して各州県にまず郷農富戸に暁諭を出示し、五十串以上の囤積銭文を許さず、もし禁約に従わず五十串以上を蔵積するものがあり、査出されたり、第三者の告発を受けたりした場合には違制律に照らして治罪し、銭文は官が没収する。地方官が失察した場合には例に照らして処分する。この条は京師の例に従って挙行すべきである。

以上の上奏に対する乾隆帝の硃批は「今制銭の日々貴き所以の者は、以うに行使の処甚だ広ければなり。粤東既に各色銭文の行使有り。朕意民便に従うを聴すは可なりとするに若かざるのみ。若し必ず定むるに法令を以て之をして尽く制銭を使わしめるは、反て扞格難行の処有り。即ち京師籌画銭法も亦た余力を遺さずと謂うべくして、総じて善策無し。況や外省をや」というもので、現状の小銭流通を容認している。広東における各種銅銭の流通については乾隆元年の瓊州総兵李順の廃銭使用の厳禁を請う奏に対する批に「民間の小銭廃銭を行使するは乃ち地方相沿陋習にして、若し禁止厳迫すれば則ち其の擾累を受ける者少なからず」とあり、この時期の乾隆帝の態度は一貫している。(22)

（八）浙江省

1・銅舗対策。浙江省には鎔銅の大局はない。日用の器皿の打造はもとより紅銅を購買して鉛を配してつくるか、廃銅を小さな炉を用いて鎔造する。その数については府州県によって多寡不等であり、四散して開設されている。また、銅舗を帰併する官房も無い県が多く、あったとしても非常に狭く、多くの銅舗を収容することはできない。すなわち京城の銅舗を官所に移すという議は倣照することはできない。ただ、銷銭については従来より厳禁されており、恐らくは奸民が利を得るために私銷を行う弊害はある。通達を行って方法を講じて稽査し、もし発覚があれば例に照らして治罪する。

2・官米局対策。浙江省においては米局はない。しかし毎年の三月から四月の端境期において、各属は倉にある米穀を動支して、時価を減価して平糶を行っている。そこにおいて得た銭文は随時銀に兌換して貯庫し、秋成を待って米穀を買い還倉している。ただ恐らくは各属の一部には銭文を長く貯して銀に兌換してない所もあると考えられる。よって京城の例に倣って三日に一度少額ずつ数か所の舗に分けて兌換し、銭文を壅滞させないようにする。

3・銭市・経紀対策。浙江省の銭舗は各所に四散しており、その地において小規模の兌換を行っており、京師のように経紀を設立しているような状況とは異なっている。各舗戸は時価に照らして民間の要求にしたがって兌換しており、勢い独自に価格のつり上げを行うことは困難である。もし銭舗を一か所に帰併したならば民間が銭が必要な際に遠路兌換に赴かねばならず、不便である。従来通り四散開設を許し民の便に従うべきである。ただ、資本が豊かな舗は大量の銭文を蓄積することがあり、銭価の上昇をもたらす原因となると考えられる。地方官に命じて各舗に示諭させ、つとめて兌換をさせる。多積して利をねらうものがあれば違制例に照らして治罪する。もし胥役等の誣告や勒索等があれば違制の罪において反坐させる。

4・雑糧店対策。浙江省においては雑糧は稀少で収買を行う店はない。秋成の後に僅かな雑糧があったとしても郷民が油・塩等の物と交換し多量の銭が蓄積されるということはない。市集で糶売される米穀については少額の場合は銭を使用、多い場合には銀を使用し、従来から銀銭兼用であり、これは民便に従うべきである。

5・販運対策。浙江省が毎年鼓鋳する額は僅かに兵餉に搭放するに足るのみであり、官買を行うための余剰の銭文はない。ただ、兵餉銭は民用に流転するものであり、それでも十分足りているとはいえない。恐らくは奸民が興販を行っている弊害があると考えられ、稽査を行うべきである。出洋の船隻については既に御史范廷楷の条奏[23]に照らして、沿海の汛口の官弁に命じて取り締まりを行わせることが既に案件として成立している。その他の内地の商民についてはただ盤費の銭文のみを携帯することを許し、多量の銭文を携帯しての出境を禁じる。現在関隘や通衢の諸処にあまねく示諭を行い、また兵役や関胥を時ならず留意し査察させ、事に借りて弊害を増すことがないようにする。

6・富戸の積銭対策。民間の囤積銭文については従来より禁止されている。しかし各属の村荘や集鎮において郷愚や富戸が銭の串を抜き去り堆貯しているものがあり、銅銭の壅積と不流を引き起こしている。再び申禁を行い、違反するものがあれば例に照らして治罪する。また各典舗は多くの銭貫を蓄積して出当に備えており、一県の典舗の全部の囤積を総計すると非常に多額にのぼる。また民間の大小の交易においては多く銭文を用いている。現在禁止を指示し、およそ典当の売買において一両以上においては銭の使用を禁止している。このようにすれば囤積の弊害は除かれ、銅銭使用の途は少なくなっていき、銭価も安定するであろう。

最後に以上の案を自己評価し、以上の策は目前においては「補偏救弊」であるが久しく行えば銭法において少しは効果があるだろう、としている[24]。

以上に対する乾隆帝の硃批は「奏する所、倶に悉せり」

（九）江西省

1・銅舗対策。江西省においては磁・瓦・木・竹・錫器を使うものが多く銅器を使う者は少ない。省城の内外において炉を設けて銅器を打造している舗戸は大小併せて三十六戸であり、軒を並べており、査察も容易である。その他の州県の銅舗は更に寥々たるものである。銷銭の弊害は、常に留心して文武員に責令して方法を講じて厳査しなければならないものである。しかし銅舗を帰併するという点については議を用いる必要はない。

2・官米局対策。江西省においては毎年の端境期において常平倉の穀を例に照らして出糶し銀銭兼収している。収めるところの銭文はすべて時価に照らして随時舗戸に発して銀に兌換し、庫に収めている。江西省においては銭文はもともと多くなく、一か所に集積して久しく庫に貯蔵するということはあり得ない。よって銭文の発売を促して貯庫せしめないという策は議を用いる必要はない。

3・銭市・経紀対策。江西省にはもとより銭行の名目はなく、経紀も設立しておらず、民間は便を称している。とはいえ民間が銭に兌換して柴米の必要に応じようとするのはどの戸もみな同様である。以前銭価の上昇によって議定され案件として成立しているがごとく、香蠟紙馬・油塩雑糧・布疋絨線等の舗において、五銭以上については銀を用い、五銭以下については銀銭併用を許し、日々収めるところの銭文は銭舗において兌換するをゆるし、銭舗以外がみだりに銭幌を掛けることを許していない。したがって、経紀を立てて官が稽査を行う必要はない。

4・雑糧店対策。省会の糧食の行舗が雑糧を収買するにあたっては銀を用いて交易し、他所において置貨するのに軽便なるを選択する。省会はこのようであるが外邑においてもまた然りである。ただ郷愚は銀色を辨別できず、銭文を用いて交易するということがある。地方官に命じて厳しい命令を出示し、小規模の糧食の収買については銭文を用いるを許すが、多いものは一切の銭を用いた収買を許さない。江西省においては銭文を多用することの禁令は既に旧例があるが、再び通達を出す。

5・販運対策。江西省は東西南の三方向の道路はみな山を越えるものであり、他省に行こうとすれば必ず陸路で、竹輿や手車を使用する必要があり、京城のように大車・馬駄で運搬ができるのとは状況が異なる。ましてや各所の銭価には高低はあるが、その差は一串毎に銀二～三分に過ぎず、たとえ興販して出境したとしても輸送費を差し引くと大きな利益を得ることができない。かつ江西省は内地であるので洋船が通行することができず、客商を稽査し販運を厳禁する対策を行う必要はない。

6・富戸の積銭対策。江西省の富戸で米糧等を保有している者に対して商販が来訪して米糧を購買する場合があり、あるいは富戸自らが米糧を装運して出境し変価する場合があるが、その交易の大部分は軽便で運びやすく深蔵できる銀を用いている。本境において交易する舗戸の中には銭文を多用するものもあるが、資本も少なく利も少なく、朝入れば暮れには出るといった具合で運用して利を得、囤積して百串に至るようなことはない。江西省においては囤積について査禁を行う必要はない。

以上の報告後、概括的な状況が述べられる。江西省はさきに銭価が日々高くなったことにより乾隆八年四月から鼓鋳を開始して以来、庫平紋銀一両毎に大制銭八百六十文であり、これを以前の銀一両で小制銭八百文という事態と比較すればその価格は既に減じており、民間もまた便を称している。毎月鋳造した銭文は兵餉に搭放する以外に官舗を開いて発換しており、毎日発換する銭は数十串であり開鋳より今に至るまで銭の民間にあるものは十万串をくだらない。それでも銭が多くならず銭価が頓減しないのは、恐らくは私銷の弊を絶滅させることができないからであろう。したがって方法を講じ稽査すべきではあるが、その方法は簡便で従いやすいものであるべきであり、弊害を増さないようにして、はじめて扞格難行を致さない。文武員弁に責成して兵役を督率して保甲隣佑と協同で常に留心訪察せしめ、もし私銷を行うものがあればすぐさま逮捕して律に照らして治罪する。また部議にある興販・囤積の禁止、雑糧等の店が銭文を多用するを許さないということについては既に通達済みである。以上に加えて、本省は源源と鼓鋳を行った結果銭価が安定し、民用に欠乏を起こさないという事態が望める。(25)

以上の報告に対する乾隆帝の硃批は「此事固より宜しく詳査（実録は察）妥辦すべし。然るに遅るること今に至り始めて覆奏を行うは汝に怠心有るを見るべし。之を慎め」と、報告が遅れた事について譴責するのみである。

（十）貴州省

１・銅舗対策。貴州は人は貧しく風俗も質朴で民・苗で銅器を使用する家は百のうち一だけであり、よって偏僻の各府州県にはまったく銅器を打造する舗戸は無い。ただ貴陽省会の区は人口稠密であり官商や紳士でまま銅器を購買するものがある。しかし打造の舗戸は僅かに二軒であり、その打造するところも小規模で粗末な器皿である。また貴州は雲南省と密接しており銅廠も近く、鉛斤も本地で生産され、値段はそうは高くはない。もし銭文を銅器に改造するならば、かえって人件費がかかるため、貴州では従来より私銷の弊害はない。よって銅舗を官が管理することについては倣照する必要がない。

2・官米局対策。貴州には従来より官米局廠は無いが、端境期において例に照らして倉を開いて平糶を行っており、その際糶米一斗以上については銀を収めているが、一斗以下のものについては民の便に従い銀銭兼収である。ただ零星の升単位・合単位の収銭には限りがあり、よって各属の毎年の糶米銭文は少ないところでは十余串、多いところでも数十串に過ぎない。貴陽は省会にあたる地であり人口は多いが、毎年の売米銭文は百串から二～三百串に止まっている。且つ収められた銭文は毎年の秋成の時に米穀を買い補うときに市価に照らして発出し糶米しており、官所に久しく貯められていることはない。よってこの対策については倣照する必要はない。

3・銭市・経紀対策。貴州においては銭文を兌換するにあたっては従来より銭文専門の舗戸はない。客民が布帛・菽粟（豆類と穀物転じて食料）等の項の売銭数串を各々店頭に掛けて銀両に換えているに過ぎない。かつ民間においては銭を用いる家は甚だ少なく、零星の物件を購買することがあってもそれに必要な制銭は数百文から千文に過ぎず、いまだかつて数串から数十串に及ぶものはない。故に歴来銭市はなくまた経紀を設立したこともない。よってこの対策については倣照する必要はない。

4・雑糧店対策。貴州は船が通ぜず、まったく外来の米販は無く、ただ本地蓋蔵の家が米を出糶して民食を助けている。これらはすべて自ら運搬して糶売するものであって、従来より客糧店の名色はない。省城には糧店が十～二十家有るが、売米の拠点に過ぎず、米糧は本地人が自ら糶売を行うものである。外府州県においては糶出の米糧は数石から十～二十石であり、省城で日々糶される米糧もまた数十石から百余石に過ぎず、その数たるや多くはなく、獲たところの銀銭は仍お本人が自ら所有し、また大量の売銭を運び載せる車馬も無い。よってこの策も倣照する必要はない。

5・販運対策。甘粛省は民・苗が雑居しているが、素より銭を用いるを知らなかった。雍正八年の開鋳の後に鋳出した銭文は養廉・俸工・兵餉等の項に配放して泉布し漸次流通し、兵民の交易において便であるばかりでなく、苗・猓（現彝族？）も漸く銭を用いることを知るようになった。ただ以前は省城の市価は紋銀一両で九百七〜八十文から九百五〜六十文であったが、今は九百文となっている。その理由を推し量るに、貴州の地は四川・湖北・広西に連なっており、商賈が絡繹として往来し、且つ各省の銭価は高いので客商が銭文を駄載して持ち帰り売っている。よって省城の銭価が以前に比べて高くなり民生において便ならざるものである。したがって京師の事例に倣照して客商の盤費銭文以外は銭を多載して出境興販するを許さず、各地の地方官に通達して留意稽査させ、もし牛馬を用いて銭文を駄載して出境するものがあれば違制例に照らして治罪する。

6・富戸の積銭対策。貴州は土地が痩せており民は貧しく、各属の村荘鎮集の富戸は甚だ少ない。まま豊かな家があったとしても、銀は蔵埋しやすく、銭文は堆貯するに不便であるが故に、往々にして積銭が数十百文に至る場合があったとしても、すぐに城市に行って銀に兌換して収蔵する。したがって従来より富戸が銭文を囤積する弊害は無く、京師の策を倣照する必要はない。

以上は総督張広泗が署布政使陳恵栄と糧駅道介錫周の議覆をもとにして述べたもので、以下、張は自らの意見を述べる。その意見はほとんどの部分が上記の見解によるものであるから重複する部分が多い。重複しない独自の見解の部分だけを抜粋すると以下のようになる。

貴州の状況は、中原の各省とは異なる。中原の各省は民人は従来より銭を用いるのに慣れており、かつ太平久しくして戸口が増加している。かつ各々が銭文の利便を図って交易し、ややもすれば数千数百の多きに至る。また近年洋銅が減少しており、雲南銅があるとはいえそれは京局と隣省の鼓鋳の用に足るのみで、余銅は無く、銅価は日々高くなっている。よって銷銭の弊害を防ぐことができなくなっている。これが各省の銭価が日々高くなっている原因である。一方甘粛は夷が多く漢人は少ない。査するに康熙年間においてはただ貴陽省城と上流の安順府・下流の鎮遠府が雲南に通ずる大道であるから、漢民が銅銭を用いていた。しかしその他の府州県の民夷に至っては銭文を行使するを知らなかった。雍正八年に開局して後、用銭の便を知るようになった。[26]

その他、乾隆帝の「銭文一事」の旨[27]を引用し、それを追認する形の議論をしているが、独自の見解は見られない。以上に対する乾隆帝の硃批は「此の事の奏覆殊に遅緩に覚ゆ。辦理に至りては惟だ因時制宜に在るのみ」

（十一）広西省

布政使鄂昌・按察使李錫秦・駅塩道王河が議論して広西巡撫に提示したものを引用する形で述べられている。すなわち具体的問題の議論は他省同様布政使・按察使レベルで行われていることを示す。

1・銅舗対策。打銅舗戸を官房に搬入して鎔造させるのは私銷を途絶するのがねらいであるが、広西省は僻地であり民風は撲実であり、用いる器皿は大体が木瓦鉛鉄のものが多く、銅器を用いるものは少ない。かつ現在銅鉱を開採しているので銅舗は銅斤を購買することができ、銷銭して銅器を造るという弊害は無く、各省と状況がもとより異なる。よって広西省の銅器舗戸は官房に搬入する必要はなく、旧来の通り散在して自ら営業することを許す。

2・官米局対策。広西省には官買米局は無いが、各府州県が毎年の端境期の穀物価格が高いときに例に照らして倉を開き平糶する。この際の穀物の代価は銀銭兼収であり、銭文は随時銀に兌換して庫に貯め、市価を安定させ、秋成の時に穀物を買って倉に返す時に便ならしめ、決して銭文を存貯することはない。広西省の現在のやり方は京師の官買と同様であり、旧来通り辦理させる。

3・銭市・経紀対策。広西省の省会や各属には銭市はなく、また経紀を設立したこともない。かつ省城には売銭舗戸を専門に開いているところはなく、塩米雑貨の各店が銭文の兌換を行っており民間の交易を許している。もし経紀を設立し、また米・塩・雑貨等の舗に銭幌を掛けることを禁じたら民においてまことに不便である。広西省の状況は京師とは異なり、倣照する必要はない。

4・雑糧店対策。広西省の桂林は人口が多く、必要な食米雑糧については、舗戸が収買するにあたっては銀を用い、まま郷民が肩にかついで来城するものがあるが、それも数斗から一石あまりに過ぎず、売銭額にも限りがあり、城で物を買い郷に還る。京師のように車馬で糧食を運んで店に持ち込み売銭が多額になるという状況ではない。よってこの件については査禁を行う必要はない。

5・販運対策。広西省は開炉鼓鋳しているが、これはもとより本省の便民のために使用しているものである。もし興販出境を査禁しなければ民用において不足をきたす。よって京城の例を倣照して分別査禁を行うのが民用においても資するところである。広西省は陸路で雲南貴州と通じ、湖南広東とは水路で一水にて通じている。肩挑・駝載や船隻によって興販出境することは勢い免れざる所である。査するに雲南省は銅を産し鼓鋳は天下に甲である。貴州は雲南に連なるところであり、湖広もまた開鋳して多年で自ずから民用に足る。よって広西省の銭文を販運するものはもともと少なく、盤費以外の銭文については京師の例に照らして一概に禁止すべきである。惟だ広東一省は人口が多く銭の需要も広い。現在鼓鋳を開始しているとはいえ未だ不足しており、広東への販運を概禁することは難しい。しかし額を制限して広東に運搬することを許せば広東にとっては有益であるとはいえ広西省においては銭価の上昇を招き便ではない。査するに乾隆六年三月、司・道の議詳を経て、桂平梧潯の各廠に通達して稽査を出示させた案があり、廠を通過する客船のうち大船は二十串、中船は十五串、小船は八串の帯銭を許し、もし多帯するものがあれば廠員が千文毎に銀一両を給して収買し布政使庫に送る、という対策が案件として成立している。この例に照らして辦理すべきものであり、広東省が開鋳して民間の用度を済い、欠乏を致さないようになれば再び貴州湖北の例に照らして一体に厳禁すれば、広東広西両省の民人において均しく国宝の尽きざる利益を得ることができるであろう。

6・富戸の積銭対策。広西省の民人は貧戸が多い。かつ深山邃谷の中に住んでおり、他省の巨富の戸のように囤積銭文ができない。たとえ殷実の戸があったとしても出外して経営することに諳ぜず、ただ収めるところの米穀等の糶易銭文は日用の物に資し、数は多くはない。しかるに囤積の弊害は鋪戸が原因となっている。興販を行おうとする人に売って利を得るために、銅銭を堆積居奇し市価の上昇を図ろうとするのである。したがって京師の例に倣照して該州県に通達して先ず暁諭を出示させ、鋪戸には囤積銭文が百串以上になるのを許さない。もし禁約に従わず銭を蔵匿して報告しない者でひとたび査出を経たり、第三者の告発を受けたりした場合には違制例に照らして治罪し、銭文は官が没収する。地方官が奉行につとめない場合、失察の場合、あるいは胥役の需索を許した場合には分別詳請して処罰する。(28)

以上に対する乾隆帝の硃批は「此の事応に此のごとく遅延辦理すべからず。行うべきや行うべからずや、直陳して何の妨あるや、観望して何を為すや。之を戒めよ、之を戒めよ」

＊　＊　＊

さてこれらの上奏を見ると、総じて各省の文言は、京師における対策を自省においてそのまま適用するわけにはいかないことを強調している。例外は平糶時に得た銅銭を官価平売するという対策で、これは各省ともその必要性を言うが、銅鋪の帰併、銭市経紀の管理については、特に後者について原則として採用すべきだとする省は一つもない。もちろん各省の状況によって不採用の理由づけは異なっている。例えば江蘇では銭市経紀の管理について、「査するに兌銭に経紀の名色有ると雖も、出入は悉く時価に照らし、意のままに高下を為す能わず。倣照を庸いる毋し」と述べ、ある程度の銅銭市場の自立性を前提に政策的介入の必要性を認めず、一方陝西では同じ問題について、「銭舗は皆な小本経営に係り、就地貿易し、声息相通じ、抬価する能わず。経紀を設立するは、反て壟断を開かん」と述べ、経紀の設置自体が従来の取引慣行を混乱させるとしている。

示し合わせたのではないかと思われるほどの型どおりの各省の回答（実は回答をもとめた正月辛巳の上諭を注意深く読めば、そのなかに既に模範答案の書きかたが用意されている。端境期の平糴銭文に留意しつつ、京師と状況が違うので倣照の必要なし、と答えればいいのである。）のなかにも、回答のない「北省」の状況ほど際だってはいないが、それでも各省に個性があることが明らかにできたのではないかと思う。

ただ、ここでは彼ら各省督撫の報告が各省の実態を本当に示しているのかどうかについては問うまい。重要なのはこれらの言動が各省統治上正論として通用する、ということである。各省督撫の上奏に対する乾隆帝の硃批をもう一度列記してみよう。なお（　）内はどの省の奏に対しての旨かを示すものである。

所見頗是。即京師所辦、現即有扞格難行処也。（江蘇）

惟在因時制宜行之而已。法制禁令、豈能盡天下之情哉。（福建）

総在汝等妥酌行之。語云救荒無善政。朕於銭法亦云如此。（湖北）

有治人無治法。即京師現行之法、亦不過補偏救弊、非経久可行之事也。（湖南）

有治人無治法。即京城之法、朕亦不謂之十分合宜、仍不過補偏救弊而已。（陝西）

今制銭之所以日貴者、以行使之処甚甚広也。粤東既有各色銭文行使。朕意不若聴従民便可耳。若必定以法令、使之尽使制銭、反有扞格難行之処。即京師籌画銭法、亦可謂不遺余力、而総無善策。況外省乎。（広東）

ここに見えるように、こと銅銭問題に関しては、例えば因時制宜のような言葉には、単に決まり文句であるとか中央の指針を示すとかいったレベルにとどまらない、地域差と各省における政策の相違を明らかに是認する姿勢が見える。近代の常識で通貨というものを考えた場合、画一的な規格なり流通システムなりを維持しようとするのが通貨当局というものであろう。清朝は制銭の画一規格「供給」には一応こだわりながらも、[29]一方で小銭等の流通は少なくともこの時点では必要悪としている。

さてここまで京師銭法八条対策とそれに関わる諸問題を見ながら、乾隆帝や諸官僚の言説に焦点をあててきたが、その中には先にも若干触れたように興味深い問題が含まれている。一つは銅銭の使用制限の問題である。乾隆帝には銭貴に対応せんとする諸政策が、「補偏救弊之一端」に過ぎず、「正本清源之至計」ではないとはしながらも、自らの見解として、あくまでも「補助貨幣」としての本来の目的を逸脱し、不必要なところまでに用いられている、と彼が認識した銅銭使用の広範囲性を問題とする。この自らの見解によって銅銭使用の制限策を論議させており一応制度化された。[30]しかしこの見解を全国普遍的にあてはまるものとして考えていないことは、各省督撫への旨を見れば明らかである。あくまでも京師周辺・直隷省ぐらいまでをその対象として考えていたに違いない。しかしこの範囲内においてさえ、次章に見る乾隆十七～八年の銅銭退蔵問題に見られるようにとても遵守されていたとはいえない。この問題は一片の法令で片づくようなものではなかった。

もう一つは京局鋳造銅銭の流通させるべき範囲についての認識の問題である。「京局所鋳之銭、豈能供外省各処之用」[31]という言説も見られるが、理念的には宝泉・宝源二局は文字どおり全国の銅銭の供給源（泉源）であるはずであった。[32]しかし現実には漕船や海船や客糧店の銅銭販運行為の禁止という政策がとられる。米穀の遏糴に対しては厳しく臨んだ清朝中央も、その中央発行銅銭の流通制限にはまったく疑問を呈していない。こういった原則の背景には、もちろん事態が京師・直隷（畿輔）という「重地」の銭需要にかかわる為であるからということもあろうが、より重要な背景として、雲南銅辦銅のシステム化とその結果による各省の自律的辦銅の制度化にともなう「泉源」の多元化（経済サイズの拡大ゆえの地方分権の不可避性の兆候）があると思われる。

註

（1）『湖南省例成案』巻十三、戸律倉庫、銭法「勧諭富戸不得積聚銭文」（乾隆十七年九月）は乾隆十七年の銅銭囤積問題を処理したものであるが、この際も布政使が調査の主体となっている。この問題においては布政使が地方の状況をふまえた行政的な調査報告、督撫が大局から見た政治的判断という役割の分担を見ることができるが、もちろんこの分担は固定的ではなく、問題の大小等によって変化する。

（2）黒田〔1994〕にも言及されるごとく、この平糶銭が結果的に乾隆期の穀物備蓄政策と相まって銅銭の行政当局への環流を促進したことは確かである。しかし、行政側が主観的に銅銭の通用力を高めることを意図した形跡はない。

（3）今堀〔1955〕三〇三頁には、「帰綏の銭舗は、銅銭の両替、とくに銀を制銭にくずすことを主に仕事としていた露天商人から出発している。康熙雍正のころは未だ微々たる行商人であって、木製の手押し車を引いて人出の多い大通りやにぎやかな市場を巡廻し、日用品の購入や釣り銭に必要な『こぜに』を両替して歩いたものである。換算基準はその日の市価によって違ったわけで、サヤは原則としてかせがず、僅かな手数料を得るだけでまことにしがない稼業であった」と述べられているが、まさに銭桌の実態に近いものであろう。

（4）『宮中檔乾隆朝奏摺』第四輯、一〇頁、乾隆十七年九月二十八日、署理湖南巡撫范時綬奏摺、には「湖南の民俗においては、銭を用いるものが少なく、各典舗において一両以下にあっては銭を使うこともあるが、民間の一切の交易においては少額取引においては銭を用い、それ以外は銀を用いる。蓄財においても積銀の人はあるが積銭の人は無い」とし、『宮中檔乾隆朝奏摺』第五輯、四六九頁、乾隆十八年五月二十六日、署理湖南巡撫范時綬奏摺、には右記に加えて、「湖南の地気は湿潤で積銭をしても錆びてしまう」とする。なお、この乾隆十七～十八年の上奏は、直隷省に銅銭囤積問題の際に各省から報告されたもの（第三章で詳細に検討する）。以下、各省の6の富戸の積銭対策に関する報告について述べるにあたっては、参考のために乾隆十七～十八年の報告を註記する。

(5)『宮中檔乾隆朝奏摺』第六輯、一五四頁、乾隆十八年八月十七日、署陝甘総督尹継善・陝西巡撫鐘音奏摺、には「陝西省の商人は資本が少なく、経営は自転車操業であるので、長期間店中に（銅銭を）囤積することはできない。また、交通路は船舶は通れないので陸運のコストがかさみ、さらには各属の銭価の差がないので、銅銭の販運行為の弊害はない」とする。なお、これは、乾隆十八年六月十六日、長蘆塩政天津総兵吉慶の奏摺（『宮中檔乾隆朝奏摺』第五輯、五八七頁）から端を発した、塩店の銅銭囤積問題に関する各省の報告のうちの一つ。

(6)『硃批奏摺』一二三五―〇一二。提議の内容については第一章、史料A―46参照。

(7)『硃批奏摺』一二三五―〇一六。議覆の内容については第一章、史料A―48参照。

(8)『硃批奏摺』一二三五―〇一二。第一章、史料A―46。

(9)『宮中檔乾隆朝奏摺』第四輯、三八三頁、乾隆十七年十一月二十二日、湖広総督永常奏摺。

(10) 同、永常奏摺は「省城を離れること迂遠の地方においても、商賈の取引は用銀を便とし銅銭は多くはなく、富民の蔵積の弊害はない」とする。

(11) この十一万串という額が江蘇省の経済にとっていかなる実質的な意味をもつかについては問題。黒田〔1994〕は、江蘇省の年間鋳造額を僅か（傍点筆者）九万五千三百三十串余、として、所轄地方の貨幣需要に合わせたものではない、とする一方、無錫の事例から、乾隆五年からの銭投下の増加が結果的に銭使いに地域経済を誘導した、そして銭の大量供給（傍点筆者）により、秤量銀を現地通貨から退場させ、銭が銀に対して過高評価され、銀は虚銀両として地域間決済のみを主として担うこととなる、とする。黒田氏の説は後半部に比重を置くものであろうか。陳大受の認識は「僅か」だとしているが、このあたりは問題回避のための官僚的過小評価かもしれない。この認識が事実であったとしても、宝蘇局による高品質の制銭の発行と流通が、小銭をも含めた銅銭一般の信用を増加させ、全体を銭使いに誘導した、と考えれば整合的に理解できようか。しかしこの論理が例えば直隷省等の「北省」のような、比較的広域な決済においても銅銭を用いるなどの貨幣使用慣行を有するところでそのままあてはまるかどうかは疑問である。

(12)『高宗実録』巻二二三、乾隆十年正月辛巳、命直省籌鼓鋳。

(13)『宮中檔乾隆朝奏摺』第五輯、七六八頁、乾隆十八年七月十三日、署両江総督鄂容安・江蘇巡撫荘有恭奏摺、は「江寧・蘇州・松江・常州・鎮江・太倉では少額取引は銭を用い、額が多くなれば銀を使う。揚州・通州では民間は各々小戥を作り、分厘といえど銀を用いる。淮安・徐州・海州の市集では銭を用いることが多いが、数十千（串）以上に至ることは少ない」とする。この特に揚州・通州の状況を描いた記述と、黒田〔1994〕が分析において大きく依拠する『錫金識小録』巻一、備参上、交易銀銭の記述における、銭使いへの傾斜への記述の差異はどう理解すればよいのだろうか。また、乾隆十年二月の浙江布政使潘思榘奏摺は、従来は銀を分厘の微においても使用し、銭は補助的に用いていたが、銀の成色の多様化や仮銀行使の弊害を指摘し、市集の交易は銭でなければ行われず、交易においても銀使用が銭使用に変化し、松江の布・杭州湖州の絲・浙東の麻・炭・楮・漆等のものは従来は銀を用いていたが、今は銭を用いない者は無く、甚だしきは民間の田房交易の高額取引において契内には銀と書いてあるが現実には銭によって売買している、とし、ここに描かれる状況は『錫金識小録』の記述に近い。（第一章、史料A―49）長江を挟む僅か一〇〇キロ内外の距離での地域差なのか、観察の対象が違うのか、特に前者（鄂・荘奏摺）に想定される虚偽の報告か、ここでは結論は保留したい。

(14)『硃批奏摺』一二三一―〇二三、乾隆六年二月十五日、分守広東糧駅道朱叔権奏摺。第一章、史料A―30。

(15)『宮中檔乾隆朝奏摺』第五輯、七六八頁、乾隆十八年七月十三日、署両江総督鄂容安・江蘇巡撫荘有恭奏摺は「蔵銭の弊害は南方では盛んではない。江蘇省の各属においては囤積埋蔵は多くを見ない。……江南においては民は多く字を知り、農村の孺子でも平色書算を知る。……大商人はみな都市にいて、家の設備は厳重なので、盗賊が非望をいだくこともなく、どうして銅銭のような重いものを蓄える必要があろうか。市廛で貿易する連中は多く銭を使うが、経営をするにあたってはおおむね朝入暮出して時時流通させ、はじめて僅かな利益を得ることができる。だれが銅銭を存積埋蔵することを肯定しようか」として風俗の違いを強調しながら積銭の弊害を否定する。

(16) 『宮中檔乾隆朝奏摺』第三輯、六九五頁、乾隆十七年八月九日、四川総督策楞奏摺は、「富戸のなかには、往々にして蓄銀よりも蓄銭を選好するものがある。盗難防止の為と思われる。私は江蘇・江西・浙江・福建・広東の各省を歴任したがこの弊害は郷間邨落において多い。四川に赴任して以来観察するに、もともと巨富の家は無く、蓄銭の家も少ない」とする。この文言は逆に郷村の富戸の積銭が他省においても一般的であったことを示すものである。

(17) 当時の福建省における地域の認識に、上游・下游という区分がある。これは、ほぼ山間部（延平府・建寧府・汀州府・邵武府・永春州・龍岩州）と沿岸部（福州府・興化府・漳州府・泉州府・福寧府）に対応している。『宮中檔乾隆朝奏摺』第五輯、五一六頁、乾隆十八年五月二十九日、閩浙総督喀爾吉善・福建巡撫陳弘謀奏摺、によれば、山間部ではかさばる銭の使用が不便なため、「上游」の銭価は「下游」の銭価よりも一般的に低く、この時点で上游毎両八百五十～六十文、下游毎両八百三十～四十文、とする。なおこの奏摺にはまた、乾隆十年段階では記述されていない「下游」における「外番銀銭」すなわち洋銀の流通を指摘するが、「仍按銀両軽重行使」とあり、この時点では秤量貨幣的に流通していたことがわかる。一般に洋銀一枚は重さ七銭二分、銀含有率は約九〇パーセント。百瀬〔1980〕七一頁「清代における西班牙弗の流通」等参照。福建における番銀については、『福建省例』税課例、「行用番銀税契章程」には以下のように記されている。乾隆三十四年段階において永春直隷州徳化県で紋銀が不足したため税糧徴収を洋銀で行うことが許され、その折価は一圓、つまり洋銀一個毎に紋銀六銭二分とされていたが、乾隆三十七年新たに契税を徴収する際にも洋銀による納入を許可し、折価は同様に六銭二分とした。洋銀の流通が一般化するなかで行政がいかに対応すべきかという基準をしめしたものである。同質の問題の浙江省における事例は註（24）参照。

(18) 福建塩場で独自に徴収していた附加税。『乾隆朝上諭檔』第一冊、八〇二頁、乾隆七年八月二十八日内閣奉上諭、参照。また註（5）で述べた塩店の銅銭囤積問題に関連する、『宮中檔乾隆朝奏摺』第六輯、二七八頁、乾隆十八年八月二十五日、閩浙総督喀爾吉善・福建巡撫陳弘謀奏摺奏摺、参照。

（19）この後、『宮中檔乾隆朝奏摺』第五輯、五一六頁、乾隆十八年五月二十九日、閩浙総督喀爾吉善・福建巡撫陳弘謀奏摺、同第十二輯、二七四頁、乾隆二十年八月初七日福建巡撫鐘音奏摺、『福建省例』銭法例、乾隆二十四年四月「厳禁富戸典舗塩商囤積銭文稽察奸商私収販運出境」等で、海上貿易銭の銅銭販運の制限について何度も確認がされており、これはその事例の多さを物語るものであろう。

（20）広東における安南銭の流通については『道光朝外交史料』二、道光八年十一月初六日「陝西道監察御史張曾請禁行使夷銭」、「軍機処寄両広総督李鴻賓等御史張曾奏広東行使夷銭即飭所属確切査辦上諭」等に見られる。

（21）『宮中檔乾隆朝奏摺』第五輯、三七二頁、乾隆十八年五月十六日、署両広総督班第・広東巡撫蘇昌奏摺、には広東の貨幣使用慣行として、広東は物産が豊かで小民は商業に従事する者が多く、貿易経営や土地売買などでは銀を用い、零星の使用において銭文を用いる、と述べる。乾隆十八年時点の銭価は紋銀一両で制銭八百八十文であり、乾隆十年時点よりも落ちついている。また同奏摺には、十両以上の取引には「花辺番銀」を用いるとし、福建同様乾隆十年時点で記述のない洋銀の流通を明示する。

（22）李順の上奏の原文はなく、『硃批奏摺』一一二六―〇三四の乾隆元年三月二十八日両広総督鄂彌達・広東巡撫楊永斌奏摺中の引用により確認できる。

（23）中国第一歴史檔案館蔵『軍機処録副奏摺』原件、乾隆九年十二月十五日　福建道監察御史范廷楷奏摺。第一章、史料A―45。

（24）註（17）の福建省の事例との関連であるが、『治浙成規』「各属報竊贓内洋銭定価六銭」には、嘉慶十九年浙江省において窃盗事件が発生した際に、その盗難物の估価を銀両に換算して罪の大小を決定する際において、洋銀をいかなる数両で換算するかが不統一であるので、以後は一圓を六銭として計量することを定めたことが記されている。福建同様行政側の対応の事例であるが、時期のズレは福建→浙江という洋銀流通の拡大と符合するものであろうか。民間の事例では、周知の史料、浙江省蕭山県の人王輝祖『病榻夢痕録』巻下には、「乾隆三十年代の初期には番銀の名はなく、流通もしていなかったが、嘉慶にいたり、番銀の使用は庫銀よりも広い」、と記す。また蘇州常熟の人鄭光祖『一斑録雑述』六、洋銭、には乾隆四十年になると洋銭の使用が蘇州杭州に至り、その時点では広く銭票が用いられ元絲銀が併用されていたが、銀価が上昇し洋銭が用いられるようになった。その後携帯に便益であるために流通するようになり、また価格も上昇し、蘇州城の一切の貨物は洋銭で価格を定めるようになった、と記す。『嘉慶朝外交史料』二、「両広総督呉熊光等奏請飭禁洋銭摺」嘉慶十二年十一月十六日、同四、「戸部左侍郎蘇楞額請厳禁海洋夷商私運内地銀両及販進洋銭摺」嘉慶十九年正月二十五日、の記述に至ると、既に洋銀が貨幣体系の重要な部分を形成していることを示唆する。特に後者は洋銀に対して民間の需要に基づいてプレミアムが附加されており、それが内地の銀両の海外流出をもたらしていると指摘する。

(25)『宮中檔乾隆朝奏摺』第五輯、三二〇頁、乾隆十八年五月十一日、署両江総督江西巡撫鄂容安奏摺、には「江西省は従来制銭が不足し私銭が市場に充ちていたが、鋳銭局を設置して以来官銭が増え私銭が減少している。……現在各属の報告する銭価は銀一両で八百三十文から八百五十文、他省と比較すれば安定している。……民間の一切の交易においては価格が数十両に至るものについての銅銭の使用は聞かない」とする。

(26)『宮中檔乾隆朝奏摺』第四輯、四一頁、乾隆十七年九月三十日、貴州巡撫開泰奏摺には、「貴州は遠処辺末で内地とは状況が異なる。各鉱山は銅鉛を産出し、鋳銭局を設けて鼓鋳しているので銭価は他省に比して低い。しかも苗民の家には蓄えは少なく、毎日交易で生計を立てている者も大は米・豆・雑糧、小は柴・炭・竹・木を取り扱うが、多くは銀を用い、あるいは塩で取引する。城市近くの熟苗のなかにはまま銅銭を用いる者もあるが、蔵積はしていない。ただ、銭が充裕して銭価が安定しているなか、近年江南・湖広の客民や本地の富裕層が盗難防止の為、あるいは銭価が高いところに販運して利を得る為に銅銭を収買しているとの情報もある。しかし、その数は市価に影響を与えるほどではない」とある。同第五輯、三五六頁、乾隆十八年五月十五日、貴州巡撫開泰奏摺は、銭価は庫平紋銀一両につき九百五十文であるとしており、確かに同時期の他省に比較して安価である。

(27)『乾隆朝上諭檔』第二冊、三三三頁、乾隆十年三月十二日、奉旨。部の咨という形で各省に伝達されていることがわかる。

(28)『宮中檔乾隆朝奏摺』第三輯、七四一頁、乾隆十七年九月初三日、広西巡撫定長奏摺には、「広西は僻地で物産も少なく、外省の大商はほとんど訪れず、京局の銭文はここには至らない。乾隆八年に開局鼓鋳以来、兵糧に六万二千串を搭放するほか、余銭の三万串あまりは官局に発して銀に換え、鋳造費用に償還している。民間においては小規模なものが多く、蔵積は少ない。農民の出糶銭文があるが納税にあたっては銀に換えなければならず、余りは日用の需としている。富戸の千石百石単位で米穀を出糶する者も多くは銀で交易している」とある。

(29)『高宗実録』、巻二百八十七、乾隆十二年三月辛亥の戸部議准に見える湖北省での八分重の小銭鋳造の試みが停止されたのは、既存の銅銭流通に混乱をもたらすという理由であり、必ずしも中央通貨当局の規格維持によるものではない。本書第四章であつかう乾隆末年の「小銭」問題に対する対応とは異なるものであった。

(30)『皇朝文献通考』巻十六、銭幣四。

(31)『高宗実録』巻二百三十二、乾隆十年正月辛巳、命直省籌鼓鋳、諭軍機大臣等。

(32) 例えば『宮中檔雍正朝奏摺』第九輯、六六四頁、雍正六年一月二十六日、河南総督田文鏡の奏摺に「宝泉・宝源二局より出で、之を京近畿に散じて各省に至り、各省より各府州県に至り、府州県より大小村庄に至る」という記述が見える。

第三章　乾隆十七〜八年直隷省における銅銭囤積問題

第一章において検討したように乾隆九年前後の清朝の銅銭流通に関する政策は成果をあげることはできず、問題の解決は先送りにされた。一方、銭貴の状況は乾隆十年代になっても継続進行していた。そのような中、乾隆十七〜八（一七五二〜五三）年に事実上乾隆期の銭貴対策の最後となる通貨政策が行われる。以下本章ではその政策過程を分析することにしたい。

乾隆十七年七月十二日、山東布政使李渭は「北省」における銭貴について、「銭文を行使すること日々益々広遠にして、富戸多く銭文を積むの弊、実に底止無きに由るなり」と述べ、銅銭使用の拡大と「富戸」による銅銭の多蔵や死蔵に原因があるとする。なぜ富戸が銅銭を退蔵するかについて、李渭は、同価値の銀よりも量が多くなるため、富戸が盗難を防止できると考えていることによる、とする。そして彼が提案する政策は、銅銭の貯蔵額に五十串という制限を設け、現時点でそれを越える保有銭は官に発出させ、時価による銀との交換を行わせればよい、というものである。郷農富戸の銅銭退蔵の弊害については前章までにおいて見た乾隆九〜十年の事例も含めてすでに問題となっていたが、いずれも主として京師周辺の事態が対象とされた。李渭は、「其の実各省に倶に此の弊有り」として、全省的問題として対応することを政策提言している。[1]この李渭の上奏において興味深いのは、自ら提案した政策の先例として、乾隆三年の掌河南道監察御史明徳の上奏（第一章の史料A―11）についての戸部議覆（史料A―12）を出しているところである。第一章で検討した乾隆九年の京師銭法八条対策のうちの第八条「近京地方囤銭、宜く査禁を厳行すべし」は、同様の富戸の銅銭退蔵対策であるが、この新しい例ではなく、古い例を持ち出していることは興味深い。

さて、この李渭の上奏をうけ、五日後の七月十七日に各省督撫あてに寄信上諭が出される。その内容は、銭貴の状況と富戸の銅銭蔵積の弊害を認めた上で、李渭の銅銭保有制限の案を厳密に行えば混乱を生ずるので、「暁諭」を行うという形で退蔵銅銭を自発的に市場に出させ、従わない場合において官が手段を構ずべきであるとするものであった[2]。ついで上諭をうける形で四川・広西・広東・福建・湖南・貴州・湖北の各省から以下の史料群Cに列記した奏摺が提出された。

○史料群C（『宮中檔乾隆朝奏摺』は『乾隆檔』とする。数字は巻と頁）

1．四川省　乾隆十七年八月二十七日　四川総督策楞（『乾隆檔』三—六九五）
2．広西省　乾隆十七年九月初三日　広西巡撫定長（『乾隆檔』三—七四一）
3．広東省　乾隆十七年九月初五日　阿里衮（両広総督）（『乾隆檔』三—七六四）
4．福建省　乾隆十七年九月十三日　閩浙総督喀爾吉善、福建巡撫陳弘謀（『乾隆檔』三—八二八）
5．湖南省　乾隆十七年九月二十八日　署理湖南巡撫范時綬（『乾隆檔』四—一〇）
6．貴州省　乾隆十七年九月三十日　貴州巡撫開泰（『乾隆檔』四—四一）
7．湖北省　乾隆十七年十一月二十二日　湖広総督永常（『乾隆檔』四—三八三）

これらの奏摺によると、四川省では、巨富の家は無く、蓄銭の戸も少なく、銭価の上下は、成都周辺では銭局の出散、雲南に近いところでは雲南銭の流通の多寡による、とし、銭価も八百八十～九十文、最も貴い時で八百文内外であるとする（史料C―1）。広西省では、富の蓄積手段としての蔵積は否定しつつ、銅銭の価格上昇を意図した富家大戸の囤積行為については懸念を表明している（史料C―2）。広東では、「粤東、向に銭文を用いるに大概紅・黒の小銭多きに居り、僅かに能くこれを境内に行うのみ。故に其の価も亦た尚お甚だしくは貴からず」として、乾隆十年の報告時と同様にここでも広東省は「小銭」の流通を述べる（史料C―3）。湖南省では「湖南の民俗は用銭の者少なく、各典舗のごときは、出入の数一両以下に在る者は間々或いは当銭」とする[3]（史料C―5）。貴州は、銅鉛の産地であり鋳銭局もあり、銭価は高くなく、「漢少夷多」で苗民に蓄積をする家は少なく、毎日の貿易も銀を用い、また塩などに易換する。城市附近の「熟苗」の中には銭文を売買する者がいるが、随売随用で蔵積の弊は無い（史料C―6）。湖北省は「剪邊・京整・鉎孔・砂売」などと呼ばれる「低小銭」が混ぜられて行使されており、また、湖北は交通の便がよいため、外省の人間が搬運行為を行うことを認め、また、一定価格以上の銅銭使用の禁止、船舶の規模による銅銭運搬額制限を行うことをいう（史料C―7）。

以上は、順天府・直隷省以外の各省からの報告であるが、概して、現状における弊害の存在は否定して、北省とは状況が違うことを述べる。その一方で上諭にある富戸の囤積の存在を全く否定するものでもなく、状況の変化に応じて弊害が生ずる可能性を示唆し[4]、地方官を通じて「暁諭」を行う、という、のちに責任を回避しうるような上奏文の内容となっている。このような奏摺を出しておけば間違えない、という型どおりのものといってよいだろう。受け取る方もある程度は織り込み済みではあったろうが、例えば史料C―3の広東省の報告についての乾隆帝の硃批には「此れ辦理に在りて法を得る。而るに又之を行いて久遠にして方めて有益たり。若し文書を奉行するに過ぎざれば、則ちただに益無きのみならず、且つ擾を滋す。深く汝の此を辦ずる能わざるを恐る」と、形式的処理に憂慮を示し、また、史料C―4の福建省の報告は、乾隆十年の対策を徹底させることを言うのみで、何ら新しい状況報告を行ったものではなく、新しい対策を検討したものでもなかったので、硃批において「此れ皆な上を誆《あざむ》く虚文なり。何をか常に実力奉行するや」という叱責を受けている。

しかし順天府と直隷省においては独自の政策展開を見せる。すなわち、上諭の発送から二か月足らず経た九月初五日、舒赫徳・胡宝瑔の上奏が提出され(5)、そこでは順天府における銅銭退蔵の弊害の存在を前提に、上諭に従って「勧論」によって銅銭の保有制限を行い、官に制限外分を提出させ、それを市場に出し、その結果京師においては前月と比較して十数文安い紋銀一両＝大制銭七百七十五文となり、また外州県においても銭価が若干下がり、政策の効果があったことを報告する。

その二日後の九月初七日、この舒赫徳等の上奏をふまえて直隷総督方観承に寄信上諭が出される(6)。その内容は舒赫徳等の順天府における対策は効果をあげているというが、銅銭退蔵の弊害が同様に存在すると見られる他の直隷省属の州県においては、方観承はどのような対策を行っているか報告せよ、というものであった。この上諭は九月初七日のものであるが、実は方観承はこの上諭とは行き違いに、九月初六日に、七月十七日の上諭をうける形で直隷省における銅銭退蔵の対策について報告を行っている(7)。ここで方観承は、

臣伏して査するに、直属富戸積銭の弊、所在多く有り、郷村の富民尤も甚だし。銀色平法、郷愚辨識能う罕きに縁り、一切の行使倶に銭文を以て便と為す。銭質の重は銀に百倍、貯蔵して家に在れば盗竊の虞を免るべし。是を以て凡そ田房の交易・糧食の売買の価数十百両に至るも、一既に銭を用う有り。積累既に多く、或いは地窖の中に潜蔵し、或いは米穀の内に散置し、盈千累万、入有るも出ずる無く、以て国宝漸く多く壅滞するを致し、市価日々増昂を見る。

と、直隷省における銅銭使用の状況を述べ、銅銭退蔵の弊害の存在を認めた上で、その対策について上文以下に続け

て述べる。方観承はやはり上諭をふまえ、制限以上の銅銭の保有を禁止してその額を一百串とし、官あるいは市鎮に自ら赴かせて銀と交換させることを言う。一方でそれに加えてより根本的対策として彼が認識した、銀三十両以内という取引における銅銭使用の制限策を提案している。[8]

乾隆帝と方観承の文書往復をもう少し追ってみよう。上記の方観承の上奏をうけて九月十二日、再び寄信上諭が出される。[9] 九月初六日の方観承の上奏はまだ対策のみを言ったものであり、七月十七日の最初の上諭から二か月を経過しているにもかかわらず、京師や順天府の状況を舒赫徳が報告しているようには直隷省の銭価等の具体的状況が報告されていない。速やかに方観承に命じて九月初六日の奏摺内で方観承が述べた対策の成果について報告させよ、というものであった。ところがその上諭が発せられた同じ十二日に、方観承は九月初七日の上諭をうける形で直隷省の状況に関する上奏を行っており、[10] 再び行き違いとなっている。このあたりは乾隆帝の関心の深さを示すものか。これがもし雍正帝であれば九月初六日の奏摺に直接硃批を加えるところであろう。「別有旨諭」として軍機大臣を通していわゆる寄信上諭を発するという形式は乾隆帝が確立した行政手法の一表現といえるであろう。[11]

さて九月十二日の方観承の奏摺であるが、各属の稟報を参照しながら全般的な銭価の低落を言い、これを政策の成果によるものであると推定している。ただしここでは暁諭による退蔵銭の出易策に限定され、使用制限策の成果についての言及はない。ところでここで順天府の覇州と大城県の稟報により、銅銭退蔵の主体を「荘頭・貢生」としている点に注意したい。後の方観承の奏摺には「生・監・商・民人」とあり、[12] 恐らく特に直隷省において「富戸」というのは具体的にはこれらの階層を指しているとしてよいだろう。[13] 具体的銭価についてであるが、大体八百文以上であるとし、彼の駐在する保定府城（清苑県）においては従来の七百九十文に三十文を加えているという。また稟報をふまえた上であろうが、「近隣水次」地方における客船の銅銭持出しを禁止することをはじめて言っている。

方観承は九月十六日に九月十二日の諭をうける形の形式的な上奏を行った後[14]、十月初五日[15]、十一月初九日[16]、十二月二十日[17]とほぼ一か月毎に直隷省属各州県の出易額を報告している。表3―Ⅰは出易額が明記されている州県について まとめたものであり、額が明記されていない州県も含め図3―Ⅰに示した。表3―Ⅰ、あるいは図3―Ⅰからその傾向をつかむとすれば、まず通州・滄州の呈交数の多さが特徴として挙げられ、また京師に近いほど報告州県数が増える、という点も挙げられる。

各州県から布政使を通じて直隷総督に報告されるという手続をとったであろうこれらの数値は、額面通りには受けとれないものであることは考慮しなければならないが、それぞれの州県にとってこのくらいの数値があってもおかしくない値、とみてもよいだろう。さて、通州の呈交数の多さは、大運河終点で諸物資が集中する通州自体の経済規模の大きさがその要因の一つとして考えられるが、それよりも従来において常に問題となっている漕運船・商船等の販運行為による銅銭需要の大きさが反映しているものと思われる。後に方観承は「通州船艘通行するは、乃ち向来銭貴の時[18]」と言っているが、これはその特別な銅銭需要のあり方を表現するものであろう。滄州について言えば、滄州附近が長蘆塩の産地であることを考えれば塩の問題とかかわりがあることは明らかである。のち翌十八年に長蘆塩政天津総兵官吉慶が、塩商が交塩区内で塩を小売して得た銅銭は、随時売塩州県内において銀に易換させるべきことを請う上奏をしているが[19]、これは当舗と共通した塩商への銅銭の集中のし易さが背景にある。この上奏をふまえた上諭[20]によって状況報告を求められた長蘆塩区以外の塩区の塩法最高責任者たちは吉慶が言うような弊害をほとんど否定しているが、こと長蘆塩区および同じく長蘆塩政の管轄である山東塩区に関しては、塩商に集中した銅銭が高コストの運搬費にかかわらず越境して滄州や天津に販運される状況が現実に存在したと思われる。こうしてみると直隷省において銅銭流通量が多い箇所は、まず京師および清苑県（直隷省治、保定府治）という鋳銭局が存在する所と[21]、通州・天津

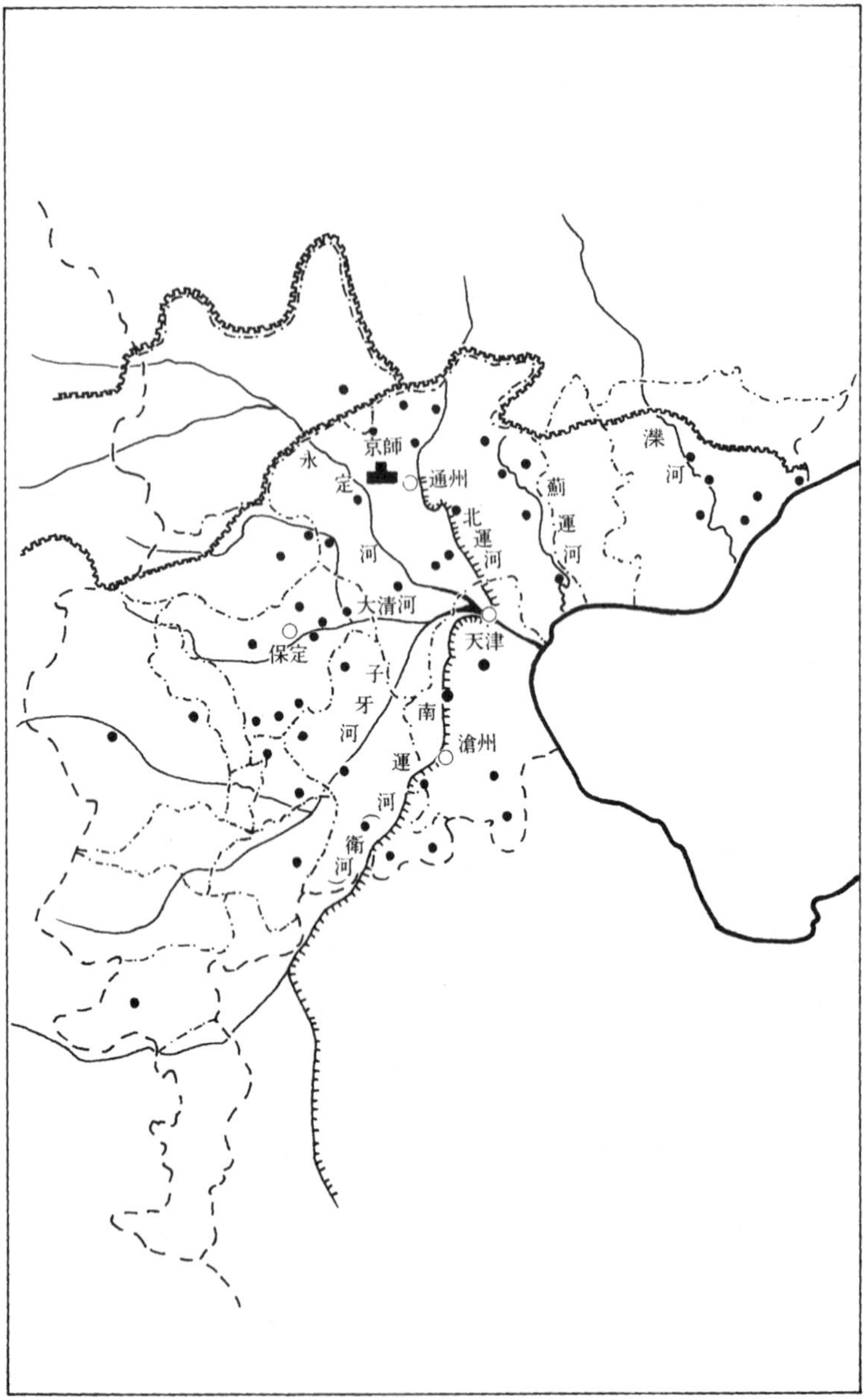

図３―Ｉ　銅銭出易報告地と直隷省河川系

表３—Ⅰ

出易地		出易数(串)	出易地		出易数(串)
順天府			天津府		
通	州	10,790	交	河	800
涿	州	562	景	州	1,500
良	郷	245	呉	橋	1,300
宝	坻	380	寧	津	1,510
香	河	325	天津府		
寧	河	1,980	滄	州	16,550
武	清	370	青	県	2,140
東	安	1,300	静	海	1,200
保定府			塩	山	5,130
祁	州	3,080	南	皮	2,680
完	県	690	慶	雲	883
雄	県	1,430	永平府		
清	苑	1,650	盧	龍	1,875
新	安	1,660	灤	州	3,650
博	野	850	遷	安	1,840
河間府			撫	寧	520
献	県	2,120	昌	黎	1,930
粛	寧	240	樂	亭	1,200
任	邱	1,806	臨	楡	366

（典拠）『宮中檔乾隆朝奏摺』

のような交通の要衝、あるいは滄州附近のような産塩地方が確認できる。産塩地は南運河沿いの交通の発達している地域でもある。特に天津については、元来からの海港・運河の結節点であることにとどまらず、直隷省の現在でいう海河水系の河川、つまり永定河・南北運河・大清河・子牙河等が集中する所でもあり（図3—I参照）、本書第二部（特に第七章）で明らかにするように、この時期整備が進む治水・水利工事により省内水運の結節点ともなり、以後独自の市場として発展していくことに注目したい[22]。

ここまで方観承の奏摺をもとに直隷省の政策展開と状況を見てきたが、比較の為に他省の状況も概観してみよう。年を越して乾隆十八年三月二十七日、方観承は一連の報告の最終版として

臣欽遵して各州県に飭諭して前に照らして疎通を勧諭す。近日民間銭文を将て官に交して易換する者漸次稀少なると雖も、所蔵の旧銭多く已に自ら出售を行う。臣留心体察するに、現在行使銭文の十分中約そ二分に有りては、康熙・雍正の旧銭に係り、其の上に多く斑緑有り、埋蔵より出ずるを知るべし。目下各処市集の銭価銀一両ごとに銭八百三十文より七十文不等に至るに換う。通州船艘通行するは乃ち向来銭貴の時なるも、今銀一両ごとに、仍お銭八百四十文に換う。実に銭価大勢平減の故に因る。

と述べ、一応の政策の成功としての銭価の落ち着きをいう[23]。そしてこの報告をふまえる形で、方観承の一連の奏摺を各省督撫に鈔寄して閲覧させ、銭価が未だ落ち着いていない省にあっては同様の策を講ずべきこと、その地方の制度・状況に照らしてその政策が弊害をまねくようであれば必ずしも行う必要はないことを命じた寄信上諭が三月二十九日に出される[24]。この上諭によって十四省の督撫から続々と奏摺が提出される。以下はその一覧である。

○史料群D（『宮中檔乾隆朝奏摺』は『乾隆檔』とする。数字は巻と頁）

1．山西省　乾隆十八年四月二十八日　署山西巡撫胡宝瑔（『乾隆檔』五―二〇一）
2．山東省（a）　乾隆十八年五月初二日　署山東巡撫楊応琚（『乾隆檔』五―二五二）
3．河南省　乾隆十八年五月初十日　河南巡撫蔣炳（『乾隆檔』五―二九九）
4．江西省　乾隆十八年五月十一日　署両江総督江西巡撫鄂容安（『乾隆檔』五―三二〇）
5．貴州省　乾隆十八年五月十五日　貴州巡撫開泰（『乾隆檔』五―三五六）
6．広東省　乾隆十八年五月十六日　署両広総督班第・広東巡撫蘇昌（『乾隆檔』五―三七二）
7．湖南省　乾隆十八年五月二十六日　署湖南巡撫范時綬（『乾隆檔』五―四六九）
8．湖北省　乾隆十八年五月二十九日　署湖広総督湖北巡撫恒文（『乾隆檔』五―四七一）
9．福建省　乾隆十八年五月二十九日　閩浙総督喀爾吉善・福建巡撫陳弘謀（『乾隆檔』五―五一六）
10．広西省　乾隆十八年七月初四日　署両広総督班第・広西巡撫李錫秦（『乾隆檔』五―六九〇）
11．四川省　乾隆十八年七月十二日　署四川総督黄廷桂（『乾隆檔』五―七三九）
12．江蘇省　乾隆十八年七月十三日　署両江総督鄂容安・江蘇巡撫荘有恭（『乾隆檔』五―七六八）
13．安徽省　乾隆十八年七月十九日　安徽巡撫張師載（『乾隆檔』五―八三七）
14．甘粛省　乾隆十八年八月初七日　甘粛巡撫鄂楽舜（『乾隆檔』六―一〇七）
15．山東省（b）　乾隆十九年三月初七日　山東巡撫楊応琚（『乾隆檔』七―七二一）

これらの奏摺内で各省督撫は、自省における貨幣使用状況を述べる。そこでは例えば「南北風気不同」として「北方」と「南方」の風俗の違いを強調する安徽（史料C―13）、あるいは「花辺番銀」「外番銀銭」の流通をいう広東

（史料C―6）や福建（史料C―9）の沿海地方など様々な貨幣の流通様態が知られる。[25] そのような状況をもとに直隷省における対策にならうべきか否かについて判断している。概して彼らは、自省においては直隷省のような多額取引に際しての銅銭使用は無い、ということを理由に、「直隷省と同じ性格の[26]」銅銭退蔵の弊害を否定する。

しかし山東省と河南省は例外で、例えば河南巡撫蔣炳はその上奏で

臣伏して査するに、豫省の人民耕鑿に安んじ、経営に事うること少なし。其の存積銭文は直隷省の多きにしかざると雖も、郷民銀色戥頭を諳ぜず、用銭を習慣とし、特だに零星買売に概ね銭文を用いるのみならず、即ち田産の価値数百金なるを置売するも亦た多く銭を用い、毎に銭文を将て存積し即ち出易流通せず。（史料C―3）

と述べ、前年七月十七日の上諭に従う形で退蔵銅銭の発出易換の勧諭、さらに銅銭の多額使用の制限（ここでは十両）、その他開封の朱仙鎮・陳州の周家口・光州や固始等の河川に隣接し客商が通過する州県における販運行為の取り締まり等、ほぼ直隷省と同様の対策を講じ、その結果として地域によっては銀一両が九百文に至り、前年と比較すればかなりの銭価の安値を示し、政策の効果が現れていることを報告している。また山東巡撫楊応琚は、前年十七年段階の勧諭策は一時的には効果があり、銭価は八百五十～六十文レベルまで平減したが、例年通常に見られる税糧徴収の際の変動に止まり、停徴の後に再び銭価が上昇したことをいう。さらに「東省富戸積銭の風、究に未だ盡くは息まず」とし、銅銭の使用制限額については「東省民間多く零星交易に係る」という理由で銀二十両以内としているのを除けば直隷省の政策をそのまま採用することを言っている（史料C―2）。その成果については翌乾隆十九年三月に同じく楊応琚の上奏が提出され（史料群C―15）、そこでは全体的な銭価の落ちつきをいい、「現在の銭価、実に十数年来僅見の事」とまで言っている。

政策決定という観点から見ると、本章でみた一連の動きは、李渭という一人の特異な人物によってアジェンダが提

出され、その結果、直隷省および各省において、「銭貴」の状況が継続していることが明らかになったが、逆に言えば、李渭の上奏がなければ、直隷省で方観承が行ったような対策は行われなかった、つまり、銭貴に対しては「非決定」（この場合は争点化を妨害するという決定）が行われていたことを示す。

したがって、これらの各省の奏摺を、方観承のものも含めて現実に行われた政策あるいは政策の成果をふまえたものであると考えることはやや危険を伴うであろう。しかし河南省・山東省が銅銭退蔵の弊害を直隷省と同じ要因にあるものとして報告していることは、その他の省が言う「直隷省とは事情が異なる」という文言を、逆に現実を表現しているものとして浮きたたせる。それでは直隷省の貨幣事情はどういう意味を持ち、また直隷省においていかなる歴史的役割を有していたのであろうか。

乾隆期に限らず、直隷省を含む華北地域においては原来銅銭使用の割合が高い、ということは明代からもすでに認識されている[27]。ここに見た乾隆期の状況もそういった歴史的背景を一定程度有しているのは確かである。そういった貨幣慣行を持つ地域に多量の銅銭が投入されたらどういった現象が起こるであろうか。清朝中央通貨当局としては小額取引の民便のために鋳造した銅銭が、現実には大量の商取引等に用いられる。しかもこれは銀に代わる富の蓄積手段として当該社会に認知されている。元来それほど銀が集まるような生産力や市場ネットワークの背景がない所に消費や投資を生み出すための貨幣流通量が増したことになる[28]。これは十八世紀直隷省の経済に大きな役割を果たしたことになろう。もちろんこの背景にはその貨幣供給量増加が悪性の物価上昇につながらないような好況状態があり、貨幣投入が発展に効果的影響を与える経済状況があったと思われる。それにみあうがごとく、直隷省の人口はやはり当該時期を中心としてかなりの増加を見せる[29]。また清初の戦乱で一旦衰えた商品作物としての木綿栽培の復活の兆しがみえるのは大体この時期からである[30]。

雍正期までにおいては銅供給の不安定性により銅銭の鋳造量にかなりのバラつきがあり、なによりも既存の銅や銅銭を収買するという形で銅銭を供給したので貴金属としての銅の総量は変化せず、広域的な波及効果は少なかった。しかし乾隆初期に確立した雲南銅輸送と供給のシステムが直隷省全体への銅銭供給を保証したとみてよいだろう。

同様なことはおそらく山東省、河南省にも言えるだろう。この時期には山東省においてはそれまでの客商による市場支配から脱し、地方商人が台頭をはじめ、棉布生産等の自立的発展が見られ[31]、従来の交通路としてのみの役割の位置を発展的に脱却したと思われる。山東省には当時鋳銭局は無かったが、その銅銭使用慣行のもと、北京・直隷から禁令をよそに多量の銅銭が大運河沿いにもたらされたことは推定できる。

このような状況が見られた地域はどの範囲まで考えればよいかについては検討を要するが、乾隆十八年の各省督撫の状況報告の中で安徽巡撫が「今安省府州、江北に在る者多しと雖も、民間生計、江南と甚だしくは相遠からず。惟だ鳳・潁両府稍や北方に類するも、然ども素より歉薄の区と称す」（史料C—13）と報じ、また江蘇巡撫は「淮・徐・海三府州市集上、多く銭を用いると雖も、然ども亦た数十千以上に至る者有ること少なし」（史料C—12）と報じているように安徽省では鳳陽府・潁州、江蘇省では淮安府・徐州、海州と、直隷省山東省をややはみ出した地域で直隷等に類似する状況が見られるという。実はこれらの地域全体をあわせると水系で統一された地文的機能地域、すなわち「北部中国大地域」に対応する地域であることがわかる[32]。これは交通便益の問題を考えた場合当然ありうる結果である。とはいえかように広域的な地域を考えるにしても、直隷省のように地域経済を展開せしめるほどの銅銭流通の影響力がもたらされる地域は限られていたであろう。

しかし、直隷省においていくら銅銭が多量使用される状況にあったにせよ、それが銀の流通を前提としなければならないということは確認しておかねばなるまい。銅銭はかなり狭いレベルで異なる慣行を見せるように[33]、独自の貨幣体系を形成しながらも、それ自体銀の貨幣体系の中に含まれる二面性を有するものであった。なによりも「銭価」という表現は銀なくしてはあり得ない。少なくとも本書が対象とした時期には銭価は一面で貨幣として銀との相対価格であったが、それよりも「米穀」「銅」「布帛」などと同様「銅銭」という一商品として価格体系の一部を構成していたと思われる。したがって乾隆の銭貴とは一面で壅滞なき銀流通・銀増加のもとでの当時のゆるやかなインフレーションの中で生じた、銀の価格体系の中における「銅銭の値段」の上昇であったのだろう。[34]それは歴史的条件の中で形成された、地域によって異なる貨幣使用慣行の中で地域的問題としてあらわれる。また銀の流通が様々な要因で滞ってくると、「銭価」は低落するが、銅銭の独自の「貨幣」としての一面が乾隆の多量鋳造、多量流通という初期条件下で暴走を始める。次章で検討する小銭問題等にはこういった背景が考えられる。

第一章・第二章で見た諸政策を含めた乾隆初期の銭貴に対応せんとする通貨政策は、上記のような条件下では対症療法にすぎなかったことは明らかであるが、直隷省地域の経済活動にとっては期せずして正の効果をもたらした。まさしく二千数百年の歴史を有し、その役割を終えつつあった銅銭が、それを単に社会習慣として大量使用していた十八世紀の当該地域の発展を支えていたのは歴史的皮肉である。

註

（1）『宮中檔乾隆朝奏摺』第三輯、三六五頁、乾隆十七年七月十二日、山東布政使李渭奏摺。従二品の布政使は単独で上奏を行う権限を持つが、実際に督撫を超えてこのような政策提議を行う事例は少ない。李渭は直隷省高邑の人。康熙六十年辛丑科進士。館選にはもれ内閣中書に任官する。雍正二年、湖南岳州知府となり外官としての履歴がはじまる。雍正帝は吏治を整飭するために彼が知府に赴任する際に特に密奏する権限を与えた。これは異例のことであったが、のちに雍正帝から「汝は実心辦事の人なり」と評されたように、大きな信任を得ていた。以上を記した『大清畿輔先哲伝』第三十一、賢能伝四、からは、気骨のある人間像が浮かぶ。のち山東塩運使、山東按察使、安徽布政使を経て乾隆十五年から山東布政使、乾隆十九年死去。

(2)『高宗実録』巻四百十九、乾隆十七年七月乙亥、諭軍機大臣等。

(3)『湖南省例成案』巻十三、戸律倉庫、銭法「勧諭富戸不得積聚銭文」は、この時の湖南省内での処理の事案である。同書銭法例のほとんどが辦銅・辦鉛の規定であり、流通に関わる事案はこの一例のみである。

(4) 例えば史料C―5には、「近年以来」の「江楚客民」つまりこの時期の内地から辺境への移住者が銅銭の囤積行為を行う可能性を示唆する。

(5)『宮中檔乾隆朝奏摺』第三輯、七七五頁、乾隆十七年九月初五日、舒赫徳、胡宝瑔奏摺。なお当時舒赫徳は軍機大臣・兵部尚書、胡宝瑔は漢缺の兵部左侍郎であったが、この奏摺については内容の性格から言って前者は兼管していた歩軍統領、後者は同じく兼管していた順天府尹大臣（府尹大臣は府尹とともに漢缺であった）の管轄として出されたものであろう。

(6)『高宗実録』巻四百二十二、乾隆十七年九月甲子、諭。

(7)『宮中檔乾隆朝奏摺』第三輯、七七九頁、乾隆十七年九月初六日、直隷総督方観承奏摺。

(8) 方観承は一般商取引においては牙行のレベルで、土地取引については契税レベルで銅銭使用制限規制を行おうとしている。当時の行政が経済活動にかかわりうる一つの範囲を示しているといえよう。

(9)『高宗実録』巻四百二十二、乾隆十七年九月己巳、諭軍機大臣等。

(10)『宮中檔乾隆朝奏摺』第三輯、八一六頁、乾隆十七年九月十二日、直隷総督方観承奏摺。

(11) 川勝〔2009〕後編第四章「清、乾隆期雲南銅の京運問題」参照。

(12)『宮中檔乾隆朝奏摺』第四輯、七四頁、乾隆十七年十月初五日、直隷総督方観承奏摺。

(13) 山根〔1995〕第二章「明・清初の華北の市集と紳士・豪民」、第三章「明清時代華北市集の牙行」に、明清期の華北市集においては、郷紳や牙行の市場支配が進展していたという指摘がなされている。山根氏は市集の成立過程等にその事例的根拠を提出されているが、より本質的には本章の事例に見えるように、そう誰もが知り得なかったであろう銭価の情報を知り得、またその情報を利用しえた、という情報の独占ということにも要因があるのではなかろうか。そういった意味では牙行の存在も価格情報の独占ということに支えられていたと見ることができよう。なお、荘頭の性格については、村松〔1968〕参照。直隷省の旗地荘頭については不明な点が多く、後考に期したいが、郷紳や牙行と同様、在地の市場において影響力をおよぼしていたことが推測できる。

(14)『宮中檔乾隆朝奏摺』第三輯、八四四頁、乾隆十七年九月十六日、直隷総督方観承奏摺。

(15)『宮中檔乾隆朝奏摺』第四輯、七四頁、乾隆十七年十月初五日、直隷総督観方承奏摺。

(16)『宮中檔乾隆朝奏摺』第四輯、二七四頁、乾隆十七年十一月初九日、直隷総督方観承奏摺。

(17)『宮中檔乾隆朝奏摺』第四輯、六四四頁、乾隆十七年十二月二十日、直隷総督方観承奏摺。

(18)『宮中檔乾隆朝奏摺』第四輯、九一一頁、乾隆十八年三月二十七日、直隷総督方観承奏摺。

(19)『宮中檔乾隆朝奏摺』第五輯、五八七頁、乾隆十八年六月十六日、長蘆塩政天津総兵官吉慶奏摺。

(20)『高宗実録』巻四百四十一、乾隆十八年六月辛丑、諭。

(21)清苑の宝直局は乾隆十年に開局されている。その需要銅の供給を洋銅に求めている点は興味深い。(『皇朝文献通考』巻十六、銭幣四)。

(22)直隷総督は方観承が乾隆十四年に任ぜられた時より正式に直隷河道総督の任務を吸収した。方観承はその河務の才能を評価されており永定河、南北運河、子牙河等の治水・水利工事において多くの業績を残している。直隷省における運輸交通システムは、天津中心として放射状にひろがる水運と、それを横切る陸路というクモの巣状の形態を模式的に想定すればよいだろう。なお永定河については水運の便はない。方観承の治水・水利行政については第二部で検討する。

(23)『宮中檔乾隆朝奏摺』第四輯、九一一頁、乾隆十八年三月二十七日、直隷総督方観承奏摺。

(24)『高宗実録』巻四百三十五、乾隆十八年三月乙酉、諭軍機大臣等。
(25) 既に海上貿易が盛んに行われていた福建省・広東省の沿岸地帯においては、洋銀が明末期から秤量貨幣的に流通していたことが、百瀬〔1980〕二三頁「明代の銀産と外国銀に就いて」によってオランダ人のリンスホーテンの『東方案内記』を引用しながら述べられ、清代に入ってからの洋銀の流通についても、百瀬〔1980〕七一頁「清代に於ける西班牙弗の流通」に詳述され、史料C—6やC—9の記述を裏付けるものである。なお福建については、乾隆二十四年に布政使徳福の詳により、乾隆十七〜十八年の富戸典当の囤積銭文、売塩・売米の銭文、商船の携帯銭文に対する諸対策の再施行が提案され、督撫の批准を受けている。この時の政策の実効性は検証しえないが、布政使による政策提案が省内においてのみ施行される事例である。『福建省例』銭法例「厳禁富戸典舗塩商囤積銭文稽察奸商私収販運出境」。
(26) 直隷省の囤積が農村「富戸」の富保有のための蓄積である、とした上で、投機目的の囤積の弊害については認めている省が多い。
(27) 明、万暦末の謝肇淛『五雑組』巻十二、に「今天下交易通行する所の者は、銭と銀のみ。銭を用いるは貧民に便なり。……京師水衡日々十余万銭を鋳するも、行わる所は北は盧龍に至り南は徳州に至る、方二千余里に過ぎざるのみ」とあり、同じく万暦年間の游日升『臆見匯考』巻四、銭法（武新立編『明清稀見史籍叙録』金陵書画社、一九八三に鈔録）に「我朝に至る迨で、監鋳の官を設け、盗鋳の禁を厳にし、散銭の例を広くし、疎通を欲せずんば非ず、其の法之を薄海に行うと雖も、然ども江淮以北、行処尤も多く、江淮以南、行処漸く少なし」とある。
(28) 直隷省の銅銭流通が当該地域の消費や投資（有効需要）を増やした、という著者の見解について、山本進〔2002〕第九章「清代直隷の棉業と李鴻章の直隷統治」は、北京・天津で殊更銅銭の需要が喚起された、ということを明示的に実証する材料は無い、としているが、多量の雲南銅を行政主体が北京に運んだ事実、その銅によって京局は大量の制銭を鋳造した事実、またその銅銭が永定河の治水工事などにみられるように、大量に民間に投下された事実、もちろんすべて状況証拠ではあるが、これらの事実により、当該地域の通貨量（貴金属総量）が増加し、消費および投資が増加したことについては蓋然性が高いと考えるものである。

(29) 梁〔1980〕によれば明末に四百万人あった人口が、清初二百八十万人に減少し、雍正年間に明末の人口水準に達し、乾隆末には二千三百万人台と明末の五倍あまりまで増加し、その数字で咸豊期まで安定している。また、『宮中檔乾隆朝奏摺』により、乾隆十六年〜二十一年、二十八年〜三十年、三十二年〜三十三年、三十八年、四十二年、四十六年、四十八年、五十二年の直隷省の戸数および口数を明らかにできる。乾隆十六年は、戸数：三〇三万六六二六戸、男大口：四九七万七八三八人、男小口：二五四万八四八九人、女大口：四二九万二六八一人、女小口二二〇万一八四〇人、合計人口は一四〇二万八四八人。乾隆五十二年は、戸数：四四五万九八六二戸、男大口：八二二万八八一九人、男小口：四一七万〇八七六人、女大口：七〇〇万六五四一人、女小口三三八万四一〇五人、合計人口は二二七九万三四一人で、三十六年の間に、およそ一・六倍の増加を見る。一戸あたりの平均口数も四・六人から五・一人に増加している。

(30) 例えば方観承『綿花図』参照。

(31) Mann〔1987〕、山本進〔2002〕第九章参照。

(32) Skinner〔1977〕〔1985〕参照。

(33) 一例を挙げれば、乾隆『永清県志』第十、戸書第二に、毎銭一千一市例少十六枚、俗名底串。永書市易之價、以一銭准六数、号謂永銭……惟習久自能無誤。初至其地、往往患苦之」とある。所謂「短陌」の一例である。本書では論じえなかった銀にも同様の地域的差異は存在する。呉中孚『商賈便覧』巻五「平秤市譜」、「辨銀要譜」等参照。

(34) あくまでも状況証拠にしか過ぎないこの仮説は黒田〔1994〕における銭貴問題の構造的分析の後においては、あまり意味のないものとなったかもしれないが、黒田氏が乾隆後期における銭価の安定について乾隆通宝の大量投下に要因を置き、サイクルとしての経済変動について特に言及はされていないので更に検討の余地がある。

第四章　乾隆末年における小銭問題

第一章、第二章、第三章と、乾隆初期（十年代まで）の銅銭に関わる通貨政策の問題について、あえて通貨を統制する側に足場をおき、官選の史書の源泉ともいえる檔案史料をもとに、もっぱら行政主体の政策動機を分析の軸として検討を進めてきた。

本章では、視点と史料は前章までと同様であるが、時期的には乾隆四〜五十年代の乾隆末年の小銭問題を題材にして政策過程の検討を進め乾隆初期の通貨政策との対比を試みたい。

一．乾隆初期から中期にいたるまでの小銭問題

まず、乾隆末年の小銭問題分析の前提として、乾隆初期から中期にかけての清朝（とりわけ乾隆帝）の小銭に対する態度について、前章までと記述が重なる部分もあるが、概観しておく。

小銭とは、制銭—つまり京師や地方の鋳銭局において清朝が正規に発行した銅銭—以外の品質の悪い銅銭で、その多くは私鋳銭である。私鋳銭はいつの時代にも見られるものであるが、その経済活動全体における位置づけや、政策主体の私鋳銭流通への対応は当然その時代の文脈によって歴史的に異なったものとなる。

乾隆初期においては、第一章から第三章までで明らかにしたように、「銭貴」が行政主体による解決を要する問題、つまりアジェンダとして設定されていた。このアジェンダは皇帝と軍機大臣といった中央の中核的執政集団（political executive）のみならず、広範囲にわたる官僚が認識していたものであり、それゆえにその問題解決のために乾隆十年に至るまで、様々な議論がなされた。その内容についてはすでに第一章で詳述したので、ここではその議論の過程における、小銭に関するいくつかの言説を時代順にひろってみることにする。

乾隆三年に「持論悖謬にして、妄に変乱成法を欲す」として却下された御史稽魯による当十銭鋳造案[1]の中で、稽魯は「銭一文毎に重さ四銭は、小銭の十、現今制銭の五に当たる」としている。つまり当十を現に当時の市場において主たる銅銭として流通していたと思われる小銭を基準にして考えている。この時期の小銭流通に関する現状追認であるといえよう。

乾隆四年の掌京畿道事広東道監察御史鍾衡の上奏には以下のように報告されている。江西省では南昌・九江・臨江・吉安等の府では皆な小銭を用いており、串毎に紋銀八銭六〜七分である。広東省の三水・清遠・番禺・南海等の県の市行では制銭は全くなく、唐宋元明の古銭や無名年号の銭、名付けて古老銭が流通しており、串毎に紋銀八銭五〜六分である。また、湖広で行使される銭文は康熙・雍正・乾隆の大銭をその両端にし、各種の雑色銅斤・砕小軽薄の銅銭を間に束ねて串とし、百文の長さは四寸に満たず、紋銀一両で七百六〜七十文である。また淮安では銭価は紋銀一両で七百七〜八十文であり、百文毎に薄小銭が一〜二十文混じっている[2]。

乾隆十年における、広東省の銅銭流通状況を述べた両広総督那蘇図等の報告には、以下のように記されている。広東省行使の銭文には三種類ある。一つは近年各省が鋳造した大制銭であり名付けて青銭、一つは従前に鋳造された康熙小制銭で名付けて広銭・紅銭、一つは前代の字号の古銭で名付けて黒銭という。近来、江西省が開炉鼓鋳をしたため、その地で使用が禁止された小制銭が大半広東省に入り、また黒銭が多い理由は、交趾において内地の様式に倣って小制銭を鋳造行使しており、瓊州・欽州の各所の商販で交趾に行って貿易をするものは多く銭文を運んで広東に帰る。したがって紅銭と黒銭が市中に溢れ、民間の利用に資している。大制銭は本省は鼓鋳を行っておらず、客商が銅銭を携帯して入境するものも甚だ少ない。雲南広西の制銭は多帯出境の禁令があり沿途の関や津での取り締まりが厳しいため、現在広東で行使されている大制銭は非常に少なく、小銭の十分の一である。また大銭の最も重いものでも八斤に過ぎず、千文毎に銀一両二銭、小銭の最も重いもので五斤に過ぎず、千文毎に易銀一両一銭である。[3]

この那蘇図の報告に対する乾隆帝の硃批は「今制銭の日々貴き所以の者は、行使の処甚だ広きを以てなり。粤東既に各色の銭文行使あり。朕の意、民便に従うを聴すにしかざるのみ。若し必ず定むるに法令を以てし之をして尽く制銭を使わしむれば、反て扞格難行の処あり。即ち京師籌画の銭法も亦た余力を遺さずして総て善策なしと謂うべし。況んや外省をや」というものである。広東における各種銅銭の流通については乾隆元年にさかのぼるが、瓊州総兵李順の廃銭の厳禁を請う奏に対する批に「民間小銭廃銭を行使するは、乃ち地方の相沿陋習なり。若し禁止厳迫すれば則ち其の擾累を受ける者少なからず」とあり[4]、乾隆帝の態度は初年において一貫している。

以上の事例からは、小銭の流通について、それが望ましいことではないとしつつも、画一化を性急に進めようとはせず、制銭不足の情況下では必要悪としてとらえられており、政策課題としてとらえられていないことが容易に見て取れよう。

さて、このような姿勢は、この時期の乾隆帝という皇帝個人の経済活動に対する「交易の事、原より応に民の便を聴すべし。法制禁令を以て之を縄するべき者に非ず。此れ朕の平心静気の論なり[5]」という、民間の経済活動に対する放任的態度ないしは信頼というべきものを基底とするものである。そしてそのような態度は、銅銭に関わる政策の位置づけ、銅銭そのものの位置づけにも反映する。これは乾隆九年から十年にかけての京師銭貴対策の中で表明された諭旨（『乾隆朝上諭檔』第二冊、三三三頁、乾隆十年三月十二日奉旨）に明確に現れている。「銭文の一事は、広く開採をなすを称する者あり、盗銷を厳禁するを称する者あり、銅器を禁用するを称する者あり、その論は一ならず。京師現在稽査辦理するも亦た補偏救弊の一端に過ぎず、終に正本清源の至計に非ず」として、根本策はあり得ないとしているが、これは本章で見る乾隆末年の小銭に対する対応と比較すべき言説である。つづけて、乾隆帝は「朕思うに五金は皆な以て民を利す。銭文を鼓鋳するは、原より以て白金に代えて広く運用し、即ち什物器用を購買するがごときは、其の価値の多寡、原より銀を以て定准と為し、初めより銭価の低昂に在らず。今、基本を探ぜず、惟だ銭を以て適用と為し、其の応に銀を用いるべき所の者、皆な銭を以て代える」と述べ、銅銭が銀の補助的手段であることを表明し、「嗣後官発銀両の処、工部の応に銭文を発すべき者は仍お銭文を用いるの外、其の他の支領銀両は、倶に即ち銀を以て給発し、銭文を復易するを得ざらしめ、民間の日用に至りては、亦た当に銀を以て重と為すべし」として銀の使用を奨励している。

ここで問題としたいのは、乾隆帝の認識の当否ではない。「分厘まで銀を用いる」とされた江南でさえ、銀の流動性の高さを嫌い、銅銭を流動性防止の機能を持つものとして銭使いが多くなるといわれている乾隆十年前後の状況では、乾隆帝の見解は当を得ていないのかもしれない。しかし、その発想の根底にやはり経済活動の実勢を重視するという姿勢があることは確かであると言ってよいであろう。

以下の節においても、このような議論を前提に、乾隆帝の政策意図というものを前面に出した上での議論を展開していきたい。

二．乾隆三十年代の小銭問題

本節では、乾隆中期三十年代の江南を中心とする小銭問題を見る。この時期まとまった史料としてみえるのは、乾隆三十三（一七六八）年十一月以降のものである。

乾隆三十三年十一月十六日の両江総督高晋・江蘇巡撫彰宝・安徽巡撫馮鈐あての寄信上諭[6]が端緒であった。その内容は、「江南や江西等の省では、民間が用いる制銭のなかに、多く周りを削った小銭が混ざっているという。地方官が禁止をしているが、その風潮は止んでいない。匪徒が敢えて制銭をひそかに自ら削り取り溶かしてしまうことは、法紀をおかすことである。時に査出されて罪に問われるものがいるが、それは民間の零星使用に過ぎない。彼らの削りとった銅は別に私銭を鋳造するのではなく器皿に改造するものであるから、売り出すときに必ずその形跡が残るはずである。もし僅かな銅をとかして売ろうとするならば、必ず銅舗のその収買をしようとするものがあるはずである。市井の細民は多くの銅を得られるものではないので、やはりその形跡は追いやすいはずだ」という、銅銭の剪辺の取り締まりを命じたものである。

ここで問題となっているのは、小銭の存在自体ではなく、銭の剪辺と私銷による銅器鋳造の問題である。また、アジェンダを設定したのが、乾隆帝本人であると推測されることが特徴である。

この上諭に対して、報告を要求された高晋（両江総督）・彰宝（江蘇巡撫）・馮鈐（安徽巡撫）・呉紹詩（江西巡撫）は、相継いで奏摺を提出する。十二月初七日、両江総督高晋は、剪辺銭と私鋳銭の弊害の存在を認め、摘発の実績を述べ、上諭に記された乾隆帝の方針を型どおりに賞賛し、それに従うことをいうが、乾隆帝はその部分の上奏文中に「訓諭を経たあとでもまじめにやろうとはしないだろう。おまえに訓諭の前に留心していたことを望むことがあろうか」と硃批によって皮肉りつつ、全体としては「知道了」と処理する。(7)

十二月十六日、江蘇巡撫彰宝(8)は、数名の剪辺容疑者を摘発したこと、剪辺銭と私鋳小銭は牙行に売られ、客貨に支払われる銭文の中に混入させられていること、千文ごとに小銭が二～三百文あり、それにより客商は商品の価格を高くしていること、浙江で米穀を販売した米船の客商から蘇州において剪辺銭と私鋳銭を査出したこと、等を報告した。ここで、興味深いのは乾隆帝のこの奏摺に対する硃批である。乾隆帝は「好。知道了。速やかに緝獲を行い罪を定めよ。此れ剪辯の犯の踪跡すべき無きに比せざるなり」と言っている。剪辯案は、この年の十月に一応の区切りをみてはいたが(9)、乾隆帝にとってはまだ後味の悪さが強く残っていたはずであり、短い硃批ではあるが、乾隆帝が、経済的問題のみならず、社会秩序の問題・官僚制の問題（事件解決ができなかった）としてこの小銭問題をとらえていることを示唆するものである。

また江西巡撫呉紹詩は、私鋳と剪辺についての摘発の実績を述べつつ一般論に終始する。ただ、私銭と剪辺小銭の流通が現にみられることを明言している。(10)浙江巡撫覚羅永徳は検挙の実績を縷々述べるがやはり小銭問題の存在は認める。(11)高晋・彰宝に与えられた「知道了」とは異なり、この二つの奏摺には「別に旨諭有り」の処理がなされ、この問題を継続してあつかうことが方針となった。

まず、翌乾隆三十四年正月十一日に浙江巡撫覚羅永徳に対して寄信上諭が下された。(12)永徳の上奏における、「定例において私鋳銭は十千に及ばざれば罪は発遣に止まる」という部分について、「見る所全然事理を暁にせず」とし（硃批には「此れ何の言や」と記されている）、また、従来私銷の罪は私鋳より重いとしたうえで、私銷の問題を私鋳とすり替えてはいけない、という内容であった。

二月初六日江蘇巡撫署両江総督彰宝は、私鋳摘発の続報をするとともに、銅舗について、江蘇省の銅舗は辦銅した洋銅の市売部分の銅を使用しており、剪辺や私銷による銅を使用してはいない、とする。そのように述べた部分に対し乾隆帝は「此の語、蓋し私銷を開脱せんとして設く。此の如き婦人の仁、豈に能く弊を剔し奸を除かん」と硃批をつけ、私銷が問題であることを再度強調する。(13)

その後、五月二十五日、乾隆帝は、浙江省の小銭事件の犯人に広東人が含まれ、広東から数百串の小銭を浙江に運んで使用しているが、小銭行使の事件が広東省の督撫より報告されないのは何故か。李侍尭（両広総督）・鍾音（広東巡撫）は状況報告をせよ、とする寄信上諭を出す。問題は江南から広東へも波及していった。(14) 六月二十五日、浙江巡撫の覚羅永徳あてにも寄信上諭が下され、広東小銭が浙江に来た経緯などの調査が要求された。(15)

ついで、六月十八日の江南・江西・浙江・広東の各督撫への寄信上諭では、江浙等において、督撫の査禁にかかわらず、小銭行使の風がやまず、特に蘇州において甚だしい。督撫も上諭の告示を張り出すに過ぎず、官民は具文となし、「正本清源の道、究に未だ心を悉して籌画せず」という状況である、としたうえ、対策として以下のような提案をする。銭行舗戸は銭の集まるところであるから、そこを査辦すべきである。ただ、くだんの小銭の官への提出を強制すると、銭行に損害を与えたり、隠匿を助長することになるので、小銭の分量に照らして価を給して収買することを両便であるとする。その際、胥吏の隠匿や流用の弊害を避けるため、収買した銭は鋳銭局がある省城にあっては鋳造炉に入れ、また州県においては公署において銅炉を設置し、溶解することを命じている。(16)

七月十九日、両広総督昭信伯李侍尭は、広東の銅銭流通状況について、千文の内に唐宋元明の古銭が百文、還薄小銭は三〜四十文、広東銭局の発行銭額では兵餉に搭放できるのみで、市場に投下できる余銭は無い、と報告する。ここで李侍尭は、還薄小銭は収買して鋳造し直すことを提議するが、唐宋元明の古銭は査禁を行わないとする。この主張の根拠となっているのは、乾隆二十二年の諭旨における、前代の旧銭については、査禁により銭価の上昇を防止するために民便に任せるという先例である。この時点では乾隆帝は「知道了」とそのまま裁可している[17]。

しかし八月二十九日の李侍尭と鍾音への寄信上諭では、両広総督李侍尭の広東での小銭使用報告内における、千文ごとに唐宋元明の古銭百文が混入され、その行用がひさしく、その査禁をしないことが銭価の高貴をふせぐことだという主張に対し、「辨ずる所、殊に未だ妥協ならず」とし、その根拠として、それらの古銭が実際には前代の名目に借りた私鋳銭であるとし、収買して融解することが、弊害をふせぐ方法だとした。私鋳銭を望ましいこととしないという姿勢が、より明確化されている[18]。

九月二十八日、李侍尭は前奏の非を全面的に認め、旧銭の査禁を講じることとする[19]。李侍尭に特に定見があるわけではなく、その場その場での対応に終始していることが見て取れよう。翌乾隆三十五年七月初二日、李侍尭は、還薄銭と古銭を二十二万二百十三串収買したことを報告している[20]。同年九月二十四日、李侍尭は、収買した小銭から制銭を鋳造するに際して、「銅鉛各半の成規と未だ符さず」という状態であることが報告するが、乾隆帝は制銭鋳造を裁可している[21]。

この年、十一月十七日、河南巡撫に転出した覚羅永徳は、河南にも小銭の流通があることを認めた上で、浙江にならった小銭収買策を行うと上奏[22]。十二月二十日、浙江巡撫富勒渾は、杭州・嘉興・湖州・紹興等の府で銭行舗戸および小民交易の調査を行っているが、小銭行使はない。ただ郷村においては、未だ尽く調査をしていない、と報告する[23]。

乾隆三十六年三月十二日、両江総督高晋・署理江蘇巡撫薩載は、対策を開始して一年以内に三百万斤におよぶ小銭を収買できたこと、小銭行使の風が止んでいることを言い、成果を強調するが、江寧・蘇州・揚州等の処は商賈輻輳の地であり、毎年、端陽・中秋・年底の三節には貿易の舗民が多く集まる。ただ用銀の者は少なく用銭の者が多く、一時に選別できるものではない。また外来の商人が機に乗じて混ぜ使用するかもしれない。端陽・仲秋節後は一か月、年節（正月）後は二か月の期間を与えて小銭を提出させ収買すればよい、と提案した。この奏摺に対しては「且に此の如く行うこと二年にして、看て弊有るや弊無しや、再た詳悉に直陳議奏せよ」と硃批がつけられた。[24]その後、乾隆三十八年七月十一日、乾隆四十年閏十月十九日に報告が行われ、収買額は三十五年：三百三十七万斤、三十六・三十七年：十三万斤、三十八・三十九年：二万斤とされた。[25]

以上、乾隆三十年代の江南を中心とする小銭問題を見てきた。[26]当初は剪辺銭の取り締まりが目的であったものが変化して、小銭を収買して制銭を鋳造するということになったこの政策が、果たして成功したのかどうかの評価は難しい。督撫達の報告を多少なりとも信用するとすれば、一時的な効果はあったのかもしれない。ただし、督撫達は共通して、注意深くではあるが、取り締まりの「キャンペーン」が終われば、また小銭流通が復活することを示唆している。また、銭価については多少の変動はあるが、すでにこの時点では、銭貴の問題は現れていない。

乾隆初年の銭貴問題対応時と比較して明らかに異なるのは、乾隆帝の認識である。「銭文一事」、つまり銅銭の諸問題についての対策が「亦た補偏救弊の一端に過ぎず、終に正本清源の至計に非ず」とした乾隆十年の考え方とは異なり、三十年代においては私鋳を防ぐことが「正本清源之道」と明言されている。そして、乾隆帝が全ての問題の背後に、奸商・奸徒などの表現に代表される、不穏分子の存在を想定している点もその相違点としてあげることができる。問題が江南を中心に顕在化したものであるだけに、乾隆帝の江南に対する警戒感を示すものともいえるかもしれない。

三・乾隆五十年代の小銭問題

(1) 乾隆五十五年

小銭問題が再びキャンペーンとして現れるのは、乾隆五十五年から乾隆六十年にかけてである。発端は乾隆五十五年三月二十一日の署理四川総督孫士毅および甘粛・陝西・湖北・湖南・雲南・貴州の督撫に出された寄信上諭である。「孫士毅の奏摺によれば四川では小銭行使の弊害がある。収買して銅鉛を配当して銅銭を鋳造し易銀して帰款している。現在、低品質の小銭はおおむね収買しているが、なお行使に耐えるものがあったら暫時流通を許す、という」この判断について乾隆帝は「変通の道」として容認する。ただ、「小銭は私鋳によって起こるから、(官の収買をみこして)収買しては私鋳がおこる、という弊害を根絶することはできない。直隷・山東・河南・山西・江南では小銭を夾雑する弊害が無い。四川においてはなぜ小銭が夾雑されるのか。それは四川が銅の集散地であり、奸民は山僻において私鋳を行うからである。よって査察を行え」、というものであった[27]。

ついで三月二十四日に各省督撫に対して寄信上諭が下された。孫士毅は、四川で小銭を混ぜて使用する弊害があり、その小銭を定価にて収買して銷毀して制銭に改鋳することを請うたが、これは既に旨を下して該督には認可している。また近隣各省に命じて一体に査辦を行わせている。先頃、民人呂鳳翔の供述によると、陝西省安康県では小鉄銭を私鋳しているという。陝西にも奸民の私鋳の弊がある。また、浙江の商民は売買に多く破爛の小銭を混ぜて使用しており、その弊は四川と同様であるという。以前から銭法を整頓しようとしているが、近年地方官は具文となし、遂に小銭の充斥を致している。奸民は利を得ようとして制銭を私毀し一文を数文に改鋳している。ただ、このことは長く行われており一時に査禁すれば銭価の騰貴をもたらし、小民の生計に影響をおよぼすから行用に堪えるものは対価を交付する。ことは慎重に行い、奸民の価格つり上げの材料とならないようにせよ。督撫は密に査禁を行え、というものであった。[28]

上記上諭に応じて出された浦霖の奏摺[29]を受け、四月十三日には湖広総督畢沅と湖南巡撫浦霖へ、十四日には各省督撫へ立て続けに二つの寄信上諭が出された。[30]前者は、浦霖に対して、従来の私鋳事件について報告がないのは何故か、また、制銭に品質劣化のものがあるが、これは官が小銭を鋳造しているのではないか、と指摘、直ちに浦霖と湖広総督畢沅に調査を命じたもの。後者は官鋳造の小銭についての査察を全督撫に命じたものである。また、民間の私鋳が根絶されず、官の鋳造が規定通りに行われないならば、該当する省の督撫を治罪する方針が示され、厳しい態度で対応することが明言された。ここでは、各省の銅銭は京局の様式・重量に従うべき事が強調されており、「画一的流通」にこだわる言説は明らかに乾隆初年とは異なるものである。

五月初四日には、署理四川総督孫士毅の奏摺を受けて各省督撫に寄信上諭が下される。この上諭では、成都に八か所の廠を設けて委員を派遣して小銭を収買させ、富戸に厳諭して供出させるという孫士毅による政策が成功し、査出した小銭は大銭に鋳造して発行し、物価も安定した、との報告を非常に高く評価し、各省に孫士毅の奏摺を伝達し周知させることを命じた。[31]乾隆帝は孫士毅の能力に高い信頼を寄せている。そののち半年あまり、特に目立つ動きはなかった。

（2）乾隆五十六年

翌年、乾隆五十六年正月二十五日の両江総督・江蘇巡撫・湖北巡撫・雲南巡撫・貴州巡撫に出された寄信上諭は、江蘇巡撫の長麟の上奏に基づき、摘発した湖北の緞店商人が、宝黔（貴州局）・宝雲（雲南局）・宝源（工部）の満洲文字が書かれた小銭を使用していたことを述べ、江蘇で流通している小銭について雲南・貴州で私鋳されたものが湖広を通じてもたらされていることを推定し、雲貴各督撫による取り締まりを命じる。また、宝源の字が書かれた小銭については奸商が私銷の上、模倣して私鋳したものだ、として、湖広の各督撫に調査が命じられた。この上諭の後半部は、小銭とは直接関わりのない江南での盗匪棍徒の摘発について述べている。これは、「奸民」を取り締まり、それによって「良善を安んじ、地方を靖んずる」、つまり小銭問題が経済上の問題というよりは、治安問題としてとらえられていることを示すものである[32]。

三月十九日の明発上諭[33]、四月初七日の各省督撫への寄信上諭[34]では、小銭取り締まりの強化が示される。前者の上諭では、収買の際に制銭を対価としていることが、その制銭を私銷して、小銭を私鋳するという弊害をよび、また、官員が収買した小銭を横流ししている弊害もある。本来、小銭使用は罪であるが、それを問わずに収買していることはそれだけでも恩典である。以後は、民間所有の小銭はその地方において収買し、その使用の罪は問わないが、大銭を給換する必要はない、として、対価の支払いが中止された。後者の上諭では、地方官局の低品質の制銭が小銭流通の温床となっていることに鑑みて、部式の分両に応じて「画一的」な鋳銭をすることが命ぜられた。ここでも「正本清源之道」という表現が政策の基底にあるものとして用いられている。

五月十六日の明発上諭[35]では、三月十九日の上諭にて定めた、収買の際に大銭を給付しないことについて、そのような処理を行っても、愚民は先延ばしにして私蔵するだろう。各督撫は地方官に転飭して暁諭を出させ、数百文数十文の収買に関しては、大銭の支給を要せず、収買額数十串~数千串におよぶ場合、調査の上私銷私鋳によるのでなければ、大銭を酌給することを許すことにした。このあたりの動きは、乾隆帝の恣意による場当たり的な対応の感が強く、また大方の督撫も、六月初八日の四川総督鄂輝の奏摺に、「もし仍お大銭を給換して収買すれば、誠に聖諭のごとく、更におそらく弊益々弊を滋さん。自から応に限期を立定して飭令して感に赴いて呈繳せしめ、給価収買を須つ無きは、実に正本清源の道なり」[36]とあるように、定見無く乾隆帝の意に追従するような上奏をするのみであった。

（3）乾隆五十七年

その後しばらく小銭に関する上諭は途絶えたが、「キャンペーン」はまだ終了していなかった。乾隆五十七年三月初六日の両江総督と江蘇巡撫あての寄信上諭は、江蘇巡撫長麟が江蘇省の「銀少銭多」により銭価が日々低落していることにより、宝蘇局の鼓鋳を停止しようとする提案[37]について、それを認め、ただ銭価の低落が止まればすぐに鋳造を開始するように命じた。そして、銭価の過低落の原因をやはり私鋳による小銭の流通によるとする認識を示し、小銭流通の現状についての報告を求めている[38]。その翌日初七日の寄信上諭は、小銭問題に関する対応について未報告の福建・甘粛・安徽・河南・山西の各省に対して早期の報告を求めるものであった[39]。

乾隆五十七年九月十九日の各省督撫への寄信上諭は、広西巡撫陳用敷の上奏[40]を議した戸部の判断を認めたものである。内容は収買した小銭を新銭の鼓鋳に用いることにより、雲南銅の採買を停止し、鋳造利益を得て運銅の繁雑を免れようとするものである。乾隆帝はこれを良策とし、何故他省は同様の策を講じようとしないのか、実力遵辦していないのではないか、として各省に報告を求めた[41]。各省の事情に基づいた「因地制宜」という一般的方針が特に崩れたとまでは言えないが、より一律に政策を運用させようとする傾向が見て取れる。

この上諭を受け、各省の報告が提出される(42)。その内容にはほぼ共通の言い方があり、地方の事情により小銭は多い（あるいは少ないが存在する）。小銭は商人が外部から運んできて混ぜて使用する。取り締まりを強化して小銭を収買している。それにより民は禁令を知り、小銭の使用が少なくなった。ただ、時間がたつと政策の効果が薄れていくので、時ならず稽査を進めていきたい、というものである。

（4）乾隆五十八年

乾隆五十七年九月以降の政治過程の一環であるが、乾隆五十八年三月二十一日の署両広総督広東巡撫郭世勳への寄信上諭では、郭世勳による小銭千文の官への提出に対して大銭五十文を与える、という奏請に対して大銭が鎔銷されて私鋳銭の原料となることを憂慮しつつも「辦ずる所、亦た可なり」として認め、小銭収買においての給価はまだ否定されていない。また、同上諭では、収買した銅銭を鎔化して得た銅は、鋳銭局内に死蔵するのではなく、随時鋳銭用の銅に充て、雲南銅の調達の費用を節減すべきことが命ぜられる(43)。

五月二十九日の湖広総督・湖北巡撫・湖南巡撫・江南江西安徽督撫への寄信上諭では、湖北では乾隆五十五年以来三十万九千斤を収買し、宝武局で制銭に改鋳しており、現在民間では小銭は行用できず源源として交換されている、とする巡撫畢沅の報告に対して、乾隆帝はそれだけの小銭を収買してさらに小銭が絶えないのは何故か。その小銭はどこから来ているか、また、収買の期限を延ばすことを奏請しているが、私鋳私販の源泉を断たなければ、奸商は官局が収買するの例を恃み、査出を経ても官局に提出するとして罪をのがれ、地方官の査察が至らなければ制銭に小銭を混入することになる。湖広の小銭は本省の私鋳ではなく、四川・雲貴各省からの私販であり、江南等の下游からの商人が携帯するものではない。湖広は小銭の総匯の区であり方法を設定して禁止しなければならないところである。今、期限延長を奏請するのは、私販小銭の摘発事件があった時の責任逃れのためだろう、としながら、収買の期限を二年延ばすことが認められた。また、江南・江西・安徽の各督撫には九江・蕪湖・龍江・滸墅・北新各関の商船の査察が命ぜられ、一～二十串の者には大銭を給し、百千余串の多きにのぼるものは私販と見なして全数入官することが命ぜられる(44)。

七月初五日の湖南巡撫姜晟による、五十六年六月から五十七年冬までの間、小銭四十四万七百四十斤を収買したとの報告(45)をうけて、八月初四日には雲貴・四川・湖広・江南・江西・浙江の督撫に寄信上諭が出され、収買数が四十万斤に及んだことについて、五月二十九日の上諭の「湖広は小銭総匯の区」という見解を再確認し、厳密なる取り締まりの必要を説き、上游商販の携帯小銭はすべて官が没収することにし、五月二十九日の方針を転換している(46)。

八月十七日の湖広総督畢沅にあてられた寄信上諭は、七月二十日の畢沅の奏摺(47)をうけたもので、畢沅は、湖北は漢口・樊城・沙市等の大鎮が、「百貨雲集して各省の商賈往来の総匯交易の区」であるため、小銭の持ち込みがあり、査察が困難であることを認める。そして、五十五年の収買開始以来の小銭には、明らかな低品質銭の他に、局銭を模した黄色で品質が劣る「黄銭」と、康熙・雍正・乾隆銭文で、形は整っているがやや小さく、青みがかった色をしている「青銭」が流通しており、その実「青銭」は旧日の制銭であることを述べ、これらの黄銭・青銭は市用の来歴が長く、一概に禁止すると問題が生じることをいう。乾隆帝は、特に青銭について、これは皇祖・皇考の年号であり、査禁の理はないと、文中に硃批をつけ、さらに上諭でも、その考えを繰り返している。そして、畢沅は「読書の人」であるのに、何故きちんと調べないのか、とまで述べる(48)。

（5）乾隆五十九年～六十年

乾隆五十九年二月十一日、大学士署四川総督孫士毅への寄信上諭において、孫士毅の収繳小銭の一摺に称する所の価値や折耗が、京城や各省の定例と比較して浮多であること、また三年間の収買数が一千一百万斤（五～六千トン）におよんでいるのは、民間の私鋳によるものではなく、官吏が鼓鋳の際において工費の横領をしているためである、とした戸部の議駁を乾隆帝は是とし、管局官員を厳査して以後の鋳造において、いささかも横領させないようにせよ、と命じた[49]。ここに、官局における私鋳という新たな問題が登場し、一大キャンペーンが展開されることとなる。また、問題とされる地方は四川省に戻る。

四月二十二日の大学士四川総督福康安と署四川総督孫士毅あての寄信上諭は、孫士毅の上奏にある、「四川省の小銭を行用するは由来すでに久し」、「近辺寧遠一帯、崇山峻嶺にして陸路の脚費はなはだ重きに因り、間々或いは尚お小銭を用いる」、「四川省の奸民、私に官銭を鎔化し小銭に改鋳す」、「此より前、初めて小銭を禁ずるに民間頗る顧従せず、議する者必ず攔輿哄鬧の事有るを謂う」などの、下僚の報告をそのまま引き写したような内容について、逐一批判をし、小銭の徹底禁止を命ずるものであった[50]。

乾隆五十九年六月十一日（大学士阿桂・戸部尚書侍郎あて寄信[51]）、六月十二日（大学士阿桂・戸部尚書侍郎あて寄信[52]および雲貴督撫あて寄信[53]および両江総督・江蘇巡撫あて寄信[54]および各省督撫あて寄信[55]の四本）、六月十八日の明発[56]、六月二十日の四川・雲貴・湖広督撫あて寄信[57]、六月二十二日の定親王への寄信[58]と短期間に相次いで出された上諭は、銭価の低落傾向（「京城近日銭価過賤」、雲南では一両二千四百～五百文）の中で、搭放銅銭の銀への切り替え、銀による銅銭の収買、局内の積銭過多を解消するための銭局の鼓鋳停止や鼓鋳額の減少により、小銭問題を解決せんとするものであった。鋳銭停止の提議は、湖広総督畢沅よりなされており（六月十八日の上諭）、また、地方銭局での官による小銭私鋳の弊害も依然として指摘されている。「朕が思うに、富商大賈のごときは資本殷実で、たとえ小銭の私鋳を迫られたとしても、彼らは身家が惜しいので、断じて禁令を犯そうとは思わない。遊惰の小民で衣食に不足があるものが僻所において私に炉を設けて溶かし、幾ばくかを得るだけで、その余は肩にかけて歩き売りするに過ぎず、その数はさらに少ない。どうして小銭が日々多くなり、甚だしくは他省に流行しているのだろうか。その理由は思うに各省の銭局鼓鋳の際において不肖の局員が官銭を私に規格よりも小さく鋳造することを行い、額外に小銭を私鋳して私腹を肥やしている」、「雲貴・四川はもともと産銅産鉛の地であり、銅鉛の入手はたやすく、湖広の漢口地方は雲貴・四川の総匯で奸民が雑処しており、私販・私鋳の諸弊は叢生している。そのような中で小銭を公然と行用しており、これを各省と比較すると倍である」（いずれも六月二十一日上諭）以上のような判断により、雲南・貴州、および四川省の銭局の鋳銭は「永遠停止」すべきことが乾隆帝の判断として示され、各省にも通諭された。その後の各省はおおむね停鋳を議し、この年地方銭局の停鋳が決定されることとなった。このことに関連して、九月初七日の旨において、停鋳後の匠役を地方官衙門の水火夫として雇用し、生活に困窮して私鋳に走ることがないようすべきだという江西巡撫陳淮の提議[59]について、各省に倣照することを命じている[60]。

ついで、乾隆五十九年九月二十日の各省督撫への寄信上諭において、すでに戸部の奏請を経て、小銭を収買するに当たって、給価を許さず、一年を期限としてすることが各省に通知されている。これは小銭収買に銀を給価すると、小民が利に走り、小銭を私鋳することをおそれたものであるが、「今思うに民間日用や商賈の貿易においては、存留小銭は必要な資本である。もし対価を与えないならば、蔵匿して提出しないおそれがあり、小銭が浄化されない。各省に命じ、戸部の議のごとく対価を与えなくて弊害がないならばそれでよいが、もし弊があれば、十分の一～二の対価を与えることは辦理の一方法である。各督撫は状況を報告せよ」とした[61]。

乾隆五十九年十一月初四日に湖広総督と江蘇巡撫あてに寄信上諭が出された。これは十月十七日の江蘇巡撫奇豊額の奏摺[62]を受けたもので、小銭販売人を逮捕した長洲県と事件を処理した奇豊額に嘉賞したもの。小銭は漢口から運搬したものであった。乾隆帝は、「現在邪教の案犯についてはおもうにすでに処理が終わっている」から、福寧に漢口鎮での販売犯の取り調べをし、厳重な処分をすることを命じた[63]。いわゆる白蓮教の反乱への言及は、小銭に関する上諭のなかで、時に見られるようになっていくが、事件の地理的共通性や、乾隆帝の主観における問題の共通性認識をかいま見ることができるものである[64]。翌日初五日の直隷総督および各省督撫への寄信上諭は、直隷総督梁肯堂の奏摺[65]をうけたもので、さきの九月二十日の上諭にあるように小銭収買時に対価をはらわないことが示されたが、直隷では収買数が少ないので、官員の捐廉によって対価をあたえるという上奏について、乾隆帝は一般官員ではなく、銭局官員に捐廉させせよと命ずる一方、あらためて各省に給価の必要性を諮問したものであった[66]。

十一月十一日の山西巡撫および鼓鋳をしている各省督撫あての寄信上諭は、太原府同知などが常に銭局に赴いて鋳蔵された銅銭を布政使衙門に送って検査し、時には巡撫も検査をすることがあるという山西巡撫蔣兆奎の報告[67]について、信じることができないと表明し、虚偽であると断じている。山西巡撫が京師に送達した局銭も粗造であり、山西でも官による小銭鋳造が見られるから、該巡撫に命じて厳しく監督させ、また鋳局のある督撫に通知して、実力稽査すればどうしてこのような事態に陥ることがあろうか、というものであった[68]。

十一月十四日の各省督撫あての寄信上諭では、小銭収買に関して対価を与えるべきではない、といった湖南巡撫姜晟、また山西巡撫蔣兆奎の主張については、「辦ずるところ是なり」として、両者の努力を評価し、各督撫に彼らのように給価無しで収買するか、或いは変通すべきかを報告するように命じた[69]。

十一月二十六日の上諭は、長蘆塩政徵瑞が、天津関において小銭収繳の局を設けて小銭を収買しているという報告[70]を受けて、全国の各関もこれにならって収繳局を設け、弊害の源泉を絶つことを命じた。[71]

翌乾隆六十年二月初九日の旨では、各省の小銭収買の状況が画一ではないことにより、戸部の議論を経て、一斤につき給価六十文を京城及び各省に一体に遵行することがいわれている。[72]

乾隆六十年十月十三日各省督撫あての寄信上諭[73]は、収買した小銭の管理について、各省に諮問したもの。おおむね全省から報告があり、各省は収買した小銭は鎔化して銅にして、省城の布政使庫に集め、厳重に管理している。小銭の流通は治まったが、外部から商人が運んでくるものがあるので、厳重に取り締まりを継続していきたい、という紋切り型の回答をするのみであった。

乾隆六十年十月三十日の明発上諭は、京師および各省の銭価低落の原因が小銭の充斥であるという認識を繰り返した後、京師において収買や使用禁止の対策を講じてもさらに銭価が低落しているのは小銭が根絶されていないからだ、としたうえ、主として地方官の職務怠慢を指摘するものとなっている。「奉行力めず、日久しくして懈を生ず」、「視て具文となし査禁を告示するを出すに過ぎず」、「該督撫の奏する所の現私鋳無きの処も、亦た諸を空言に託するに係る」、「惟だ一奏を以て事を了える」、等々、地方官への不信を表現する言説が溢れるものである。[74]乾隆帝の官僚に対する不信は、皮肉にも当を得たものであろう。地方官は現実問題として、小銭に対しては根本策（そのような政策があるとすればであるが）は講じえず、とにかく乾隆帝の指示通りにその場しのぎの対応をするしかなかった。

翌嘉慶元年、停止されていた各省の鼓鋳が再開される。嘉慶帝に譲位して太上皇帝となった乾隆帝は、四月に勅諭を発し、「雲・貴・楚・蜀」の「小銭の淵藪」の地方官に実力稽査を命じる。[75]嘉慶帝も十月初三日、鋳銭局の不正鋳造と奸民の私鋳を取り締まり、小銭の弊害の源を途絶することを命ずる上諭を出す。[76]ここに至り、六年間以上断続的に続いていた乾隆末年小銭問題対策のキャンペーンはとりあえず一段落する。

以上見たように、小銭は特定の時期に市場の問題として問題化するのではなく、まさに「小銭問題」として乾隆帝の意志によって政治的に表面化させられた、と考えた方がよさそうである。表面化させられることにより、上諭・奏摺の史料が増える。つまり、史料の数と問題それ自体の大きさは必ずしも連関していない。そういう意味で、「良貨が悪貨を駆逐した[77]」ことが本当にあったかは疑わしい。

＊　＊　＊

本章であつかった乾隆末年小銭問題の檔案史料群は、数量から言えば、乾隆初年銭貴問題の史料と比較して数倍するものである（表4―I参照）。しかし、内容的には非常に乏しいものであるといわざるをえない。乾隆帝の方針を追認するだけ、ないしは先例によって事務的に問題を処理するだけであったと要約できる。実はこういった傾向は、ことと小銭問題のみの問題ではなく、全般的傾向としていえるもので、あくまでも印象論であり、立証の根拠をすぐに提示できるものではないが、乾隆後半期の奏摺は、読んでも余り面白いものではなくなっている。このことについては、大方次のような背景を描くことができる。

乾隆十六年の孫嘉淦偽奏稿事件を経て、すでに乾隆帝は「手負いの虎」となっていた、という評価もある[78]。乾隆三十三年の割辮案によりさらに反清勢力の根深さに気づかされたかもしれない。おりしも、三十年代には劉統勲・尹継善・舒赫徳・方観承など、父雍正帝の影を引きずることない乾隆初期の有能な腹心たちが、相次いで死去した。適切なアジェンダセッティングができる官僚がいなくなったといってよい。『四庫全書』の編纂事業の口火が切られたのは乾隆三十七年、そして、かの和珅が軍機大臣となるのが、乾隆四十年。その後乾隆帝はシステム的対応をする君主ではなく、気まぐれな独裁君主となり、督撫をはじめ臣下達はその奏摺においては、誰もが認めざるを得ない地方的状況を強調しつつも、乾隆帝に阿諛するのみであった。

小銭問題の一連のキャンペーンにおいて、乾隆帝はその背後に何を見ていたのだろうか。乾隆三十年代にその源流を発し、乾隆五十九年の大弾圧を契機として大反乱に発展した、小銭問題の舞台でもあった湖広・四川省を中心とした白蓮教の乱が同時進行していたことに典型的であるが、乾隆帝の体制への危機感が背景にあった、と考えられる。幾度とない改革を経て、清朝の中国統治のシステムは洗練され体系化された。その体現が嘉慶『大清会典事例』である。しかし、その輝かしい成果とは裏腹に、十六〜十七世紀からの世界史のグローバルな展開の中で、中国社会は既に一君主が全てをコントロールできる規模ではなく、「社会」も既に君主への自発的呼応をやめていた。

註

（1）『高宗実録』巻七十四、乾隆三年八月乙酉。
（2）『硃批奏摺』一―三〇―〇〇一、乾隆四年十月十六日、掌京畿道事広東道監察御史鍾衡奏摺。第一章史料A―27。
（3）『硃批奏摺』一―三五―〇二九、乾隆十年四月二十日、両広総督那蘇図等奏摺。第二章史料B―8。
（4）『硃批奏摺』一―二六―〇三四、乾隆元年三月二十八日、両広総督鄂彌達・広東巡撫楊永斌奏摺。
（5）『硃批奏摺』一―三六―〇二三、江西道監察御史李慎修奏摺。奏摺原本には日付はないが、実録の日付および軍機処副録奏摺の奉旨の日付は三月二十七日。
（6）『乾隆朝上諭檔』第五冊、六〇三頁、乾隆三十三年十一月十六日奉上諭。
（7）『史料旬刊』「査禁制銭剪辺私鋳案」、乾隆三十三年十二月初七日、太子太傅内大臣両江総督高晋奏摺。
（8）『硃批奏摺』一―六九―〇三四、乾隆三十三年十二月十六日、江蘇巡撫彰宝奏摺。
（9）キューン〔1990〕参照。

(10)『硃批奏摺』一二六九—〇三五、乾隆三十三年十二月二十一日、江西巡撫呉紹詩奏摺。
(11)『硃批奏摺』一二六九—〇三六、乾隆三十三年十二月二十六日、浙江巡撫覚羅永徳奏摺。なお、次註正月十一日の上諭で「所見全然不暁事理」とされた部分には、「此何言也」と文中硃批が記されている。次註上諭には乾隆帝自身の意志が前面に出ていると解釈してよいだろう。
(12)『乾隆朝上諭檔』第五冊、六七五頁、乾隆三十四年正月十一日奉上諭。永徳への寄信上諭。
(13)『硃批奏摺』一二七〇—一〇〇七、乾隆三十四年二月初六日、江蘇巡撫彰宝奏摺。
(14)『乾隆朝上諭檔』第五冊、七八九頁（二〇九四）、乾隆三十四年五月二十五日奉上諭。
(15)『乾隆朝上諭檔』第五冊、七八九頁（二〇九五）、乾隆三十四年六月二十五日奉上諭。
(16)『乾隆朝上諭檔』第五冊、八一八頁、乾隆三十四年六月十八日奉上諭。
(17)『硃批奏摺』一二七一—〇三三、乾隆三十四年七月十九日、両広総督昭信伯李侍尭、広東巡撫鍾音奏摺。
(18)『乾隆朝上諭檔』第五冊、八七七頁、乾隆三十四年八月二十九日奉上諭。
(19)『硃批奏摺』一二七二—〇二五、乾隆三十四年九月二十八日、両広総督李侍尭奏摺。
(20)『硃批奏摺』一二七六—〇一〇、乾隆三十五年七月初二日、両広総督李侍尭・広東巡撫徳保奏摺。
(21)『硃批奏摺』一二七七—〇〇九、乾隆三十五年九月二十四日、両広総督李侍尭・広東巡撫徳保奏摺。
(22)『硃批奏摺』一二七七—〇四一、乾隆三十五年十一月十七日、河南巡撫永徳奏摺。
(23)『硃批奏摺』一二七八—〇一八、乾隆三十五年十二月二十日、浙江巡撫富勒渾奏摺。
(24)『硃批奏摺』一二七九—〇一一、乾隆三十六年三月十二日、両江総督高晋・署理江蘇巡撫薩載奏摺。
(25)『硃批奏摺』一二八九—〇二九、乾隆三十八年七月十一日、両江総督高晋等奏摺。『硃批奏摺』一二九七—〇一三、乾隆四十年閏十月十九日、両江総督高晋等奏摺。
(26)江南以外では、『硃批奏摺』乾隆三十七年正月二十二日、（盛京工部侍郎）雅徳博・（奉天府尹）卿額が奉天における小銭流通の事実上の黙認を請うて、「知道了」の硃批を得ている。

(27)『乾隆朝上諭檔』第十五冊、五四五頁、乾隆五十五年三月二十一日奉上諭。

(28)『乾隆朝上諭檔』第十五冊、五五三頁、乾隆五十五年三月二十四日奉上諭。

(29)『硃批諭旨』一三二六―〇一五、乾隆五十五年四月初四日、湖南巡撫浦霖奏摺。

(30)『乾隆朝上諭檔』第十五冊、五九二頁、乾隆五十五年四月十三日奉上諭。同、第十五冊、五九三頁、乾隆五十五年四月十四日奉上諭。

(31)『乾隆朝上諭檔』第十五冊、六四七頁、乾隆五十五年三月二十四日奉上諭。なおこの上諭を受けた各省の報告のうち、特色の在る内容としては、福建の番銀の行用（『硃批奏摺』一三二七―〇二六、乾隆五十五年六月初十日、閩浙総督覚羅伍拉奏摺）、山東の当舗による収買において、小銭十文を大銭五文で当舗に収買させ、官が小銭十文を大銭六文で収買する、という政策（『硃批奏摺』一三二八―〇一二、乾隆五十五年七月二十八日、山東巡撫長麟奏摺）などである。

(32)『乾隆朝上諭檔』第十六冊、乾隆五十六年正月二十五日奉上諭。

(33)『乾隆朝上諭檔』第十六冊、二一〇頁、乾隆五十六年三月十九日内閣奉上諭。この上諭は『硃批奏摺』一三三一―〇〇七、乾隆五十六年二月初六日、雲南巡撫譚尚忠奏摺、をうけたもの。

(34)『乾隆朝上諭檔』第十六冊、二三六頁、乾隆五十六年四月初七日奉上諭。この上諭は『硃批奏摺』一三三一―〇一七、乾隆五十六年二月二十五日、雲南巡撫譚尚忠奏摺、をうけたもの。

(35)『乾隆朝上諭檔』第十六冊、二九一頁、乾隆五十六年五月十六日奉上諭。

(36)『硃批奏摺』一三三一―〇三七、乾隆五十六年六月初八日、四川総督鄂輝奏摺。収買給価を部分的に認めた五月十六日の上諭の後のものであるが、四川にはまだ廷寄が届いていなかったようで、引用部分に乾隆帝の「後に又た旨有り」との硃批がある。

(37)『硃批奏摺』一三三六―〇一六、乾隆五十六年十月初四日、江蘇巡撫覚羅長麟奏摺。

（38）『乾隆朝上諭檔』第十六冊、七〇五頁、乾隆五十七年三月初六日奉上諭。

（39）『乾隆朝上諭檔』第十六冊、七〇六頁、乾隆五十七年三月初七日奉上諭。この上諭に従った、安徽省（『硃批奏摺』一三三五―〇二〇、乾隆五十七年三月十九日、安徽巡撫朱珪奏摺）、山西省（『硃批奏摺』一三三五―〇二七、乾隆五十七年四月十五日、山西巡撫馮光熊奏摺、河南省（『高宗実録』巻一三九九、乾隆五十七年三月庚寅河南巡撫穆和蘭奏）、甘粛省（『高宗実録』巻一四〇〇、乾隆五十七年三月、陝甘総督勒保覆奏）の上奏が確認できる。

（40）『硃批奏摺』一三三六―〇二七、乾隆五十七年七月初十日、広西巡撫陳用敷奏摺。

（41）『乾隆朝上諭檔』第十七冊、三六頁、乾隆五十七年九月十九日奉上諭。

（42）直隷・乾隆五十七年九月二十八日、直隷総督梁肯堂（『硃批奏摺』一三三七―〇一二）
山東・乾隆五十七年十月初六日、山東巡撫吉慶（『硃批奏摺』一三三七―〇一五）
山西・乾隆五十七年十月初十日、山西巡撫長麟（『硃批奏摺』一三三七―〇一七）
安徽・乾隆五十七年十月十九日、安徽巡撫朱珪（『硃批奏摺』一三三七―〇二四）
甘粛・乾隆五十七年十月二十五日、陝甘総督勒保（『硃批奏摺』一三三七―〇二六）
河南・乾隆五十七年十月二十七日、河南巡撫穆和蘭（『硃批奏摺』一三三七―〇二七）
江西・乾隆五十七年十一月初一日、江西巡撫陳淮（『硃批奏摺』一三三七―〇二八）
江蘇・乾隆五十七年十一月十三日、両江総督書麟（『硃批奏摺』一三三七―〇三六）
湖北・乾隆五十七年十一月二十日、湖広総督畢沅（『硃批奏摺』一三三七―〇三九）
湖南・乾隆五十七年十一月二十六日、湖南巡撫姜晟（『硃批奏摺』一三三七―〇四三）
浙江・乾隆五十七年十二月初二日、浙江巡撫福崧（『硃批奏摺』一三三八―〇〇一）
陝西・乾隆五十七年十二月初四日、陝西巡撫秦承恩（『硃批奏摺』一三三八―〇〇二）
貴州・乾隆五十八年正月初九日、貴州巡撫馮光熊（『硃批奏摺』一三三八―〇一一）

広東・乾隆五十八年二月十三日、広東巡撫郭世勲（『硃批奏摺』一三三八―〇二二）

(43)『乾隆朝上諭檔』第十七冊、二七一頁、乾隆五十八年三月二十一日奉上諭。

(44)『乾隆朝上諭檔』第十七冊、三八二頁、乾隆五十八年五月二十九日奉上諭。

(45)『硃批奏摺』一三四〇―〇〇一、乾隆五十八年七月初五日、湖南巡撫姜晟奏摺。

(46)『乾隆朝上諭檔』第十七冊、四九三頁、乾隆五十八年八月初四日奉上諭。

(47)『硃批奏摺』一三四〇―〇一一、乾隆五十八年七月二十日、湖広総督畢沅奏摺。

(48)『乾隆朝上諭檔』第十七冊、五一一頁、乾隆五十八年八月十七日奉上諭。乾隆帝から「読書の人」とされた畢沅は乾隆二十五年庚辰科の状元。

(49)『乾隆朝上諭檔』第十七冊、七三一頁、乾隆五十九年二月十一日奉上諭。

(50)『乾隆朝上諭檔』第十七冊、八三八頁、乾隆五十九年四月二十二日奉上諭。

(51)『乾隆朝上諭檔』第十七冊、九五四頁、乾隆五十九年六月十一日奉上諭。乾隆末年、字寄の発信元は基本的に阿桂（武英殿大学士・軍機大臣）と和珅（文華殿大学士・軍機大臣）の連名であるが、時折和珅単独になることがある。

(52)『乾隆朝上諭檔』第十七冊、九五七頁（二一五五）、乾隆五十九年六月十二日奉上諭。

(53)『乾隆朝上諭檔』第十七冊、九五七頁（二一五六）、乾隆五十九年六月十二日奉上諭。

(54)『乾隆朝上諭檔』第十七冊、九五九頁、乾隆五十九年六月十二日奉上諭。

(55)『乾隆朝上諭檔』第十七冊、九六〇頁、乾隆五十九年六月十二日奉上諭。

(56)『乾隆朝上諭檔』第十七冊、九七一頁、乾隆五十九年六月十八日内閣奉上諭。

(57)『乾隆朝上諭檔』第十七冊、九七六頁、乾隆五十九年六月二十日奉上諭。

(58)『乾隆朝上諭檔』第十七冊、九八〇頁、乾隆五十九年六月二十二日奉上諭。定親王綿恩は乾隆帝の長子永璜の子。当時歩軍統領を署理していた。

(59)『硃批奏摺』一三四四—〇〇六、乾隆五十九年七月十三日、江西巡撫陳淮奏摺。
(60)『乾隆朝上諭檔』第十八冊、一九三頁、乾隆五十九年九月初七日内閣奉旨。
(61)『乾隆朝上諭檔』第十八冊、二二二頁、乾隆五十九年九月二十日奉上諭。
(62)『硃批奏摺』一三四五—〇二八、乾隆五十九年十月十七日、江蘇巡撫奇豊額奏摺。
(63)『乾隆朝上諭檔』第十八冊、三二三頁、乾隆五十九年十一月初四日奉上諭。
(64)山田〔1995〕一六三頁、における事実関係の要約によれば、嘉慶白蓮教反乱の源流は乾隆三十年代にさかのぼり、乾隆五十九年の官の大弾圧に端を発する。小銭私鋳に反乱勢力が関わっていたか否かについては、それを証明できる史料は未だ見いだせない。
(65)『硃批奏摺』一三四五—〇四〇、乾隆五十九年十一月初三日、直隷総督梁肯堂奏摺。
(66)『乾隆朝上諭檔』第十八冊、三一三頁、乾隆五十九年十一月初五日奉上諭。
(67)『硃批奏摺』一三四五—〇三四、乾隆五十九年十月二十一日、山西巡撫蔣兆奎奏摺。
(68)『乾隆朝上諭檔』第十八冊、三一三頁、乾隆五十九年十一月初五日奉上諭。
(69)『乾隆朝上諭檔』第十八冊、三二四頁、乾隆五十九年十一月十四日奉上諭。
(70)『硃批奏摺』一三四六—〇二一、乾隆五十九年十一月二十四日長蘆塩政徴瑞奏摺。
(71)『乾隆朝上諭檔』第十八冊、三四九頁、乾隆五十九年十一月二十六日（軍機大臣）奉上諭。
(72)『乾隆朝上諭檔』第十八冊、四六四頁、乾隆六十年二月初九日奉旨。
(73)『乾隆朝上諭檔』第十八冊、八二五頁、乾隆六十年十月十三日奉上諭。
(74)『乾隆朝上諭檔』第十八冊、八六四頁、乾隆六十年十月三十日内閣奉上諭。
(75)『高宗実録』巻千四百九十四、嘉慶元年四月癸卯、勅諭。
(76)『仁宗実録』巻十、嘉慶元年十月乙亥、諭軍機大臣等。

（77）黒田〔2001〕。
（78）木下〔1996〕一九二～一九九頁、参照。木下氏も述べているように、この孫嘉淦偽奏稿事件ののち、文字の獄の事案が増加する。

表４－Ｉ　乾隆後期小銭関連史料一覧（上諭・奏摺）

年—月—日	官　　職	姓　名
33—11—15	皇帝	弘暦
33—12—07	両江総督	高晋
33—12—16	江蘇巡撫	彰宝
33—12—21	江西巡撫	呉紹詩
33—12—26	浙江巡撫	覚羅永徳
34—01—11	皇帝	弘暦
34—02—06	江蘇巡撫兼署両江総督	彰宝
34—05—25	皇帝	弘暦
34—06—18	皇帝	弘暦
34—07—06	浙江巡撫	覚羅永徳
34—07—06	浙江巡撫	覚羅永徳
34—07—15	太子太傅内大臣両江総督	高晋
34—07—19	両広総督・広東巡撫	李侍堯・鍾音
34—07—28	江西巡撫	呉紹詩
34—08—29	皇帝	弘暦
34—09—11	両広総督	李侍堯
34—09—12	浙江巡撫	覚羅永徳
34—09—19	浙江巡撫	覚羅永徳
34—09—22	太子太傅内大臣両江総督	覚羅永徳
34—09—28	両江総督	李侍堯
34—09—28	陞任刑部尚書江西巡撫	呉紹詩
34—10—13	安徽巡撫	富尼漢
34—12—22	安徽巡撫	胡文伯
35—02—18	江西巡撫	海明
35—06—01	内大臣両広総督統理河務	高晋
35—07—02	両広総督・広東巡撫	李侍堯・徳保
35—08—22	広西巡撫	陳輝祖
35—09—24	両広総督昭明伯・広東巡撫	李侍堯
35—11—17	河南巡撫	覚羅永徳
35—12—20	浙江巡撫	富勒渾
35—12—23	江南巡撫	海明
36—03—12	両広総督・署理江蘇巡撫	高晋・薩載
36—11—06	新授湖北巡撫広西巡撫	陳輝祖
36—12—03	江西巡撫	海明
37—01—11	直隷総督	周元理
37—01—15	湖北巡撫	陳輝祖
37—01—22	盛京工部侍郎・奉天府尹	雅徳・博卿額

37—01—24	署理江蘇巡撫	薩載
37—01—26	広西巡撫	覚羅永徳
37—02—06	護理貴州巡撫印務布政使	覚羅図思徳
37—02—15	両広総督・広東巡撫	李侍堯・徳保
37—04—26	両江総督・江蘇巡撫	高晋・薩載
37—05—07	安徽巡撫	裴宗錫
37—07—06	内大臣大学士仍留任両江総督	高晋
37—07—11	大学士管両江総督・江蘇巡撫	高晋・薩載
40—01—18	広東巡撫	徳保
40—04—16	陝西巡撫	畢沅
40—04—17	兵科給事中	陳孝泳
40—閏10—19	大学士管両江総督・江蘇巡撫	高晋・薩載
41—03—14	江西巡撫	海成
41—05—28	刑部尚書・戸部尚書	英廉・袁守侗
41—05—28	皇帝	弘暦
55—03—21	皇帝	弘暦
55—03—24	皇帝	弘暦
55—04—04	湖南巡撫	浦霖
55—04—13	皇帝	弘暦
55—04—14	皇帝	弘暦
55—04—18	湖広総督・湖北巡撫	畢沅・恵齢
55—04—18	河南巡撫	穆和藺
55—04—19	浙江巡撫	覚羅琅玕
55—04—20	雲貴総督・雲南巡撫	富綱・譚尚忠
55—04—24	湖南巡撫	浦霖
55—04—24	貴州巡撫	額勒春
55—04—28	江西巡撫	何裕城
55—05—04	皇帝	弘暦
55—05—05	両広総督・広東巡撫	福康安・郭世勲
55—05—18	湖広総督・湖北巡撫	畢沅・恵齢
55—05—24	直隷総督	梁肯堂
55—05—26	陝西巡撫	秦承恩
55—06—02	陝甘総督	勒保
55—06—10	閩浙総督	覚羅伍拉納
55—06—18	湖南巡撫	浦霖
55—06—28	護理江西巡撫印務布政使	託倫
55—07—18	雲貴総督兼署雲南巡撫	富綱
55—07—28	山東巡撫	覚羅長麟
55—07—28	護理広西巡撫印務布政使	英善

55―10―29	江蘇巡撫	福崧
55―12―28	湖広総督・湖北巡撫	畢沅・福寧
56―01―19	四川総督	鄂輝
56―01―25	皇帝	弘暦
56―02―06	雲南巡撫	譚尚忠
56―02―19	貴州巡撫	額勒春
56―02―20	署江西巡撫	姚棻
56―02―25	雲南巡撫	譚尚忠
56―03―19	皇帝	弘暦
56―04―07	皇帝	弘暦
56―04―14	直隷総督	梁肯堂
56―04―25	山西巡撫革職留任	書麟
56―05―09	河南巡撫	穆和蘭
56―05―13	四川総督	鄂輝
56―05―18	護理湖南巡撫布政使	王懿徳
56―05―24	署江西巡撫	姚棻
56―06―08	四川総督	鄂輝
56―06―17	陝西巡撫	秦承恩
56―06―20	貴州巡撫	額勒春
56―07―23	山東巡撫	恵齢
56―10―04	江蘇巡撫	覚羅長麟
57―02―24	陝西巡撫	秦承恩
57―03―07	皇帝	弘暦
57―03―08	皇帝	弘暦
57―03―19	安徽巡撫	朱珪
57―04―15	山西巡撫	馮光熊
57―07―10	広西巡撫	陳用敷
57―09―19	皇帝	弘暦
57―09―28	直隷総督	梁肯堂
57―10―06	山東巡撫	覚羅吉慶
57―10―10	山西巡撫	覚羅長麟
57―10―19	安徽巡撫	朱珪
57―10―25	陝甘総督	勒保
57―10―27	河南巡撫	穆和蘭
57―11―01	江西巡撫	陳淮
57―11―02	戸部左侍郎兼管銭法事務	松筠等
57―11―13	両江総督・江蘇巡撫	書麟・奇豊額
57―11―20	湖広総督・湖北巡撫	畢沅・福寧
57―11―26	湖南巡撫	姜晟

57—12—02	浙江巡撫	福崧
57—12—04	陜西巡撫	秦承恩
58—01—09	貴州巡撫	馮光熊
58—03—20	皇帝	弘暦
58—05—29	皇帝	弘暦
58—06—10	淮安関監督	董椿
58—07—05	湖南巡撫	姜晟
58—07—20	湖広総督	畢沅
58—07—27	四川総督	恵齢
58—08—04	皇帝	弘暦
58—08—16	皇帝	弘暦
58年期日不明	江寧織造	同徳
58年期日不明	四川総督	恵齢
58年期日不明	四川総督	恵齢
59—02—11	皇帝	弘暦
59—04—22	皇帝	弘暦
59—06—11	皇帝	弘暦
59—06—12	皇帝	弘暦
59—06—18	皇帝	弘暦
59—06—22	皇帝	弘暦
59—06—29	署理歩軍統領	綿恩等
59—07—02	両江総督・江蘇巡撫	書麟・奇豊額
59—07—02	山西巡撫	蔣兆奎
59—07—03	護理安徽巡撫布政使	周樽
59—07—04	調任安徽巡撫	陳用敷
59—07—08	直隷総督	梁肯堂
59—07—10	四川総督	福康安
59—07—13	江西巡撫	陳淮
59—07—14	陜甘総督	勒保
59—07—18	盛京将軍	琳寧・宜興・福保
59—07—22	閩浙総督・福建巡撫	覚羅伍拉納・浦霖
59—07—23	陜西巡撫	秦承恩
59—07—24	湖南巡撫	姜晟
59—07—25	浙江巡撫	覚羅吉慶
59—08—10	皇帝	弘暦
59—08—16	皇帝	弘暦
59—08—18	皇帝	弘暦
59—08—20	湖広総督・湖北巡撫	畢沅・恵齢
59—09—04	皇帝	弘暦

59—09—04	皇帝	弘暦
59—09—05	浙江巡撫	覚羅吉慶
59—09—07	皇帝	弘暦
59—09—09	江寧将軍	永慶
59—09—10	皇帝	弘暦
59—09—11	皇帝	弘暦
59—09—20	直隷総督	梁肯堂
59—09—20	皇帝	弘暦
59—09—24	皇帝	弘暦
59—09—30	湖南巡撫	姜晟
59—10—02	皇帝	弘暦
59—10—09	雲貴総督	福康安
59—10—09	雲貴総督	福康安
59—10—17	江蘇巡撫	奇豊額
59—10—18	皇帝	弘暦
59—10—18	皇帝	弘暦
59—10—19	皇帝	弘暦
59—10—19	湖南巡撫	姜晟
59—10—21	浙江巡撫	覚羅吉慶
59—10—21	山西巡撫	蔣兆奎
59—10—22	陝甘総督	勒保
59—10—22	皇帝	弘暦
59—10—24	江西巡撫	陳淮
59—10—26	皇帝	弘暦
59—11—04	署理湖北巡撫	恵齢
59—11—04	山西巡撫	蔣兆奎
59—11—04	署理湖北巡撫	恵齢
59—11—04	皇帝	弘暦
59—11—04	皇帝	弘暦
59—11—07	浙江巡撫	覚羅吉慶
59—11—08	両広総督・広東巡撫	覚羅長麟・朱珪
59—11—08	雲貴総督	福康安
59—11—08	署広西巡撫	姚棻
59—11—08	雲貴総督	福康安
59—11—10	暫署両江総督	蘇凌阿
59—11—11	皇帝	弘暦
59—11—14	皇帝	弘暦
59—11—15	署両広総督	姚棻
59—11—20	閩浙総督・福建巡撫	覚羅伍拉納・浦霖

59—11—21	江蘇巡撫	奇豊額
59—11—21	江蘇巡撫	奇豊額
59—11—22	皇帝	弘暦
59—11—23	陝西巡撫	秦承恩
59—11—24	長蘆塩政	徴瑞
59—11—26	皇帝	弘暦
59—11—27	雲貴総督	福康安
59—11—27	山東巡撫	畢沅
59—11—27	雲貴総督	福康安
59—11—27	雲貴総督	福康安
59—11—27	皇帝	弘暦
59—12—02	皇帝	弘暦
59—12—06	皇帝	弘暦
59—12—07	淮安関監督	盛住
59—12—09	江寧織造	劉樸
59—12—10	雲貴総督	福康安
59—12—17	陝甘総督	勒保
59—12—18	皇帝	弘暦
59—12—21	署広西巡撫	姚棻
59—12—99	貴州巡撫	馮光熊
60—01—06	倉場侍郎	劉秉恬
60—01—09	淮安関監督	盛住
60—01—16	新授湖広総督山東巡撫	畢沅
60—01—26	管理鳳陽関税務盧鳳道	刁玉成
60—01—28	蘇州織造	五徳
60—01—29	両広総督・広東巡撫	覚羅長麟・朱珪
60—02—03	粤海関監督	舒璽
60—02—09	皇帝	弘暦
60—02—20	山東巡撫	玉徳
60—閏2—03	山西巡撫	蔣兆奎
60—閏2—26	山西巡撫	蔣兆奎
60—05—12	署理湖北巡撫	恵齢
60—05—14	山東巡撫	玉徳
60—06—26	護理河南巡撫布政使	呉璥
60—10—13	皇帝	弘暦
60—10—22	直隷総督	梁肯堂
60—10—25	皇帝	弘暦
60—10—25	山東巡撫	玉徳
60—10—28	江西巡撫	陳淮

60—10—30	皇帝	弘暦
60—11—02	皇帝	弘暦
60—11—05	山西巡撫	蔣兆奎
60—11—06	広西巡撫	成林
60—11—06	護理安徽巡撫江蘇布政使	張誠基
60—11—09	兵部尚書兼署両広総督	朱珪
60—11—18	浙江巡撫	覚羅吉慶
60—11—18	暫署両江総督・江蘇巡撫	蘇凌阿・費淳
60—11—20	江西巡撫	陳淮
60—11—20	湖南巡撫	姜晟
60—11—22	長蘆塩政	方維甸
60—11—24	河南巡撫	景安
60—11—24	陝西巡撫	秦承恩
60—11—29	皇帝	弘暦
60—11—29	蘇州織造	徵瑞
60—12—12	雲南巡撫	江蘭
60—12—26	貴州巡撫	馮光熊
60年期日不明	雲南巡撫	江蘭
60年期日不明	雲南巡撫	江蘭

（備考）官職欄に皇帝とあるものは上諭（『乾隆朝上諭檔』）。その他はすべて中国第一歴史檔案館蔵『硃批奏摺』の奏摺。

小結（第一部）

第一部は乾隆期の銅銭に関わる通貨政策を主題として分析した。まず、章ごとに明らかにしたことを要約し、その後に第一部の総括をしたい。

第一章は、雍正年間から乾隆初年における「銭貴」の状況下、乾隆九（一七四四）年において施行された「京師銭法八条」を銅銭の流通に関わろうとする清朝政府の通貨政策における一つの画期であると位置づけた上で、この政策に至る過程と政策の結果を明らかにした。まず一節では、乾隆帝即位直後から乾隆九年前後に至る官僚たちの様々な銭貴をめぐる議論についてその内容を分類した。二節では、実際に施行された京師銭法八条の成果および施行停止に至る経緯とその原因について分析した。

そして以下のことを明らかにした。乾隆初期の通貨政策やそれに関する諸官僚の提議は、兵丁や小民の日常の便のため、八旗兵丁の生計を維持するため[1]、あるいは民間日用のため、という発想で行われた政策であることが少なくとも言説の上では読みとれる。その目的のためであれば、各地方銭局が京局と異規格の制銭を鋳造することも、銅の統制を各地で独自に行うことも選択枝として容認する素地があった。また一時的にせよ私鋳銭をも含めた小銭の流通でさえも容認し、極端に言えば最低の線は銅素材を用いた制銭鋳造そのものはやめない、というものであった。財政上の役割がすでに稀少になったこの時代に至ってもやはり「国宝」であり、陳腐な表現ではあるが王朝にとって鋳造し続けなければならなかったものであったのである。その結果、相当のコストをかけて銅・鉛を西南から運び、少なからざる作用を当時の市場に与えた。

乾隆九年の京師銭法八条は、当時の行政官僚制度が行いうる技術の最大の線で、銅と銅銭の流通をコントロールしようという試みであったが、清朝は所期の効果を挙げていないと判断した段階で非常に迅速に政策を撤回し、政策の継続に拘泥しようとはしなかった。乾隆帝は銀の使用を奨励すべきとしながらも、「交易の事、原より応に民の便を聴すべく、法制禁令を以て之を縄すべき者に非ざるは、此れ朕の平心静気の論なり」と述べ、民間の経済活動への信頼を表明する。だが、皮肉なことに、官僚たちのある意味でみせた、「経世」への接近を図ろうとする真剣な議論と柔軟な対応、皇帝の民間の慣行への信頼が、おそらくは、ある種の公共性を生じさせることになり、「銀を使え」という乾隆帝の意図に反する形で、民間社会は「制銭」に対する信任を高めていったのではないだろうか。

第二章では、京師での銭法八条の一時的な成果をもとに、外省においてこの政策をとりおこなうか否かについて各省督撫に諮問された結果、各督撫がいかなる報告を行ったかについて分析し、以下のことを明らかにした。1・総じて各省の言説は、京師における対策を自省においてそのまま適用するわけにはいかないことを強調している。例外は平糶時に得た銅銭を官価平売するという対策である。2・各省督撫の報告が各省の実態を本当に示しているのかどうかは別として、これらの言動が各省統治上正論として通用する。3・各省督撫の上奏についての乾隆帝の硃批を総括すると、銅銭問題に関しては、地域差と各省における政策の相違を明らかに是認する姿勢が見える。4・清朝は制銭の画一規格「供給」には一応こだわりながらも、一方で小銭等の流通は少なくともこの時点では必要悪としている。

第三章は乾隆十七年から十八年にかけて行われた、銅銭の囤積問題に関わる通貨政策について分析した。明らかにしたのは以下の三点である。1・乾隆十七〜八年、京師・直隷省において銭貴鎮静のために銅銭使用と保有の制限という対策を行い、一時的な効果をあげた。2・清朝はその銭貴対策を地方で実施すべきか否かを各省督撫に諮問するが、山東・河南以外の各省は京師・直隷の銭貴対策を「北省」特有の問題であるとし、おおむね実施すべきでないとする。またそれを乾隆帝を中心とする中央は是認する。3・この背景には乾隆初期、直隷省を中心とした北省ではかなりの高額の商取引・土地取引においても銅銭を使う慣行が存在し、その範囲は河南省、山東省、江蘇省北部、安徽省北部に及び、これはスキナーのいう「北部中国」大地域にほぼ相当する。

第四章では、乾隆三十年代から末年に至り乾隆帝自らが政策課題（アジェンダ）として取り上げた小銭問題をあつかった。乾隆初期にも、各官僚の上奏文のなかには「国宝」「銭法」の問題が「国体」「政体」に関わると述べているものはある。しかしそれは多くは修辞上の文句であり、また当の清朝中枢も体制問題を正面から取り上げることはなかった。乾隆初期の銭貴の問題はたとえそれが改善すべき問題であったとしても、体制の危機とストレートに結びつくことは無かったのである。しかし、乾隆末年の小銭収買問題は経済的問題と同時に体制の危機を背景にした政治的な問題としての要素が極めて強かった。

第一部で扱った貨幣という素材は一般的には「経済」（economy）に関わるとされる事象である。しかし、ここでは経済的事象そのものについては分析の対象の中心とはせず、当時の視点において不可解な現象、従来の知識や経験では対処できない事態に右往左往する政策当事者たちの議論と対応を描いた。貨幣の問題は、経済領域以外の多岐な領域にまたがるものであり、全体として当時の政策決定過程や行政手法というもののあり方が如実に表現できたのではないかと考える。

しかし、既に民間による自立的な市場の動きは、既存の伝統官僚制の体制と当時のテクノロジーにおいては特定のチャンネルでしか制御できないものになっていたことが、一連の政策過程からみてとれよう。特定のチャンネルとは、銅銭の場合には宋代等と比較して財政との接点が若干の折銭納税等に限られてしまっているためか意外に少なく、極端に言えば制銭の鋳造と搭放のみであり、律に規定のある私鋳でさえ体系的網羅的な査察や摘発が行われていたとは言えない。伝統的手法より一歩踏み込む可能性をも有していた、銅銭市場そのものへの介入の試みであった乾隆九年の京師銭法八条対策は効果的な運用ができず失敗に終わったが、米穀の場合は制度的な穀物備蓄政策との関わりで制御のチャンネルが多く、政策の選択肢の幅も大きい。唯一八条対策の中では八旗米局の売米銭文についての対策が運用できたのもこの銭文についてはかなりの程度制御しえたからであろう。しかし、社会の隅々まで制御の力を行使させるのは、十八世紀中国という歴史的文脈の中では困難であり、「政策」を出力する政治体系（清朝統治機構）の限界であった。

当時の官僚の視点から見れば経済が長期波動あるいは不可視の構造に規定されている、という認識は稀薄で、なにかしら人為的な不都合によって様々な弊害が起こる、よってそれを政治的制度的に解決すれば理想的な状態に近づくであろう、というのが皇帝や官僚たちの基本的な発想であっただろう。「治人は治水の如し」とは乾隆帝の絶賛を得た史貽直の言葉(2)であるが、黄河治水・永定河治水のように極限に整備された官僚制をもってしても自然の力を制御できなかったように、「人」の「市場」における諸活動の総体である経済も予測不可能であり、対症療法（補偏救弊）以外には打つ手は無かったのである。

では「銭貴」の原因は何であったのか。銅銭は独自の貨幣体系を形成しつつ、「銭価」という表現に見えるように銀の貨幣体系の中の一商品（主要生産地は京師）であるというアンビバレントな性格を有するものであり、乾隆の銭貴とは壅滞なき銀流通・銀増加のもとでの当時のゆるやかなインフレーションの中で生じた、銀の価格体系の中における「銅銭の値段」の上昇であったのではないか。この二十年前の見解について、黒田氏の乾隆銭貴の構造的説明の論理性を十分に認めた上で、なお撤回しうる有力な反証を自らは得ていない[3]。インフレと統治権力信任の中での需要増大による銭不足という当時の史料にも見える単純な観察からもう一度出発する必要があるのではなかろうか。

最後に、第一部で検討した諸問題を、序論において提示した明清期帝政中国の南北問題のなかで改めて考え直し、第二部の考察のための見通しを提示したい。

京師の宝泉局・宝源局は文字どおり国宝である制銭の泉源であるはずであった。しかし比喩をつかって表現すればそれは原料を（雲南等から）強力なポンプ（整備された銅鉛の京運制度）によって吸い上げなければ維持できないものであり、第一章で湖北省鋳銭局設置論の事例を挙げたように経済的地理的実勢に従えば武昌（漢口）の銭局、あるいは洋銅の供給がある蘇州の銭局が「自然」に湧き出る銭の泉源であったであろう。しかし清朝による南北の物流システムが正常に機能していた場合は、このズレは体制に関わる問題とはならず、逆に漢口や蘇州の銅市場を活性化し、また北部中国から見れば、たとえ制銭が私銷によって融解されたとしても、富戸の土蔵に蓄積されたとしても、運送費を官が肩代わりした上で貴金属としての銅という形で富が北方に蓄積され、それが未成熟な段階であったとしても北部中国大地域の経済の展開を支えるという結果にもつながったのではないだろうか。このような見通しをたてた上で、以下第二部においては直隷省の水利・治水問題について検討してみたいと思う。

註

（1）上田裕之〔2009〕はこの点を特に強調する。

（2）第一章の史料A―3。

（3）　岸本美緒氏は、黒田〔1994〕への書評（『名古屋大学東洋史研究報告』一九、一九九五）において、黒田氏が中華帝国的経済構造の完成をもたらしたとする乾隆年間の諸政策は、数十年単位の経済波動の一局面の産物ではないか、としており、上田信〔1996〕の第六章「十八世紀の物質流」、はさらに具体的にそのサイクルの局面を描写している。

第二部　清代直隷省における治水・水利政策

はじめに

第二部では清代直隷省における治水・水利の問題を分析する。

第五章の課題は、帝政中国の南北構造の中で明清期の畿輔水利論が、時代によっていかなる様相をみせるかということを歴史的に分析することである。対象とする時期は明末十六世紀から道光期十九世紀という広いスパンをとる。叙述はまず清朝の全般的な危機意識のなかであらわれた道光期の議論を概観した後、明末にさかのぼり、順次時代を下らせて清代乾隆期にいたる水利事業の分析を行う。したがって観測の定点は、流動的ながらも道光期においたものとなる。

第六章では、直隷省における重要河川で、特に清朝中期以降において重点的に整備が進められた永定河の治水に関する諸問題を分析の対象とする。

第七章では、永定河と同様、清朝中期に整備が進められ、交通路としても重要な意味を持つ子牙河の治水について分析する。

第五章では序論において述べた課題のうちの後期帝政中国における南北問題が、第六・七章では後期帝政中国における中央と地方の問題がより重点的な論点となるが、当然のことながらこの二つの問題は三つの章全体に深く関わる。

さて、本来水利・治水問題を論ずる場合には、その生態的、社会的、経済的環境あるいは経済組織と技術生態の関係等[1]、考慮すべき問題は多いが、本書においては政策的・行政的な視点、いわば「上からの視点」における分析を主としたものとなる。したがって、政策推移の型、行政の手続き、行政文書の流れ、等が強調される。明清期の水利については、特に江南を中心にして賦役制度との関連の中で論じられており、多くの業績があるが[2]、北部中国地域の水利についての研究はやはり少ない[3]。明清期において直隷を中心とする北部中国地域がいかなる政治的・経済的展開を遂げたかという課題についてもあわせて分析を進めていきたい。

清代における治水・水利に関する研究については森田明氏が多くの業績を残しており[4]、その中で直隷省の水利問題については、雍正期の怡親王等による水利営田政策および清末の李鴻章等の洋務派官僚による営田政策についてあわせ論じた研究があり、直隷地域の地理的条件あるいは畿輔水学の系譜をふまえた上で詳細に検討されている[5]。この森田氏の論考では「南糧北調体制」という概念がキーワードとなっている。この概念は本書の、南北問題の枠組みとも関連するが、森田氏はこの構造を固定的に考えている。森田氏の論ずるがごとく「南糧北調体制を発展的に解消させること」が清朝の時代を通じての政策課題であるとは考えにくい。南糧北調体制の解消による華北自給論[6]というような議論は明末・清末の王朝の危機の状況の中であらわれたものと考えたほうがよく、この理解は本書における南北問題の枠組みの中に包摂される。

以下、具体的な分析の中で、新しい解釈を試みてみたいと思う。

註

（1）斯波〔1988〕前編の二。また、中国における水利・治水問題を論ずる場合には、ウィットフォーゲルの「水力社会論」（ウィットフォーゲル〔1957〕）が容易に想起されるだろう。改めて論ずるまでもなく、農耕社会における灌漑の必要性、その灌漑のための堤防・運河を維持するための協同の必要性、協同の為には指導が必要であり、その権威への服従が専制主義・全体的奴隷化を生む、という主張である。ウィットフォーゲルは中国においては特に「華北」に注目しており、また本書で検討対象となる行政の担い手である官僚制の分析にかなりの比重をおいている。また、地理的自然的要因と社会的要因の複合的理解には評価すべき点がある。湯浅〔1984〕〔2007〕はこの理論を単なる「地理的決定論」であるとして批判するのは不適当であるとしている。

（2）川勝〔1980〕の第十二章、濱島〔1982〕の第一部、等。なお以上の業績の中で水利政策の評価の分岐点となっている、それが構想のみを述べたものなのか、成否はともかく実体が伴っていたものなのかについては、本書においては原則として前者を「水利論」、後者を「水利事業」と表記して区別した。

（3）森田〔1990〕第二部第四章「清代畿輔地域の水利営田政策」参照。特に本書第五章においては具体的政策過程の叙述において、この森田著書に負うところが非常に大きい。

（4）森田〔1974〕〔1990〕〔2002〕。清代の黄河治水に関する研究には松田〔1986〕、宮嵜〔1996〕等がある。また、明代の黄河治水に関しては谷〔1991〕があり、本書第六章でも触れた潘季馴の治水策について、また治水特有の用語について等、多くの点で示唆を受けた。

（5）註（3）前掲森田論考。

（6）この華北自給論は現実的には不可能な空論に近く、明末万暦期の徐貞明の場合の営田の成果であるとされる三万九千畝や、雍正期の営田による一時的な成果である八十万畝では、年間六百万石といわれる漕運米に匹敵する生産は土台無理な話しであり、またこの地域での収穫物が主として雑穀であることを考えると華北はおろか北京一都市でさえ支えることは不可能であろう。小田〔1988〕によれば、該地域の一畝当たりの平均収穫量は乾隆年間で豊作時は七～八斗、凶作時は三～四斗で平均五～六斗、光緒年間に至っても同様であった。

第五章　畿輔水利論の位相

一・議論の発端

一・一　治水・水利行政の概観

畿輔水利に関する具体的問題を検討する前に、直隷省の治水・水利行政の制度的側面をまず概観し、以下の叙述のガイドラインとしたいと思う。制度の概観である関係上静態的な記述にならざるを得ないが、その動態的変化については以下の節において現実の政策過程を分析するなかでその都度言及していく。

直隷省における河川に関する政策は基本的には河川の維持管理つまり治水が中心であり、これは洪水に対応する防災事業として位置づけられるものである。さらに直隷省では灌漑を行い、そこに特に水稲栽培を目的とした耕作地を開拓する営田事業が時により行われる。その際、既にある河川による灌漑だけではなく新たな水源（井戸や泉）の利用も行われ、行政が資金や労働力を組織することもある。防災・営田のいずれの場合にせよ、当時の中国社会の基盤である農業生産をいかに維持するかということが行政の直接の目的であることは他の地域の水利政策と同様である。

この治水・水利行政を管理するにあたり、統治権力は他の行政と同様に官僚制の体系を準備する。清初においては、明と同様直隷地域は六部に直隷していたので、治水・水利工事の管轄は工部の都水清吏司であったが、実際には州県官クラスあるいは民間が個々に対応していた。康熙後半になると直隷省の治水・水利は中央の体系的な行政の対象となり、永定河治水においては恒常的に管轄の官員が配置された。具体的には工部の分司が置かれ全分工を管轄し、各分工には中央から派遣された筆帖式クラスの官員が配された。（具体的には次章で明らかにする）

雍正期に入り直隷が行省として位置づけられる過程において、雍正八年に直隷河道総督（総河）および副総河が直隷総督と併置され、この地域の治水を管轄した（図5―I参照）。工部の分司は廃止され総河の下には永定河道等の治水専門の道員が置かれ業務を遂行した。当初は現地における河道担当官は州県の行政系統とは独立したものであったが、雍正期から乾隆期にかけて州県の通判や県丞などの次官クラスに位置づけられるようになる。さらに直隷河道総督が乾隆十四年に廃止され、直隷総督が河道総督を兼ねるようになった。したがって、通常の行政系統と同様に直隷総督の元に治水・水利の業務が一本化される形となった。直隷総督・直隷河道総督とも河務に適したとみなされる特定の官僚（河臣）が起用される傾向が強い。また河務は利権に絡みやすい業務であり特に乾隆末以降その腐敗は甚だしいものになったが、少なくとも雍正から乾隆中期にかけて総督レベルの瀆職は少ない。

通常時の体制は以上の通りであるが、災害発生時のような非常時においては中央の六部尚書侍郎クラスの高官が派遣され、直隷総督と協同で治水・水利行政が施行される。清朝にかぎらず中国の官僚は体制上、行政施行者であると同時に政策決定者でもある。治水・水利政策の方向性は皇帝・軍機大臣・大学士・尚書・総督・巡撫クラスにおいて決定されるが、新たな問題提起は御史や給事中から自由になされ、またそれが重要な意味を持つ事例が多い。通常時はもちろん災害発生時のような非常時においてもその行政の遂行過程には一つの「型」のようなものがあり、以下の

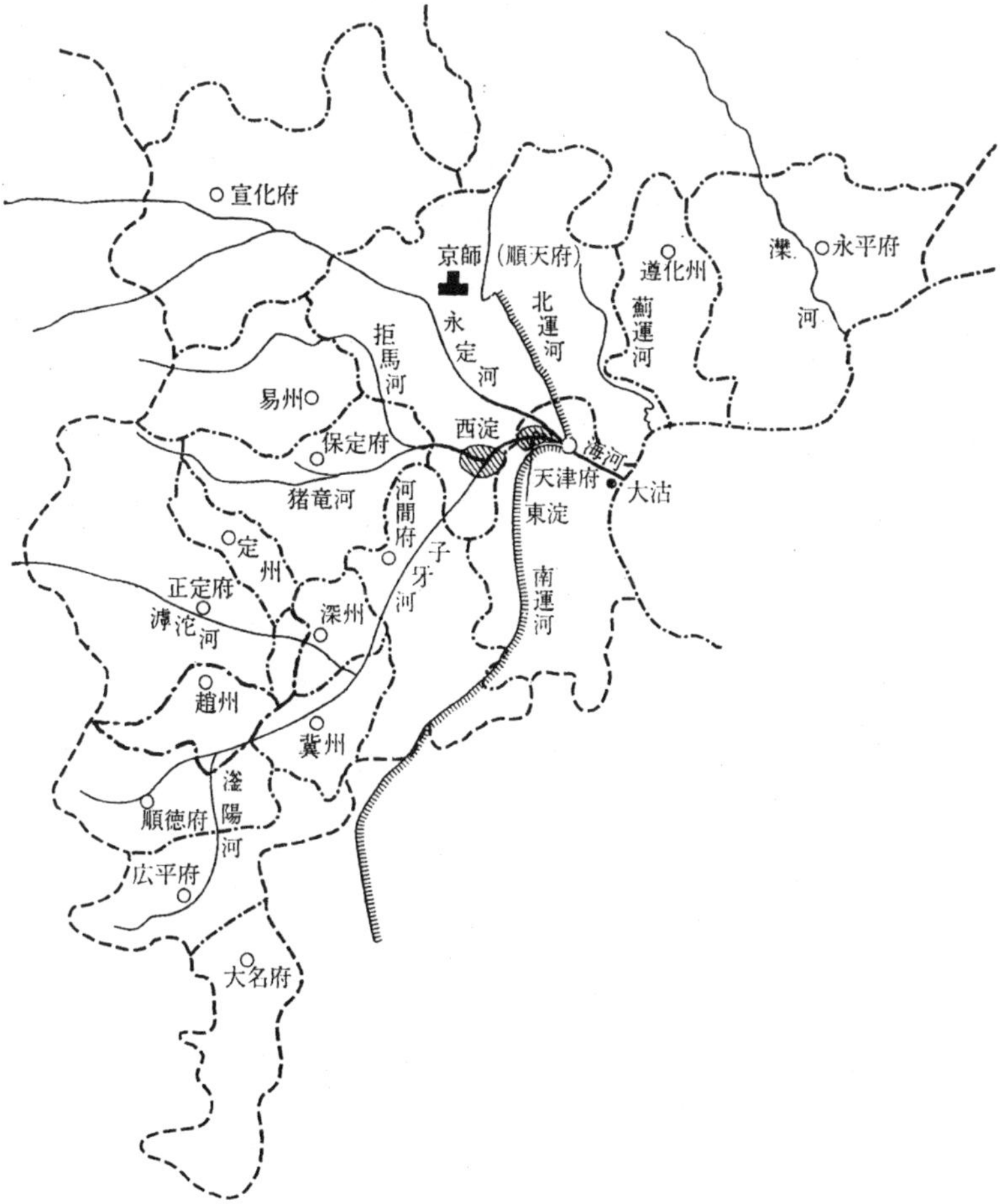

図５—Ⅰ　直隷省河川と府・直隷州所在地

現実に行われた事例からそれを示すことができる。次項ではその「型」を意識しながら道光期における畿輔水利に関する議論の発端ともなった道光三年の水害に対応する行政の事例を検討する。

一・二　道光三年の水害

道光三年、夏六月初九日より降り始めた雨は、直隷省河川に洪水を起こし、各所に水害をもたらすこととなった。十五日、中央は直隷省に命じ、民間の耕作地や居住地への被害に重大な影響を及ぼすと想定される永定河堤防の調査を行わせた(1)。十七日、直隷総督蔣攸銛の請により、賑恤の準備のために四十万石の江南・湖広の漕米の截留が認められた(2)。同日、蔣攸銛に対して、すでに京師を出発している署工部左侍郎張文浩および三品卿継昌と協議対策を行うことを命じている(3)。二十日には吏部尚書兼管順天府尹大臣盧蔭傅によって、順天府諸州県の田禾が水害を受けたという報告がなされ(4)、二十一日、蔣攸銛の永定河堤防決壊の報告により、かような事態を引き起こした通常時の怠慢に対する永定河関係官への頂帯革去留任や革職留任等の処分が行われ、さらに永定河治水に重点を置くべく道光帝の指示が矢継ぎ早に蔣攸銛に対して下される(5)。同日、青県・静海県の積年の賦に徴収猶予の措置が与えられ、被災民に口糧が支給された(6)。二十五日、江南道御史王世紱による北運河の数カ所の決口の報告、さらに河員たちの河工経費侵漁の報告をうけて、蔣攸銛に対して報告の遅延を叱責。同時に河員にたいする処分、被害地域の調査も指示された(7)。

七月に入り、初一日、蔣攸銛の北汛四・五号の決壊堤防の修理経費要求に対して、通常時における職務怠慢の結果がこのような事態を引き起こしたとして、以後の堤防決壊については永定河河員が自賠修理することが命令される(8)。同日、張文浩により北三工、南二工、北中汛の工事状況の報告がなされ、張に対しては引き続き現場に駐在して指揮を執ることが命じられた(9)。さらに、蔣攸銛は北運河の漫口状況を報告し、関係官に自賠修理をさせることを上奏(10)。初八日、山東道御史蔡学川の上奏を受け、直隷総督と順天府尹に命じ順天府・保定府の溢水の被災者に対する賑恤の実施を指示。[11]十一日、給事中許乃済が直隷水利の経費について各省の捐監の項目を用いる案を提示したのをうけて、その案を採用。[12]十四日、特に被害が大きい固安県・永清県・東安県等の十州県に委員を派遣し、五人以上の戸には米四斗、四人以下の戸には米三斗分の時価による給銭（米一石を銀一両四分と計算）を行うことが命令される。[13]十六日には、御史程矞采の十六日設置の五城の厰のみでは貧民の需要に足りないという報告により、蘆溝橋・黄村・東壩・清河の四市集の糧価の高騰の対策として、五城において厰を設け、倉貯米五万石を平価にて糶売することを決定。[14]十九日、御史程矞采の十六日設置の五城の厰のみでは貧民の需要に足りないという報告により、蘆溝橋・黄村・東壩・清河の四か所の厰を増設することが決定、[15]さらに同日、京師に遠い他の被災各州県にも同様の措置をとることが蔣攸銛に命令された。翌二十日には、戸部から粳米三万石を一石あたり制銭千八百文（五百文減価）、梭米二万石を一石一千二百文（六百文減価）で出糶する事を決定。二十一日には蔣攸銛により賑恤および工事費用計百八十万両が見積もられ、戸部の覈議が命令される。[16]その結果、二十三日には戸部の議を受けて、粤海関・九江関・臨清関・天津関等の税関の解部銀、山東・河南の捐監銀等から合計で百万両、不足の八十万両は戸部から出費されることとなった。

以上冗長な記述になったが、かなりの比重がこの災害対策に置かれていることが見て取れる。必要経費とされる百八十万両はかなり高額である（当時の全歳費は約三千万両）。上記のような問題処理は前項において言及したように一つのパターンを踏んでいる。簡単に示すと、洪水や干ばつ被害の発生→直隷総督による処理→中央の尚書クラスの大官による共同辦理→被災民に対する賑恤や破壊された水利施設の工事、そして政策過程において御史や給事中が全体的問題や個々の問題について問題提起をしていく、といったものである。このような政策過程は後述するように清代に入って何度かなされたものであり、特に新しい機軸があるわけではない。しかも、すべてが虚文ではなく現実に行われたとしても、左記のどの対策も、被害にあった人々へ賑恤を行うこと、破壊された堤防等を修復すること、といったような対症療法にすぎず、災害に対する直隷地域の脆弱性を根本的に解決するものではないのではないか[17]、という疑問が、当時の体制全般の危機とも呼応して畿輔水利に関する一連の議論を生むことになるのである。

一・三　畿輔水利論に関する二つの史料

前項で述べたような具体的対策について上諭においてなされる指示の外に、七月二十六日の上諭においては、雍正年間に水利営田の業務に携わった陳儀の『直隷河渠書』と御史余文銓が進呈した陳儀の文集[18]を直隷総督蔣攸銛等の現担当者に査閲させることが命じられ、「雍正年間から百年が経過し、河道の状況等変化は多いと思われるが、援古證今・酌古準今の備えにして、朕の水利を講求し民生を保衛するの意に副うようにせよ[19]」との道光帝の意が伝えられた。そして前項最後で述べた危機感を背景に、この上諭を契機として、「京師士大夫多津津談水利[20]」とあるように京師在住の士大夫たちの畿輔水利に関する議論が活発化していったようである[21]。

このような議論の活発化の中で、畿輔水利に関するいくつかの著作が残された。その代表的なものが呉邦慶『畿輔河道水利叢書』と潘錫恩『畿輔水利四案』である。以下この二書を検討したい。

一・三・一　『畿輔河道水利叢書』

『畿輔河道水利叢書』は、『直隷河渠志』『陳学士文鈔』『潞水客談』『怡賢親王疏鈔』『水利営田図説』『畿輔水利輯覧』『澤農要録』『畿輔水道管見』『畿輔水利私議』からなる叢書である。また、直隷省の河道の概要を記した地図（道光四年）を付す。撰者の呉邦慶は順天府霸州の人、乾隆五十四年、抜貢生の資格で昌黎県の訓導になったのが官歴の始まりである。嘉慶元年進士となり、庶吉士から散館後編修を授けられる。尋で御史となる。このとき、山東の漕運の巡視を命ぜられ、河道関係の業務に就く。その後鴻臚寺少卿、内閣侍読学士、山西布政使、河南布政使、湖南巡撫、福建巡撫、降格して通政司、兵部侍郎、刑部侍郎、安徽巡撫、と官歴を重ねたが、嘉慶二十五年誤審により安徽巡撫を革職、編修に降格される。道光三年に假を請い故郷の墓地の修理に赴いたが、この年に前項で述べた水害がおこり、その中で畿輔の河道水利に関する文献を整理し、自らの考えをまとめあげた(22)。

ここではそれぞれの内容をごく簡単に紹介し、特に撰者である呉邦慶の序や跋を重点的に検討することにより、彼の編纂の意図を浮かび上がらせることにしたい。

（1）『直隷河渠書』（道光三年跋）

『直隷河渠書』は陳儀撰である。この書は陳儀が協修として編纂に加わっている雍正十三年刊の『畿輔通志』巻四十五河渠志と全く同文であり、四庫全書の地理類にも収められている。考証学的な河川の沿革の記述よりも執筆当時の利弊を多く述べているのが特徴である。呉の跋によれば、陳儀の孫は呉と同年の挙人で、呉と陳儀の一族は交流があった。しかし陳の家にはこの書は失われており、呉は浙江にいた同年に頼み、文瀾閣の本を閲覧筆写したものをみてはじめて通志の河渠志と同じであることを知ったという。順天府における文化的情報蓄積の程度の一端を示す。

（2）『陳学士文鈔』

前述『直隷河渠書』の撰者である陳儀の河道関係の文章を集めたもの。道光三年七月の上諭で注目された、「直隷河道事宜」「文安河隄事宜」「請修営田工程疏」「与天津清河両道咨」「後湖官地議」「四河両淀私議」「永定引河下口私議」「治河蠡測」の八編の文章からなる。巻頭に姻戚の銭塘の人符曾の「陳学士家伝」を附す。呉邦慶は跋を書いているが、そこで呉は「私は若いときに陳先生の文集をあぶりものの肉を好むがごとく読んだものだが、河道について論じている諸編についてはこれを漫然と読むのみで捨て置いていた。やや成長して古人の経世の学に関心を持ち、初めて陳先生の河道に関するこの数編が宝であることに気がついた」といい、この時期あらためて潮流になりつつあった経世致用の学の文脈の中で、陳儀の議論の重要性を再発見したことを告白している。

（3）『潞水客談』

明の徐貞明撰。潞水は白河すなわち北運河。呉邦慶は、徐貞明の西北水利論については『明史』の彼の伝によってその大略を知ってはいたが、その全体像を知ることができずもどかしく思っていたところ、永清県の朱絅斎が呉中の蔵書家から得た抄本を閲覧し、初めて全体像を得た、という。呉は上記の抄本によって刊刻した後、明の重刻本を得たことを重刻本の喩均の序（万暦）の後に記し、今本に数百字の省略があることを指摘する。[23] 巻末に『明史』の徐貞明伝、また徐の水利策を中止に導いた「明御史王之棟請罷濬滹沱河疏」が附せられている。徐貞明の水利論については次項において検討する。

（4）『怡賢親王疏鈔』（道光三年跋）

雍正年間畿輔水利の総責任者となった雍正帝の弟である怡親王允祥の営田に関する上奏文を集めたもの。「敬陳水利疏」「請設営田専官事宜疏」「請磁州改帰広平疏」「敬陳畿輔西南水利疏」「請設河道官員疏」「敬陳京東水利疏」「請定考核之例以専責成疏」「各工告竣情形疏」「恭進営田瑞稲疏」からなり、巻頭に雍正帝の上諭（三年十二月二十三日、四年四月十四日、四年四月十八日、五年二月初七日、五年四月十七日、五年九月初九日、五年十一月初八日、五年十一月二十五日、六年七月初二日、七年二月十九日）、巻末に李光地の「請開河間府水田」「請興直隷水利」の二本の疏を附している。呉邦慶は跋においては怡親王に対する賛辞や掲載した文書を後生の参考にすべき事を言うのみで特に議論を展開していない。

（5）『水利営田図説』（道光四年正月跋）

雍正『畿輔通志』巻四十六、四十七「水利営田」には、当時設置された四つの営田局（次節図5―Ⅱ参照）についての詳細な記載があり、本書の文は『畿輔通志』記載のものと全く同じ。呉邦慶がこれを補う目的で図を著したもの（章末図版参照）。呉邦慶は跋において議論を展開し、畿輔水利に対する当時あった反対論を列記しそれに反論する。その反対論は「1、水田は旱田よりもその耕作の労は多いが、北方の民性は怠惰に流れやすく、労苦に耐えられないだろう。2、南方の水は多く清流、北方は多く濁流でありその流道は一定せず、また水の性質も猛で土質は弱くもろい。この土質において猛流に遭遇すれば決壊は常ならず、常時利益を得ることは難しい。3、直隷省の諸河川は土砂が多く下流は堆積しやすく、浚渫を常時行うことは難しい。」というものである。呉はこれらの反対論について、永定河・子牙河等の反対論が当てはまるような河川は別として、その他の河川については何らかの対処は可能で、水稲の収穫の実績もある、当然民間の力では及ばないケースもあるから行政も何らかの形で関わらざるを得ないが、一般的な民性の違いや地質の違いをすべての直隷水利の事例に当てはめるべきではないとし、水利事業を興す必要性を説いている。

（6）『畿輔水利輯覧』（道光三年八月序）

宋代以降明代までの畿輔水利の議論を集めたものである。宋の何承矩「屯田水利疏」、元の虞集「畿輔水利議」、明の汪応蛟の「海濱屯田疏」、董応挙「請修天津屯田疏」、左光斗「屯田水利疏」同「請開屯学疏」、張慎言「請屯田疏」、魏呈潤「水利疏」、葉春及「請興水利疏」、袁黄「勧農書摘語」がその内容である。呉邦慶はそれぞれの議論の最初に論者のプロフィールと議論に関するコメントを附している。また巻末に清の朱雲錦の「豫中田渠説」を附す。ただし題名からもわかるようにこれは河南省の渠についての議論である。この説を掲載した経緯について呉は序において次のように述べる。嘉慶二十年から二十三年の間河南布政使であった時、全省の耕地は七十二万頃で「盛世滋生人口」

は二千万人であった。ただ人口は日々増している一方、新たな田の開墾はすでに不可能であるが、耕地の水田化の一法はその対策となる良策である。なぜならば陸田は一人当たり三十畝の耕作が可能で水田は一人当たり十畝であるが収穫はその二倍であるからである。(24) 彼はこの考えにより州県に命じて水田の開墾を命じたが湖南巡撫に転任となり構想は実現しなかったという。

（7）『澤農要録』（道光四年二月序）

農書である。呉邦慶の序によれば、『斉民要術』、『農桑輯要』、王楨『農書』、徐光啓『農政全書』の水田の開墾・水稲の種植についての方法を書いた部分を採録し、また、『欽定授時通考』の中にある歴代皇帝の題耕図詩は「水耕火耨」に大いに有益であるので巻首にこれを敬録した、という。構成は、授時第一、田制第二、辨種第三、耕墾第四、樹藝第五、耘耔第六、培壅第七、灌漑第八、用水第九、穫蔵第十、というもので、彼が序であげている農書以外からも多く引用され、畿輔水耕に関する文献集となっている。

（8）『畿輔水道管見』

呉邦慶自身が自らの直隷省の「水道」に関する考えを述べたもの。「永定河」、「北運河」、「南運河」、「清河」、「子牙河」についてそれぞれ項目をたてて述べる。また、「書後」において「水道」に関して総括的な議論をしている。

また、彼の「水利」論を「水利私議」として本書の巻末につけている。

「水利私議」は彼の水利議論を総括するものであるから、ここでその概略にやや詳しくふれることにする。「畿輔水利私議」の議論は以下のように構成される。

まず彼は、「古の文章をみるに、従来西北水利について議論するものは多かった。その議論はだいたいこうである。神京は重地であるから、その食料をことごとく東南に仰ぐべきではない。また、冀北は肥沃であり地の利を捨て置くべきではない、と。しかし従来この試みを現実に行い成功を収めるべき策を明確に指摘するものはなく、雍正期になって初めて怡親王のもとで成果を挙げることができたが、長続きはせず、百年たった今では旧跡も多くない。今道光帝は現在の問題を解決するために雍正帝のはかりごとを受け継いでいる。私はたまたま墓地を修理するため郷里に帰り、父老に諮詢し私議を書いた」と述べる。西北水利論に関して述べた最初の部分は、本章の課題とも関わる重要な論点である。

以下、彼は具体的方策を述べるがその畿輔水利の基本方針は、「創」ではなく「因」であることを強調する。つまり何か新機軸を提出するのではなく、過去の事例によって対策を行うべきであるとする。これは官僚が自己の議論を説得力のあるものにするための常套的なやり方である。そして、調査方法、経費見積もり、人事の方法について提案するが、自ら「因」というようにほとんど雍正年間の水利営田策による方策が提示されているといってよい。

一・三・二　『畿輔水利四案』

『畿輔水利四案』は、潘錫恩の撰した書である。[25] 跋は道光三年であるが、潘錫恩はこの時翰林院に在職しており、その際に河務に関心をもって閲覧した上諭や上奏文等の行政文書類をもとにこの書を撰した。

四案とは、雍正三年から乾隆二十九年までに直隷地域において行われた合計四セットの一連の水利事業の総称であり、具体的には「初案」は雍正三年七月二十八日から雍正八年十二月十九日まで、「二案」は乾隆四年三月初九日から乾隆五年十月十四日まで、「三案」は乾隆九年五月初八日から乾隆十二年四月初十日まで、「四案」は乾隆二十七年三月初六日から乾隆二十九年六月初七日までのそれぞれの上諭や上奏文等を集めたものである。[26]

潘は撰するに当たって、本文中に自らの見解を述べることは全くと言っていいほどないが、巻末に附した「畿輔水利書後」には潘がこの書を著した動機と若干の主張が述べられている。以下、その内容を検討して見よう。
「北方の水利の議論は宋元明とあり成果を得たが長くは行われず、論者はこれを惜しんでいる。しかしこれらの策は一二の臣下が天下国家のために深謀をめぐらしたものであり、その君主は概ね軽重にたる無しとし、我が朝の列聖のように民の艱難をつとめて救い、利頼を長く図るような、専にしてかつ真摯な態度をとるようなことは未だなかった。」

これは清代にいたるまで直隷地域の水利事業が体系的に行われた事が無かったことを言ったものであるが、このことは次章で検討する永定河の治水の問題においても明らかになる事である。

「論者は言う。雍正年間にはじめてこの事業を興したときは、利は害よりも多かった。乾隆年間は利害が参半であった。しかし今日は利を興すの挙が、その害を除くの思いに勝ることはない。」

ここで当時における清代畿輔水利の評価が見られる。時代が下るごとに水利事業の利を計ることよりも害をのぞくことに重点が移動したことを言う。

以下、嘉慶年間以来の天候状況、永定河・子牙河等の堤防破壊の状況を述べ、また賑恤策は常時頼るべき方法ではなく、備蓄もまた長期的継続は困難であり、これらの諸条件から今こそ水利事業を興すべきである、と論じ、潘錫恩自身の治水策を述べる。もちろんその方法は、従来通りの浚渫・築堤によっていかに水を導くか、という範囲をでるものではないが、時期・処理箇所・その順序をいかに判断するかという点に重点が置かれる。

次に畿輔水利論に関する当時あった二つの疑問を挙げ、それに反駁する。一つは北方の土質が南方と違うのではないか、というもの、もう一つは財政上の負担が大きすぎるのではないか、というものである。土質の問題は呉邦慶も反対論の一つとして挙げているものである。潘錫恩は怡親王や柴潮生（畿輔水利三案に登場）によりその説は破られているとしたうえで、まず水利を興すより水害を除くことを優先させるべきであるという。財政上の問題については、その運用法に解決策はあるとして、平常の工事は以工代賑の例に照らし、緊急を要する工程は堤防修築の例に照らし、修理の方法において民力を用いるのは十の四、という乾隆四年の成案（畿輔水利二案参照）を採用すべきことといい、加えて官吏のその運用が適当であれば、胥吏等の弊害も防ぐことができよう、とする。

そして最後に、この書の制作過程について述べる。彼は翰林官として河務に関心を持ち、列聖の実録や先臣の章疏の関連部分を集めていたが、道光三年の水害が起こり、張文浩や蔣攸銛に処理が命ぜられ、帑銀五十万両が発せらるにあたり、集めていた文献を四案とし、事に当たるの用に備え、また政務に助けとなる先人文章を四案の後に附した、と述べる。

彼が集めた文献を整理したのが、表5―Ⅰ～Ⅳである。一次史料等を確認できるものは備考に示した。また、次節の二項以下は『畿輔水利四案』の構成にしたがって項をたてる。

以上『畿輔河道水利叢書』と『畿輔水利四案』について、その全体を概観した。呉邦慶や潘錫恩がその序や跋において示しているように、これらの書は単に沿革を訪ねるだけではなく、掌故の学にとどまるものでもなく、あくまでも道光年間の問題意識の中で編集されたものである。

そういった意味で、これらの書は多重に読み解くことができる。すなわち明末における畿輔水利論や雍正から乾隆にかけての畿輔水利事業それ自体の問題、さらに道光期の視点から見たそれらの畿輔水利の問題点、そして道光期の畿輔水利論、といった時代背景を別にした畿輔水利に関する問題を様々な位相において見ることができるのである。以下の節ではそのことを明末から清乾隆期にいたる現実の水利事業を概観する中で検討したい。

表5—Ⅰ　畿輔水利四案　初案

№.	年月日	分類	報告者等	備考
1	3.7.28	上諭		『起居注冊』1-543。
2	3.8.20	記事		直隷総督李維鈞の革職、李紱に授、兵部尚書蔡珽署理。
3	3.8.26	上諭		
4	3	奏	蔡珽（署直隷総督）	『雍正檔』27-605。
5	3	奏	蔡珽	『雍正檔』27-602。
6	3.11.〔6〕	記事		「命怡親王允祥・大学士朱軾査勘直隷水利事」
7	3.12	奏	怡親王・朱軾	「敬陳水利」（『叢書』）
8	3.12	奏	怡親王・朱軾	「請設営田専官事宜」（『叢書』）
9	3.12	奏	怡親王・朱軾	7・8・9について得旨。『世宗実録』巻39、12月丙戌。
10	3.12.25	記事		都察院左僉都御史王廷揚・安徽按察使段如蕙経理水利
11	3.12.28	奏	戸部議覆	7・8・9について認可。
12	4.2.6	奏		
13	4.2.6	記事	怡親王・朱軾	朱軾の母の治喪銀2000両。水利事業が終わった後の回籍が命令される。『世宗実録』巻41、2月甲戌。
14	4	奏	怡親王	京東の状況報告。
15	4.4	奏	怡親王	「敬陳畿輔西南水利疏」（『叢書』）
16	4.4.14	旨		『起居注冊』1-713。
17		記事		「於是特設水利営田府命怡親王総理其事、置観察使一員」
18	4.4.18	上諭		『起居注冊』1-717。
19	4.4.20	奏	吏部議覆	設立満漢司属四員。
20		奏	怡親王	「請磁州改帰広平疏」（『叢書』）
21	4.5.21	奏	工部議覆	
22	4.6.11	奏	怡親王	得旨。『世宗実録』巻46、7月壬辰。
23	4.8.12	上諭		『起居注冊』1-742（8月15日）。
24	4.8.24	奏	李紱（直隷総督）	営田局と総督衙門の関係。
25	4.9.15	奏	刑部議覆	Ⅰ—22との関連。
26	4.9.25	記事		朱軾来京。命素服三年。協理水利事如故。
27	4.10	奏	怡親王	工竣疏言。
28	4.10	奏	怡親王	請定考核之例。
29	4.10.20	記事		各州県に河務専管の佐員を添

				設。李紱の請による。
30	4.10.20	奏	李紱	陳儀の本貫忌避抵触について。
31	4.11.15	奏	戸部議覆	営田に功績があるものに対する優叙。
32	4.12.12	奏 題	張廷勷（広平府知府） 戸部	
33	4.12.14	記事		李紱は工侍、吏尚宜兆熊を直隷総督。礼侍劉師恕は協理総督。
34	5.2	奏	戸部議覆	得旨。『起居注冊』2-972。
35	5.4.17	上諭		『上諭内閣』4年4月17日。
36	5.4	批准	宜兆熊（直隷総督）	磁州計板開閘議。
37	5.6.2	奏	宜兆熊・劉師恕（礼部侍郎）	唐県における生員・監生等の反抗。
38	5.6.9	奏	宜兆熊・劉師恕	磁州問題。胥吏の反抗。
39	5.6.22	上諭		『起居注冊』2-1332。
40	5.6.28	奏	宜兆熊・劉師恕	玉田県状況。
41	5.8.7	奏	宜兆熊・劉師恕	報告遅延に雍正帝の痛罵。
42	5.8.26	奏	怡親王	恭進営田瑞稲。総括報告。
43	5.9.10	奏 上諭	水利営田府参奏	 『起居注冊』2-1469。
44	5.11.8	上諭		『起居注冊』2-1574。
45	5.11.25	奏 上諭	水利営田府参奏	 『起居注冊』2-1607。
46	6.7.2	奏 上諭	水利営田府参奏	 『起居注冊』3-2095。
47	7.2.19	上諭		『起居注冊』4-2609。
48	8.2.14	奏	何国宗（工部侍郎）	「以北運河青龍湾修建減水壩開挑引河」
49	8.3.18	上諭		『起居注冊』5-3535。
50	8.3.24	奏	何国宗	
51	8	奏	何国宗	
52	8.5.4	記事		怡親王の死。
53	8.5.10	記事		朱軾に総理水利営田事務、理藩左侍郎莽鵠立・内閣学士対琳・工部右侍郎何国宗に協同辦理が命ぜらる。
54	8.6.13	奏	舒喜（巡察直隷等処農務御史）	
55	8.7.19	奏	朱軾	得旨。
56	8.8.20	奏	礼部議覆	怡親王の建祠。
57	8.9.26	上諭		『上諭内閣』巻98、9月26日。

58	8.12	奏	工部	直隷河道水利総督の設立。営田事務は直隷総督の管理。
59	8.12.19	記事		吏左劉於義を直隷河道総督。内閣学士徐湛恩協辦河道事務。

表5―Ⅱ　畿輔水利四案　二案

No.	年月日	分類	報告者等	備考
1	4.3.9	奏	馬宏琦（稽察天津漕務吏科給事中）	
2	4.6	奏	孫嘉淦（直隷総督）・顧琮（直隷河督）	6月11日得旨。『孫文定公奏疏』巻7。
3	4	奏	孫嘉淦	
4	4	奏	孫嘉淦	
5	4.8.22	上諭		『上諭檔』1-1269。
		奏	孫嘉淦	『孫文定公奏疏』巻7。
6	4.9	記事		a.保定府　b.正定府　c.順徳府　d.天津府　e.河間府　f.順天府　g.大名府　h.冀州　i.深州　j.定州の各状況。通計93州県、工程523ヵ所、9月29日得旨大学士九卿詳議具奏
7	4.10.23	奏	孫嘉淦	営田について。
8	4	奏	孫嘉淦・顧琮	
9	5.2	記事	大学士九卿議准	Ⅱ―6について認可。「内勧用民力者約十分之四」の記事が入る
10	5.3.29	奏	孫嘉淦	
11	5.7.5	上諭		『上諭檔』1-1540（7月20日）孫嘉淦への字寄。
12	5.7	奏	孫嘉淦	『高宗実録』巻123、7月。
13	5.9	奏	孫嘉淦	
14	5.9.3	上諭		『上諭檔』1-1579（9月18日）『高宗実録』巻126、（9月4日）。江南河道総督高斌に協同辦理が命ぜられる。
15	5.9	奏	高斌	『四案』編集時点で現文書欠。
16	5.10.14	奏	大学士九卿	高斌の議を認可。
補				
1	4	奏	陳弘謀（天津道）	南運河修防条議。『培遠堂偶

				存稿』文緻巻六。
2		奏	陳弘謀	請修海河畳道議。『培遠堂偶存稿』文緻巻六。

表５—Ⅲ　畿輔水利四案　三案

№.	年月日	分類	報　告　者　等	備　　考
1	9.5.8	奏	柴潮生(山西道監察御史)	『高宗実録』巻216。五月乙酉。
	9.5.15	奏	鄂爾泰（大学士）等	
2	9.10	奏	劉於義・高斌	
3	9.10	奏	劉於義・高斌	
4	9.10	奏	劉於義・高斌	請裁改冗兵・添設衩夫。
5	9.11.17	記事		２・３・４について下部議覆允行。
6	9.11	奏	劉於義・高斌	
7	10.4	奏	劉於義・高斌	
8	10.4	奏	劉於義・高斌	
9	10.5	記事		高斌に吏部尚書、那蘇図に直隷総督。
	10.5.20	上諭		『上諭檔』2-725。
10	10.6	奏	高斌	請定河淀淤地納租之例。
11	10.9	奏	劉於義等	酌議十条。
12	10.11	奏	劉於義等	禹王祠の修理。
13	10	奏	劉於義等	
	10.11.19			飭大学士会同部議。
	10.12.16		工部議准	
14	11.2	奏	劉於義等	
	11.3.2			飭大学士会同部議。
	11.3.12		工部議准	
15	11	奏	劉於議	
	11.3.22			飭大学士会部速議。
16	11.3.23	奏	劉於義	
17	11	奏	那蘇図	
18	11.閏3.2	奏	工部議覆	
19	11	奏	劉於義	
	11.閏3.17			飭部速議
	11.閏3.29		工部議覆	
20	11.4.3	奏	工部議准	
21	11.4.30	奏	那蘇図	
22	11.5.13	奏	吏部義准	
23	11.5.28	奏	那蘇図	
24	11.10.6	記事		「上閲滹沱河隄工」
25	12.2	奏	高斌等	

26	12.4.10	記事		「命高斌往南河会辦防汛事宜、那蘇図暫署河道総督」
27	12 12.4.28	奏	劉於義	得旨。
28	12.4.28	上諭		『上諭檔』2-725。以後の高斌の奏は『四案』編集時点で原文書欠。

表5―Ⅳ　畿輔水利四案　四案

No.	年月日	分類	報　告　者　等	備　　考
1	27.3.6	奏	方観承（直隷総督）	
2	27.3.15	奏	方観承	
3	27.4.6	奏	方観承	
4	27.5	記事		「五月因景州窪地多有積水、飭直督査奏」
5	27.6.11	上諭		『上諭檔』3-2600（6月9日）。
6		奏	方観承	
7	27.10.9	奏	方観承	
8	27.10.20	奏	方観承	
9	27.11.2	奏	范時紀（工部左侍郎）	
10	27.9.19	奏	湯世昌（山東道御史）	
		奏	史貽直（工部尚書）等	
11	27.10	奏	胡宝瑔（河南巡撫）	胡宝瑔上奏の事実のみ。本文はⅣ―57。
	27.11.26	上諭		『上諭檔』4-161、方観承への字寄。
12	27.12.1	奏	方観承	『方恪敏公奏議』巻7－64a。
13	28.1.3	奏	方観承	『乾隆檔』16-494。旨に異同あり。
14	28.1.16	奏	方観承	『乾隆檔』16-590。原文は文中に硃批あり。
15	28.1.26	奏	方観承	『乾隆檔』16-688。
16	28.2.8	奏	方観承	『乾隆檔』16-787。
17	28.2.10	上諭		『上諭檔』4-300。
18		記事		御史三名、給事中一名が派遣される。
19	10.2.19	上諭		『上諭檔』4-318。
20		奏	兆恵（協辦大学士）	
21		奏	興柱（江西道）・顧光旭（浙江道）	
	28.2.26	上諭		『上諭檔』4-332。兆恵への字寄。

22		奏	兆恵	
23	28. 2 .20	奏	観音保（直隷布政使）	『乾隆檔』17-22。
24		奏	永安（山西道）・温如玉（刑科）	
25		奏	顧光旭	
26	28. 2 .27	上諭		『上諭檔』4-333。
27	28. 3 . 3	上諭		『上諭檔』4-345。
28	28. 3 . 5	上諭		『上諭檔』4-352。
29	28. 3 .16	奏	兆恵・方観承	
30	28. 3 .17	奏	兆恵・方観承	
31	28. 4 . 8	奏	方観承	『乾隆檔』17-387。
32	28. 4 .24	奏	方観承	『乾隆檔』17-545。
33	28. 5 . 8	上諭		『上諭檔』 4 -481。阿桂、裘曰修への字寄。
34	28. 5.22	奏	方観承	『乾隆檔』17-773（ 5 月21日）。
35	28. 6 .23	上諭		『上諭檔』 4 -645。方観承への字寄。
36	28. 7 . 6	奏	方観承	『乾隆檔』18-405。「奏入、命朱読経明白迴奏、乃三月以前已経査辦之案、上以其取巧、下部察議。」
37	28. 9 .10	奏	阿桂（工尚）・裘曰修（原戸侍）・方観承	『乾隆檔』19-57。
38		奏		「尋勘竣酌擬八条具奏」潘錫恩も原文は未得。
39	28.10. 4	奏	傅恒（大学士・軍機大臣）等。	
40		清単		「急辦工程清単」見積額32万6058両。
41	29. 2 .11	奏	方観承	『乾隆檔』20-536。
42	29. 2 .11	奏	方観承	『乾隆檔』20-535。
43	29. 2	記事		垡船、衩夫等の裁。『乾隆檔』20-629が原史料。
44	29. 3 . 2	奏	方観承	『乾隆檔』20-706。
45	29. 3 . 4	記事		「命裘曰修副舒赫徳前往福建審訊案件」
46	29. 3 . 5	奏	方観承	『乾隆檔』20-734。
47	29. 3.11	記事		「命阿桂往署四川総督」
48	29. 3 .23	奏	方観承	『乾隆檔』20-851。
49	29. 3 .29	奏	方観承	『乾隆檔』21-76。
50	29. 4 . 4	奏	方観承	『乾隆檔』21-120。
	29. 4 . 6		上諭	『上諭檔』 4 -1175。

51	29. 4 . 6	奏	方観承	『乾隆檔』21-126。
52	29. 4 . 6	奏	方観承	『乾隆檔』21-128。
53	29. 4 .28	奏	方観承	『乾隆檔』21-312。
54	29. 5 .15	奏	兆恵・英廉（戸部左侍）・銭汝誠（戸部右侍）・方観承	『乾隆檔』21-466。『上諭檔』4-1218の上諭による査察。
55	29. 5 .24	奏	兆恵・方観承	『乾隆檔』21-547。
56	29. 6 . 7	奏	兆恵・方観承	
附				
57	27.10	奏	胡宝瑔	「胡宝瑔開田溝路溝摺」
58	29.12.15	奏	方観承	「直隷護田門夫章程摺」、『乾隆檔』23-480。
59				
a	16. 6 . 6	上諭		「勘海口消積水案」、『高宗実録』巻302、6月辛丑。
b	16. 7 .18	奏	方観承	
c	16. 7	奏	方観承	『乾隆檔』1-185。
d	16. 7 .18	上諭		『高宗実録』巻394、7月丁丑。
e	16.10.19	奏	方観承	『乾隆檔』1-183。
f	26. 2 .15	奏	方観承	
60		奏	方観承	「籌辦源泉案」、『方恪敏公奏議』巻7-39 a 。
補				
1	28	奏	阿桂等	会勘河渠摺。

（註）『雍正檔』『乾隆檔』はそれぞれ『宮中檔雍正朝奏摺』『宮中檔乾隆朝奏摺』。数字は巻数と頁。『起居注冊』は『雍正朝起居注冊』。数字は巻数と頁。『上諭檔』は『乾隆朝上諭檔』。数字は巻数と巻毎の通し番号。「補」は「畿輔水利四案補」。「畿輔水利附録」については本文註（26）参照。

二・畿輔水利事業の展開

前節においては道光期における畿輔水利の「議論」について概観した。その議論には歴代現実に行われてきた畿輔水利事業の背景がある。本節ではその具体像と、その事業が行われた時点での問題意識を分析してみたい。

二・一　明末の畿輔水利事業

明代の畿輔水利に関する議論には、代表的なものとして、丘濬、汪鋐、徐貞明らのものがある[27]。このうち明中期弘治期の丘濬の議論は灌漑による畿輔水利の必要性を論じたものであり「王政之一端」としての一般的な議論であったが、明末万暦期の徐貞明の議論は畿輔水利論の一つの画期となるものであった。それは、二つの理由からで、一つは畿輔水利を必要とするとする論拠が明確に示されていること、もう一つはその構想がまがりなりにも現実の施策を伴ったことである。

まず徐貞明[28]の議論について簡単に追ってみよう。徐は万暦三年工科給事中の時に上奏を行い、畿輔水利についての対策を提案している[29]。その議論の中心は

> 兵食厥れ惟れ重務にして、宜しく諸を畿甸に近取して自足すべし。廼ち食は則ち転漕、兵は則ち清勾にして、皆な東南に取給して一日として缺くべからざるがごとし。豈に西北古は富強の地と称すれば、裕食を以て簡兵するに足らざらんや。夫れ賦税の出ずる所、民の膏脂を括る。而して軍船の費・夫役の煩、常に数石を以て一石に転じ、東南の力竭く。

という部分で、東南の賦税の重さを指摘、また東南から北京への輸送において一石を運ぶのに数石を必要としていることが、東南の民力を枯渇させている、と評価したものである。[30] この部分は彼が畿輔水利の必要性を説く論拠の重要な部分であり、ある意味では正しい認識でもあるのだが、ここで注意しておきたいのは、これが危機として認識されて議論の論拠となる時代は限られており、江南資源の北方の首都への移送が行われた明清期の全時代を通じての議論ではないことである。

さてこの提案自体は万暦三年の時点では工部の反対によって採用されず、徐貞明自身も左遷されて日の目を見ることはなかった。しかしその左遷の時期に彼は『潞水客談』（『河道水利叢書』所収）を著し、徐は自説に対する確信を深めていったようである。その後この著作の議論は高く評価され中央復帰のきっかけともなった。そして中央復帰の後、彼の議論は現実の政策に採用され、万暦十三年九月には兼監察御史領墾田使となり、翌年三月には三万九千余畝の開墾を実現した。その政策過程についてはすでに明らかにされているので屋下に屋を架すことはしない。[31] 問題はその後の展開である。

『明史』巻二百十一の彼の伝の最後には興味深いエピソードが添えられている。徐がはじめに畿輔水利に関する議論を示したとき蘇州の人伍袁萃が徐にこう言ったという。「北人は東南の漕儲が西北に負担されるのを恐れている。反対意見が必ず起こるだろう」と。徐はこの意見に対して反論できなかったという。短い挿話ではあるが、ここにはこの時期の畿輔水利論の本質が見える。現実においてもこの地域の土地を所有していた「奄人勲戚」との利害の衝突により、徐の事業の便ならざることをいう蜚言が万暦帝の耳に達し、大学士申時行等は事業の利を説いたが容れられず、また畿輔出身の御史王之棟は滹沱河に関する水利事業に反対する上奏を提出。王之棟のこの上奏は王自身も「如京東水利及蘆溝巨津去臣地遠、不敢臆説」としているように、生地である滹沱河附近の状況に限定された反対論であり、申時行等の内閣は開河は止めるが墾田は継続するという調整案を出したが、結局は全事業が中止されることになった。[32]

この経緯の陰には宦官の姿が見えかくれしているが、開発によって税負担が、宦官等の所有する土地が多い北方に転化されるというような直接的な原因もさることながら、中央への財の集中によってその権力基盤を維持している宦官にとっては、畿輔水利を実現させ、華北自給をめざし、すなわち江南を自立化の方向性へ向かわせることは、自らの基盤を失うことに他ならない。徐貞明の後、十七世紀に入り万暦末年、東林派の左光斗が三因十四議なる提案をして裁可され、成果を上げたとされるが、やはり宦官の妨害にあっている。[33][34]

この対立を社会的進歩勢力と保守勢力間の対抗としてとらえ北方開発を唱える者が全中国的視野から議論を提出していたとする見解もあるが、逆に地域社会の利害をバックに「天下の公」と考えるものを中央の政治に反映させていった、という見解の方がここでは当てはまる。つまり、それぞれの論者の主観的意図はどうあれ、南北関係、中央と地方の関係等の複雑な構造の中に政策議論は組み込まれていったのである。[35][36][37]

もちろん時代的歴史的背景がそこにはある。この時代は「今時勢迫矣」（左光斗「屯田無過水利疏」）と表現されるがごとく新興勢力（後の清朝）による遼東の危機、王朝自体の危機等、危機意識の強い時代であり、また統治のあり方について、郡県論などの様々な議論が湧出する。そういう意味においてはまさしく清代道光期の議論と非常に共通性を持つものであり、徐貞明等の議論が道光期の論者に引用されるのもそういった背景があるのである。[38]

二・二　清代の畿輔水利事業

清代において畿輔水利が初めて本格的な政策の対象となったのは康熙後半からである。康熙三十七年に永定河の堤防が建設された後、四十六年李紹周の奏請した北地開渠の試みは、慎重論により採択されなかったが、その事情について、王慶雲が「蓋聖祖之世方急東南水患、下河海塘諸役、経営数十年、於畿輔未遑也[39]」というように、江南の生産力安定が最優先の政策課題であった為であろう。畿輔水利が本格的に着手されるのは雍正年間に入ってからである。以下、前節において検討した『畿輔水利四案』の構成にしたがって四つの時期の事業について検討してみたい。なお（　）内の数字はそれぞれ表5—Ⅰ～5—Ⅳの№に対応する。

二・二・一　雍正期の水利事業

雍正三年は夏に入ってから四月・五月と降水量が多く[40]、京師周辺に水害が発生した。この被災に対する一連の対策対応が後に道光期の諸議論の原型となった。

七月十九日の李維鈞による更なる被害状況の上奏に対して、雍正帝は速やかなる賑恤を命じた[41]。賑恤はその後継続して行われたが、その一方で十一月に怡親王允祥と文華殿大学士朱軾に直隷水利の調査が命じられた[42]。そして十二月、怡親王等は1・白河・衛河・淀池等の状況報告と地図の進呈、2・京東の灤州・薊州・天津、京南の文安・霸州等の地に営田専官を設置する提議、3・河員を揀選すること、という三セットの上奏を行い（Ⅰ—7、Ⅰ—8、Ⅰ—9）[43]、その策が二十八日の戸部の議覆（Ⅰ—11）[44]を経て雍正帝の裁可するところとなり、ここに直隷省河川の整備及び水利営田事業が彼らを中心に推進されることとなる。

その後の過程についてはすでに明らかにされているので[45]、ここでは簡略に経過を述べるにとどめる。

翌雍正四年二月に河官の新設・整理が提議され、十一日に吏部の議を経て裁可[46]。二月の下旬か三月の初めに怡親王は京東情形（白河、薊運河、灤河周辺）の報告（Ⅰ—14）、三月初二日の工部の議覆[47]を経て初四日に議准。四月に怡親王は京西情形（清河・子牙河およびその支流流域）の報告（Ⅰ―15）を行い、十四日には雍正帝の旨を受けている。（Ⅰ―16、なお実録にこの旨について記事なし。この議論についての工部の議覆は五月二十一日）[48]この旨により、以上の情報収集において怡親王も実際に現場に赴いていたことが判明する。[49]また、潘錫恩は、この時点で怡親王を総責任者とする水利営田府および観察使一員が置かれたとする（Ⅰ―17）。一連の過程で、京東・京西・天津・京南の四つの局が設置され、それぞれ管轄の州県の営田を管理した（図5―Ⅱ参照）。

また、二十五日には河南省の磁州を直隷広平府属にすることが決定されている。この措置により滏陽河はすべて直隷の管轄下に入った。[50]そのときに「史有明文、事非創挙」ということが提案の正当化のひとつの論拠になっている。これは本章で検討する政策において共通するものである。六月二十四日に直隷総督の李紱は直隷総督衙門に水利営田関係の文書が全くなく、将来に支障をきたすことが考えられるので、関係文書を総督衙門に移行して欲しいということを請うたが雍正帝はその必要なしとして却下。この政策に関しては直隷総督よりも水利営田府の優位が確定する。

その後十月に怡親王による竣工の報告があり営田の成果がしめされた。これより雍正七年までの二年間で営田総額は七～八千頃に上ったという。この数字や成果の全体的な信憑性には当然疑いを持つべきであろうが、雍正八年五月の怡親王の死（Ⅰ―52）をきっかけに次第に荒廃したと一般的にみられている。確かに、乾隆期に入ってからはその痕跡さえ追うことが困難になる。その原因については後に考察することとして、そういった経過をとるにもかかわらずこの時期の政策過程の全般においてかなりの真摯な努力をしたと評価できる官僚がいる。

前節で言及した道光三年七月の上諭において、その著書の参照が命ぜられた陳儀という人物がそれである。彼は直隷省文安県の出身、康熙五十四年に進士となり、庶吉士に採用された。その文章が高く評価されて散館後翰林院編修を授けられ『三朝国史』の編纂に参与した。陳儀が「文学侍従之臣」と称される所以である。雍正三年に怡親王が洪

図５—Ⅱ　雍正期の営田事業

●京東局管轄州県
×京西局管轄州県
△京南局管轄州県
□天津局管轄州県

水対策を命ぜられた際、治河に明るい者をブレーンにしようとした人選において陳儀が選ばれ、四年の春からは王に随行して視察に参加し、怡親王の上奏文等の文書はほとんど彼の手によるものであったという。その能力が評価され、翰林院侍講の官のまま天津府の同知を併任、四か所の営田局が設けられた時に天津局と文安の大城壩を担当している。このことは本貫忌避の原則からはずれることになり一応は議論がされたが（Ⅰ—15）、結局は容認されたようである。このように地元の利害に直接結びつく職務にその地元出身者が就くことはやはり異例であり、明末の議論の過程で地元の反対論が強かったのとは対蹠的に、畿輔の地域再開発という政策過程全体の意味も自ずから見えてこよう。陳儀は雍正八年に侍講学士に昇任、同年営田観察使を設置した際、京東方面の営田観察使兼都察院左僉都御史となる。（正式官称は直隷豊潤等処営田観察使翰林院侍講学士兼都察院僉都御史）以後、乾隆初年に営田観察使が廃されるまでこの職にとどまり、天津・豊潤・玉田等の京師の東から東南にかけての一帯で営田・水利の事業を行い、数々の超自然的なエピソードを残すなど、人々の「記憶」に残る業績を残した(51)。

陳儀の例にみるように、怡親王の死後に事業がすぐさま頓挫してしまったわけではなく、営田の中には乾隆期になっても継続的に収穫をあげているものもあった（Ⅱ—7、乾隆四年の事例）。しかし事業そのものは実際には雍正末年にかけて行き詰まっていくのは確かである。その要因についてはいくつか考えられる。まず制度運用の面から見てみると、当初は雍正帝の信頼が深かった怡親王が総理する水利営田府が主導的役割を果たし、現実に運用を行う州県レベルを管轄していた。したがって、直隷総督が統括する行政系統とは別の、しかも上位に位置づけられる系統ができ、重点的行政課題として事業が推進された。怡親王の死後は直隷総督にその管理が移行し（Ⅰ—58）、重要性は認識されながらも直隷省行政の様々な職務の中のひとつとなってしまう。この時点で営田観察使は宙に浮いた状態となり、財源の面などにおいても主導的役割を果たすことができなくなってしまったと考えられ、乾隆初年の観察使の廃止は必然的な経過であった。(『清史列伝』巻十三、李衛、には、「上命裁観察使」とあり、乾隆帝の意志による廃止が示唆されている。)一方で直隷河道総督が置かれ、営田的側面から治水的側面に政策の重点が移行していったことも注意したい。

しかし、これは問題の本質ではあるまい。本稿では乏しい事例しか挙げられないが、より「社会」の側から問題を考えてみよう。雍正五年の六月保定府属の唐県において、生員于超・于躍・劉士熙、監生于思謙等が営田耕作のボイコットをおこない、直隷省衙門に押しかけて抗議行動にでたという事件があった(I—37)。彼らの営田反対の根拠は将来において税負担が重くなることを憂慮したものであった。直隷省社会においては生員・監生レベルにおいても県レベルの「社会」の指導者層であり、地域の意志を代辯しているとみてもよいだろう。「社会」の側が行政の施策に必ずしも積極的でなかったことを示す事例である。彼らの危機感は、おそらく彼らのその時点での主観においてはそこまでの論理の飛躍はなかったであろうが、明末において江南の負担が北省に転化されるのではないか、という宦官等の利害関係と密接に結びついた危機感と通じるものであったと考えられる。

また、同月広平府の磁州においては閘の開閉をめぐって、前年に調停された五日に一回の開閉という規約の実行を吏員沈国連や民人顧成法が衆を率いて阻止したという事件が起こった(I—38)。先述のように磁州は営田業務遂行のため雍正四年に河南省属から直隷省属に変更があった箇所であり、すでに水稲耕作の実績を有している地域であった。直隷省衙門や中央レベルにおいては唐県の事例とともに「強横之風」として同列視されてはいるが、前者が行政施策そのものについての反抗であるのに対して、後者は行政が「社会」に対して行った水利使用権の調停に対する反抗である点で大きな違いがある。逆に後者のような事例が極めて少ないことは、江南等の地域社会に比しての直隷省社会の後進性を示しているといえよう[52]。

このような点を認識したかどうかは判らないが、乾隆期における水利事業は、雍正期とは若干の肌合いの違いを見せる。以下の項では乾隆期の三つの政策事例の検討を行う。

二・二・二　乾隆期の水利事業

(1)　乾隆四年の水利事業

「畿輔水利二案」は乾隆四年三月初九日の稽察天津等処漕務吏科給事中馬宏琦[53]の上奏から始まる。（Ⅱ―1）馬は天津の府城の西南から静海県にいたる一帯の鍋底状の地形をしている地域の慢性的な水没の状況について述べる。この一帯の東は海河に接し西は運河に接しており、西の運河側の堤防は堅固であるが、直隷の諸水が集中する東の海河側の溢水が激しいので、この部分に堤防を築くのが上策であると主張する。ただ、新たに堤防を新築することは民間の農地を侵すことになるので、この部分には海河から遠くない位置に、今は荒廃しているが以前官僚や商人の捐納で建築した全長五十里の畳道で河口に近い大沽や新城に至る交通路となっていたものがあり、それを修理して堤防とすれば交通の便も良くなりまた建築費も節約できる、と説いた。この議論は地域的にかなり限定された議論である。

馬の上奏により直隷総督孫嘉淦・直隷河道総督顧琮[54]に調査報告が命じられ、それを受けて孫と顧は基本的には馬の提案を実行する線で、加えて堤防修築だけでなく減水のための水路を建築することを提案、工事費用の見積もりは約三万両、財源は布政使庫の乾隆四年分地糧銀としている。

ついで、孫嘉淦は直隷のその他の河川の維持管理を行う必要性を述べ、清河道等に調査を命ずる一方自ら現地調査を行うことを上奏（Ⅱ―3）、ついでその結果を上奏するが、それは、孫の持論であった諸河合流点より上流の南運河に閘を建築して引河を開き海に直接導いて合流点の水量を緩和するという策は現地調査の結果断じて行うべきではない（Ⅱ―4）、という自問自答のような奇妙なもので、案の定八月二十二日の上諭で、河道の状況は報告されているが民間の田畝がいかなる状況にあるのかという報告が無い、と指摘をされている（Ⅱ―5）。

この上諭をうけて孫嘉淦は民田の状況は調査中であった、とした上で、九十三州県工事箇所五百二十三の維持工事の現況報告を行い、更に全工事箇所についての状況報告を行った（Ⅱ―6）。このうち民間の力を用いるものを十分の四、「以工代賑」の方法を用いるものを十分の三、通常の堤防修築の方法を用いるものを十分の三としている。[55]この案は九月十九日に旨を得たが最終決定されるのは翌年の二月であった（Ⅱ―9）。

孫嘉淦の案はそれなりの調査を踏まえたもので、孫嘉淦その人については乾隆帝も「在卿為此、朕不慮其刻民」[56]として信頼しているが、現実には民力に頼るとした部分において、「欽工」を名目とした強制徴用による農作業の妨害や恐らくは胥吏による賃金の中間的搾取などにより、民間に不満が生じている実態があり、州県に告訴しても河務は管轄外だとして受理されない、などの弊害が乾隆帝の耳にも達していた（Ⅱ―11）。また、この年に孫の提案によって実行に移された永定河の「故道」案も失敗に終わり、[57]孫嘉淦の主観的誠意や努力にもかかわらず、部分的な成果はあったが、全体としてはとりたてて成果はなかった、と言ってよかろう。

以上の一連の案は基本的に治水的要素の強いものであることが特色である。営田についてはすでに雍正期から開かれ乾隆四年の時点で収穫があるものについての水害に対する善後策を講じているのみにすぎない。

(2)　乾隆九年の水利事業

畿輔水利三案は乾隆九年五月初八日の山西道監察御史柴潮生[58]の上奏から始まる（Ⅲ―1）。これは前年乾隆八年に順天府天津府河間府一帯の干ばつによる被害とそれによって多くの被災難民が生じたことについての対策の建議である。[59]一御史の提案ではありながら実録には七葉にわたる異例の長文で採録されており、当時の直隷水利の問題点や行政として対応すべき事柄などを内容的に網羅しているので、以下詳細にその内容を検討してみたい。

彼はまず型どおり、皇帝の「養民之道」への賛美を述べた後、天津・河間の河川の性格を述べ、水利灌漑がしっかりしていれば、昨年のように民が田宅を捨て妻子とともに流離する事態を招くことはない。また同時に、前年に行われたごとき賑恤に多費を費やすよりは、畿輔水利を行うべきであり、それによって飢民を助け干ばつ水害の被害を最小にし、さらには痩せ地を富饒の土地に変えることができる、と畿輔水利事業を行う必要をまず述べる。

次に柴潮生は江南と直隷の比較をする。彼の概観によれば、東南の農民は五十畝あれば十人が飢えることがないが、直隷では数頃の土地を有しても飢える恐れがある。これは土地の質や農民の気質の差以上の格差を超えるものであり、つまり水利設備の未完備がその差を生み出しているということを示唆している。そして、漢代に始まり宋の何承矩、明の汪応蛟に至る歴代の畿輔水利を回顧する。また清代に入ってからの水利策、また当時において部分的に成功している事業を紹介する[60]。

そして彼は言う。「大臣」を派遣し、数十万両単位の経費を充当し、河間府天津府において河川の浚渫をし、灌漑設備を作り、水門を建設して洪水調節を行う。また河川から遠い箇所は一頃毎に井戸一つを掘り、十頃毎に用水池を一つつくればよい。これらの施設設置に伴い影響を受ける民田は賠償する。現在賑恤を行っている飢民や外来の流民には賑恤を停止し、工事に従事させて給費すればよい、とする。

以上の提案の後、彼は予想される反対論に対案を用意する。その反対論とは、1・北土は乾燥しており稲を植えるのに相応しくない。2・また土質はアルカリ質で水が入れば浸透しやすい。3・また民地において工事を行うことは怨嗟の声を招きやすい。4・前朝の徐貞明は水利事業を行ってすぐさま失敗、怡親王と朱軾の経理もまさに成就しようとしてしかし失敗した。これらは鑑にすべきである。という四つのものである。これに対して柴は1・稲は現実に玉田・豊潤等の治で栽培され実績がある（陳儀によるもの）。また今議論しているのは水利事業を興すことであって、必ずしも水田を強制するものではなく、稲を植えるか否かは民の便にゆるせばよい。2・確かにアルカリ土質の土地はあるがすべての土地がそうであるわけではない。もしたとえアルカリ質の土地であったとしても、水道施設を設けることは、施設無しで水の溢れるにまかせるよりもよいではないか。3・もし灌漑水路をつくることを以てそれを農地を損なうとするのは、農業を知らない者の議論である。今十畝のうち一畝を灌漑設備にしたとすれば、残りの九畝の収穫は倍増する。十畝のままで収穫が少ないのとではどちらがよいか明らかであろう。ましてや官からの補償はあるのである。4・前人が失敗したのには理由がある。徐貞明には才能がありその議論にも百世の利があったが、御史王之棟に弾劾され、その陰には宦官や外戚等の意があったとされる。とはいえ、その王の上奏文はただ滹沱河の灌漑を行うべきでないことを言っただけで水田を開くことを不可としたわけではない。しかし徐貞明が南人を招いて開墾したことは、南人に土地を与えその占籍を許した。左光斗の屯学もまた然りである[61]。これは北人の田を奪い、その功名の路を塞ぐ事となったが、人を招くという言は宜とすべしである。雍正期の営田四局にいたっては成果があり、公論として非難はできまい。ただ当時の担当差員達の運用がよくなく、これが怡親王の死後に営田が退廃していった理由である。深い知識と長期的展望を持った者が失敗に導いたのではないのである。古の例からみてもおよそ始めは困難が多く事成れば易しい。継続して事が成就すれば是、中途でやめるのは非である。

この柴潮生の意見をみると、彼が徐貞明や怡親王の畿輔水利事業を踏まえた上で基本的にはそれを継承すべき事を言っていることが判る。更に彼は持論を展開する。灌漑設備の整備の費用はおよそ二十万両が見込まれるが、この事業は再生産につながり、財を増やすことにつながるものである。賑恤や以工代賑は根本的な手段ではない。水利工事に投資すれば国は富み民は安んずることができる。これは「無弊之賑恤」である。また、現今の米価上昇の対策として採買の停止を行っているがこれは長く継続できるものではなく、捐納による備蓄も上策ではない、しかし水田があればそれは「不竭之常平」である。畿輔は旗地も多く直隷は京兆の股肱であり、豊かであるべきであるが古来の富民の遷移策は王政ではない。しかし水利を興せばそれは「無形之帑蔵」となる。この議論を要約すると、一時的な救済事業（賑恤）や、一時的な労働需要（以工代賑）の創出よりも、社会資本の充実を強調したものということができよう。柴の「無形之帑蔵」「不竭之常平」という表現はそのことを如実に表すものである。

そして最後に彼は当時の人口増加の状況を述べた後で、西北の水田を興し、東南の荒地を開発すれば、米価も下がり貧民も豊かになるだろう、とする。ただ大事業であるのでまず直隷において実行して端緒とし、拡大していけばよい、と論ずる。当時の全般的な物価上昇や人口増加も彼の問題提起の背景になっている。

この問題提起をうけて、大学士鄂爾泰等は柴潮生の上奏を「誠非無據」とした上で、採用に積極的な方向で調査等を行っていくこととした。乾隆帝は直隷総督高斌の総督の職務が繁多であることに鑑み、かつて直隷総督であり地形等の状況に通じている吏部尚書劉於義に高斌との協同辦理を命じた。そして十月、調査の上、かなり詳細な実施計画を作成、それは「初次水利工程」とされる。その善後事宜十条を示すと、1・各州県新工、官入交代、民均力役。2・唐河両岸設涵洞。3・新建河閘駐汛員。4・閘座設額夫。5・保定通判改水利通判、専管唐・完・満城・清苑・安州五属河道。6・定興県丞改駐新城、司河防。7・新設垡船衩夫、分隷東西両淀。8・子牙河隄分隷庁汛。9・子牙長隄、建営房防護。10・河隄栽柳、州県佐雜及河工効力等官捐種議叙。となる（Ⅲ—10）。その後、十年十一月には「二次水利応挙各工」が施工される。その内容は、1・還郷河裁湾取直、建滾壩。2・薊運西隄並袖針旧河、分別修築。3・張青口下接挑支河。4・新安県之新河、開挑寛深。5・広利渠展為河、接連府。6・望都以下、沿白草溝河至清苑・安粛、開道溝。7・広利・依城二河、挑減河分洩。8・疏定興・安粛泉水、広灌漑、という八条である（Ⅲ—13）。

さらに十一年二月には「三次水利応挙各工」が実施される。その内容は、1・塌河淀漲水、由七里海引帰薊運河。2・津邑東北賈家口旧河挑洩積水。3・静海遆東蘆北口接開支河。4・南運河捷地汛改挑引河（Ⅲ—14）。であり、また被害が大きかった天津府の慶雲県・塩山県における重点的対策が行われた（Ⅲ—15）。これらの工程はその計画において非常に詳細なものであり、それなりの成果があったとされ、劉於義と高斌は議叙されている。また乾隆四・五年の事案と同様に治水的水利工事が中心である。営田については局所的なものではあるが、覇州や豊潤においては営田策の成功がみられ(62)、雍正期の成果が部分的には継承されていることがわかる。

(3)　乾隆二十七年の水利事業

乾隆二十七年三月初六日、直隷総督方観承は前年の直隷各属の水害による被害への対処として、民力を用いた対処を基本線とはするが、工程の規模が大きいものについてはその線による対処が困難であり、また永定河工工事のように「土方之例」によって工事を行うと「銭糧」を財源とする経費が高額になるため、「興工代賑之例」により土一方毎に米一升、塩菜銭八文を支給することとし、そのために必要とする米石は通州の倉の漕米二十万石のうち賑恤に用いた残りを充てることとする、という策を上奏して提案し、初八日より関係箇所に視察に赴いた（Ⅳ—1）。視察の結果、四月初六日に必要工事箇所の確認がなされ、必要工程量（四六二万四三九一方、方は1／10立方丈）必要米石量（四万六二四四石）必要経費（銀四万六二四三両）が見積もられた（Ⅳ—3）。

このような対策の実施が計画されたにもかかわらず、五月に新たに水害が発生した。十月、方観承は水が引いてからの工事開始を建議したが、乾隆帝は速やかな着手を命令した（Ⅳ—7）。一方同月二十日、工部左侍郎の范時紀は特に天津を中心とする地域は水害が無ければ豊作が常に望める地であるとして、営田策を建議した。この上奏に対して乾隆帝は旨において「従前近京水利営田を議するに、未だ嘗て再三経画せずんばあらず、始終未だ実済を収めず、地利強同能わざるを見るべし」と述べ、「雍正年間とは地勢や労働力のあり方が異なる」とした范の意見をしりぞけたうえで、泉をひくことによる灌漑を最も便なるものとして位置づけている（Ⅳ—8）。方観承はこの上諭に対して、范時紀の原奏にも検討の上採用する余地があるとし、霸州の煎茶鋪等の濱淀の数村という非常に限定された地域での、また洪水の翌年等の水が豊富にある時という限定条件下における水稲栽培による営田策を是としている[63]。方観承はそもそも水稲に適しない土地に無理に営田策を用いるのではなく、土地の基本状況と年年の状況を勘案して営田を行わせるべきであるという。実状を無視した水利工事はかえって弊害をもたらすことを踏まえた意見である。つまりは雍正期のごとき営田策を提議する范時紀の議論の一部を取り込みながら、それを否定する乾隆帝の議論に大きく傾いた議論であるといえる。これは乾隆九年の柴潮生の意見の基調とは根底が異なる議論となっている。官僚体系を経由した財の投下に既に不具合が生じていた状況をうかがわせるものである。

問題箇所において個別に対処しようとする方観承の上奏と前後して、山東道観察御史の湯世昌は近京の状況を踏まえながらも「西北」における水利事業の必要性を「東南」との比較の中で提示した。これは方観承の現実問題の処理とは別系統の問題提起であったが、大学士兼管工部尚書事の史貽直の奏を経て、「西北」各省の督撫に水利事業に前向きに対処すべき内容の指示が関係各省に通達される。これを受ける形で十月に河南巡撫の胡宝瑔は河南省における水利事業の状況を報告した。これに基づいて十一月に方観承に対して上諭がくだされ（Ⅳ—11）、河南省に倣って積極的な水利工事を行う事を要求する。この水利工事は、水稲栽培に重点を置いた范時紀の提案とは異なり、多雨時の被害を少なくすることを目的とする、治水に重点を置いた水利工事であることに注意したい。これを受けて十二月初一日に方観承は覆奏を行い、直隷省属の正定府・順徳府・広平府・大名府・趙州・定州等の中南部については地方官の指導下における「民力」による水利工事が可能であり、現にそれを行い効果を上げていること、河間府については近年河港が既に多く開通しており、溢水の消退は以前より早いこと、保定府については開渠種樹の章程が既にあること、これ以外の民力が不足する地域においては「興工代賑」を行うこと、等を報告した。[64] ここでも無理に官主導の以工代賑を行うより、民間の自活に任せることをその基本姿勢としていることがわかる。

この後、乾隆二十八年三月、方観承が河南に赴いているとき、乾隆帝は御史・給事中数名に永定河・大清河・子牙河等の諸河が合流する地域（天津・静海・文安・大城等の諸県）の窪地の調査を行わせ、同時に協辦大学士兆恵も現地に派遣した。ついで兆恵の上奏（Ⅳ—20）、江西道観察御史興柱・浙江道監察御史顧光旭の上奏（Ⅳ—21）、山西道監察御史永安・刑科給事中温如玉の上奏（Ⅳ—24）により、窪地の浸水が未だ収まっていないことが報告された。方観承はこれにより処分が議されるが、乾隆帝は「論者置身事外、坐言易而起行難」とし、事務量の膨大さと政策実行の現実的な困難さが勘案され不問の方針を示す。しかし天津道・覇昌道・天津府知府の三員は革職の上巴里坤（新疆）に発せられている。この三名はともに満洲人であり、また天津には満缺の長蘆塩政が存在し独自の行政権限を持っていたことからも、[65] 直隷総督に帰さるべき行政系統の混乱があり、それを整理する目的がこの人事にはあったのではないかと考えられる。

また六月にも巡漕御史朱続経の、胥吏が車船を強制徴用して賄賂を勒索している、との上奏があったが、後の調査で既に処理済みの案件であることが判明し、朱続経の功をねらった上奏と判断、朱続経は処分される（Ⅳ—36）。また朱続経は河務専門の大臣（例えば河道総督などがそれにあたる—筆写註）を設置することも上奏したが、かえって混乱をもたらすとして却下、臨時に尚書クラスを派遣して直隷総督と協同で業務を遂行させる現行の方式が追認され、また営田水利工程に関しても従来「南北地勢異宜」によって従来成功例がないことを根拠に、工事を行う意志のないことが再確認された。

その後、新たに業務に加わり総責任者格の欽差尚書阿桂および方観承の九月における現地視察（Ⅳ―37）八条の酌議提案（Ⅳ―38）を経て十月四日に大学士傅恒等の中央の会議具奏により至急工事をする十八か所について三十二万六千五十八両が見積もられ、財源は中央戸部からの支出とされた。天津周辺の畳道（天津西沽畳道。運河沿いの堤防上にある道路。Ⅳ―14参照）や閘座の工程については二十万両の見積もりで、財源は天津道庫からの支出とされた。

以後はほぼ方観承によってすべて実務的な処理が行われ、一つの事案としては完了するが、その過程における一つの興味深い事例を紹介しよう。乾隆二十八年の裘曰修の奏請は山東省の主簿呂又祥に命じ、直隷で浚渫の工程を実演させることを提案したもので、翌二十九年の二月に呂は十八人の土工を連れ河工器具を持って直隷に来て実演をしている。本書において検討する行政文書にはこの種の技術に関する記述はきわめて希であり、いかなる技術を用いて治水なり灌漑などを行っていたかという事が記録に残りにくい。この事例は行政機構の末端に治水に関する技術者集団が存在したことを示すものである。

以上の政策過程の特色は、民間において維持可能な部分はできるだけ民間にまかせ、民間の力が及ばないような規模の工事において財政的な援助をあたえるという方針が立てられていることである。一般に「一挙両得」の策とされてきた以工代賑策の採用には消極的である。しかし同じ直隷省においても対応に差があり、正定府以南の地域においては基本的に民間依存策が採られている。一方で京師に近い順天府や天津府において以工代賑の方策を取らざるを得ない状況は依然として残っており、行政措置の重点的投下にもかかわらず社会的基盤の不安定さを露呈させている。また全省的事業としての営田策の施行や河道専門官の設置には、はっきりと否定的態度がとられているのも特色である。

直隷総督方観承を中心とした乾隆二十七年以降の政策は特に斬新な青写真のもとに遂行されたわけではなく、従って後世において例えば徐貞明や怡親王の事業のように先例として取り上げられ、議論の対象となることも少ない。問題の部分的・局所的解決と堅実な実務処理の積み重ね、といった感がある。しかし政策過程の基底には官僚システム維持の為のコストや官僚そのものが引き起こす弊害を最小化しようとする積極的意志があることは、行間から十分に読みとれよう。

＊　＊　＊

以上、雍正乾隆期の畿輔水利論を検討した。この時期の議論の特色は、いかなる議論においても、明末徐貞明の議論とは異なり、南北問題についてその意識が希薄であるか、(66)あるいは全く考慮されていないという点である。まして や華北自給を実践して資源を華北のみでまかなおうという意志は全く無いといってよいだろう。徐貞明の議論が忘れ去られたとか無視されたという事ではない。むしろ、雍正年間の営田事業ではそのモデルとされている。つまりは雍正乾隆期の畿輔水利事業は方向性としては人口の増加等に対応するための畿輔地域の再開発事業であった、という色合いが強い。

さて、以上のような各代の水利事業をふまえた上での道光期の畿輔水利論を振り返ってみると、本章において検討した、呉邦慶・潘錫恩の議論の性格はいかなるものであるといえるだろうか。潘錫恩の議論には、検討したその文書の対象あるいは問題の対象が雍正期以後に限定されているためか、南北の問題は明示されていない。一方、呉邦慶の議論は南北問題に言及する姿勢をもつ（『畿輔河道水利叢書』所収『潞水客談』の呉邦慶の序）。もちろん呉が国家体制の問題まで思考を飛躍させているわけではないが、より包世臣の議論の系譜(67)につながるような実学的傾向を有しているということができる。(68)

その後、更なる危機感の増幅の時代背景の中、彼らの議論の約十年後に提出された林則徐の『畿輔水利議』は南北的問題についての旗幟を鮮明にしている[69]。その内容は「畿輔水利議総叙」、「開治水田益国計民生議」、「直隷土性宜稲有水皆可成田議」、「歴代開治水田成效考」、「責成地方官興辦毋庸別設専官議」、「勧課奨励議」、「緩科軽則議」、「禁擾累議」、「懲阻撓議」、「開築・壓田地計畝攤撥議」、「禁占墾礙水淤地議」である。これらの題目だけをみても判るように従来議論されてきたことの確認とその施行の要請であるが、これはもちろん道光期当時の問題意識の中で整理されたものではあり、その根底にあるのは、当時漕運の弊害に象徴されるような全般的危機の存在である。「帝国」を支えるべき漕運が逆に帝国の危機を招いている根本的矛盾をいかに解決するかと要約できよう。しかし林則徐の議論が潘錫恩や呉邦慶の議論と同様に施行されることが無かったように、現実には諸問題は論者たちが意識したような形での解決をみることはなく、分権的傾向の中で、個々に解決されていかざるを得なかった[70]。

註

（1）『宣宗実録』巻五十三、道光六年六月壬子、論軍機大臣等。同、甲寅、論軍機大臣等。

（2）『宣宗実録』甲寅、論内閣。

（3）『宣宗実録』甲寅、論軍機大臣等。張文浩は京県大興県の人。捐納により官途に入り、河務の能力により道光二年に河東河道総督、三年丁憂中に署工部左侍郎、四年に江南河道総督にまで累進するが、この年の洪澤湖の堤防決壊の責任を問われ、枷号一月の上新疆に遣戍、十六年新疆において卒す。

（4）『宣宗実録』丁巳、論内閣。

（5）『宣宗実録』戊午、蔣収銛の報告に対する旨。

(6)『宣宗実録』戊午。
(7)『宣宗実録』六月壬戌、諭軍機大臣等。
(8)『宣宗実録』巻五十四、七月丁卯、諭内閣。
(9)『宣宗実録』丁卯、諭。
(10)『宣宗実録』丁卯、直隷総督蔣収銛奏。
(11)『宣宗実録』甲戌。
(12)『宣宗実録』丁丑、諭内閣。
(13)『宣宗実録』庚辰、諭内閣。
(14)『宣宗実録』壬午、諭内閣。
(15)『宣宗実録』乙酉、諭。
(16)『宣宗実録』丁亥、諭。同、直隷総督蔣収銛奏。
(17)程含章「総陳水患情形疏　道光三年」、同「澤要疏河以脾急患疏　道光三年」（『皇朝経世文編』巻一一二）もこの時期の議論である。
(18)『陳学士文集』十八巻として現存。『畿輔叢書』初編にも所収。陳儀は順天府文安県の出身で康熙乙未（一七一五）の進士（第二甲七名）、後に詳述するが、雍正期の怡親王の水利営田事業において中心的な役割を果たした人物である。余文銓は湖北省松滋県の人。嘉慶己巳の進士。道光二年から江南道監察御史。（『国朝御史題名』）その後の経歴不詳。
(19)同、壬辰、諭軍機大臣等。
(20)『畿輔河道水利叢書』所収、徐貞明『潞水客談』の呉邦慶の序。
(21)畿輔水利論は、伝統的には「西北水利論」の範疇にはいるものである。
(22)『続碑伝集』巻三十三。

(23) 明本については、徐光啓『農政全書』巻十二、水利、「徐貞明西北水利議即『潞水客談』」にあるものがそれに当たると考えられ、確かにかなりの省略がある。しかし、後述の『澤農要録』には徐光啓の『農政全書』からの引用もあり、『農政全書』を見ていなかったわけではなさそうである。この事情については不明である。なお、『潞水客談』の「今本」は『粤雅堂叢書』にも所収。伍嵩曜の跋あり。

(24) 人口増加と耕地面積増加の飽和状態を「農学的適応」によって対処しようとした事例である。これはマーク・エルヴィンの「高位平衡のわな」の議論にも結びつくものである。Elvin〔1973〕参照。

(25) 潘錫恩は字は芸閣、安徽省涇県の人、嘉慶十六年辛未科の二甲三十五名の進士で庶吉士に選ばれ散館後翰林院編修を授けられる。嘉慶二十三年の大考で第一であったので、翰林院侍読に擢された。道光四年の大考においても一等となり、侍読学士に昇進し（『翰詹源流編年』巻二）、この時黄河に災害が起こるにあたって、彼は河務について上奏を行い、その議論の正当性が認められて五年に淮揚道、六年には南河副総河に昇進した。

(26) この書には六巻本と四巻本があるが、六巻本には「畿輔水利四案補」と「畿輔水利附録」が附されており、「附録」の末には「書後」として潘自身の跋がある。「附録」には乾隆二年七月、二十五年六月十四日、三十七年六月十八日の上諭、陳儀の「蘭雪斎集六則」、戈濤の「復唐河故道議」、沈聯芳「邦畿水利集説総論」、沈夢蘭の「五省溝恤図則四説」、『会典』や『畿輔安瀾志』を抜粋した「濬築事宜」が含まれる。

(27) 秦佩珩〔1941〕。

(28) 徐貞明は江西省貴渓県の人、隆慶五年の進士。浙江山陰県の知県から万暦三年工科給事中になるも、失脚。のち万暦十三年尚宝司丞となる。

(29) 『明実録』万暦三年十一月己酉、『明史』巻二百二十二、『徐尚宝集』（『皇明経世文編』巻三百九十八、所収）。

(30) 元代に行われた郭守敬、虞集、脱脱等が行った畿輔水利策は不安定な海運による東南物資の大都への輸送の代替手段として発想されている点で、徐貞明の発想と同様の背景を持つものである。例えば江西省出身の虞集がどの程度元朝支配下におけるいわゆる「南人」の利害との関わりで畿輔水利策を建議したのか、などという問題を十分に検討する必要がある。
(31) 森田〔1990〕第二部第四章「清代畿輔地域の水利営田政策」参照。
(32) 申時行『召対録』万暦十四年三月初六日には、この直前に御史王之棟の滹沱河治水の非を主張した上奏である「請罷濬滹沱河疏」(『畿輔水利河道叢書』「潞水客談」所収)が提出された直後と思われる申時行等閣臣と皇帝の水田開発についての議論を載せる。
(33) 『明経世文編』巻四九五、左宮保奏疏、「題為足餉無過屯田屯田無過水利疏」、「題為議開屯学疏」。
(34) 『明史』巻二百四十四、左光斗伝。左光斗は安徽省桐城の人。万暦三十五年の進士。東林派官僚として履歴を重ねたが、天啓五年魏忠賢により獄殺。
(35) 溝口〔1978〕。
(36) 小野〔1996〕第一章「東林党と張居正—考成法を中心に—」、第二章第一節「山西商人と張居正—隆慶和議を中心に—」参照。仮説に過ぎないが、張居正の政治構想の中には帝政中国における南北問題の矛盾止揚の構想があったかもしれない。
(37) これらの議論は建都論としても現れる。黄宗羲ははっきりと南京に首都を置くべきことを言っている(『明夷待訪録』建都)。しかしその結果が構造的にいかなる結果をまねく可能性があるか否かについては明確に述べていない。これに対して顧炎武は関中首都論をとなえ、「秣陵はわずかに一地方の事業に役立つだけである」(同、顧寧人書)と述べている。顧炎武の議論は一面では、南京首都論の質を看破しているといえよう。
(38) 水利論との関わりでこの問題を論じたものに、夫馬〔1989〕がある。かなり狭い範囲での地元意識や、中央の関わりの希薄さ、等、畿輔水利論とは非常に対比的であり、南方と北方の社会の成熟度の格差の存在がわかる。
(39) 『石渠余紀』巻六、「紀畿輔営田水利」。
(40) 『宮中檔雍正朝奏摺』第四輯、一二三八頁、雍正三年五月初一日、直隷総督李維鈞奏摺、同、第四輯、四八〇頁、雍正三年六月初六日、直隷総督李維鈞奏摺。

(41)『宮中檔雍正朝奏摺』第四輯、七〇五頁、雍正三年七月十九日、直隷総督李維鈞奏摺。なお李維鈞はその後に年羹尭が弾劾されたときに連座して雍正三年八月に革職。
(42) 実録に記事なし。
(43)『世宗実録』巻三十九、雍正三年十二月丙戌、和碩怡親王等陳奏直隷水利営田事宜三款。
(44)『世宗実録』巻三十九、雍正三年十二月辛卯、戸部等衙門遵旨議覆。
(45) 森田〔1990〕第二部第四章参照。
(46)『世宗実録』巻四十一、雍正四年二月甲戌、吏部等衙門議覆。なおこの時点で永定河の管轄が工部から新設の永定河道に移動。
(47)「工部尚書李永紹等為会議京東水利事題本」(中国第一歴史檔案館「雍正初年京畿水利史料」『歴史檔案』一九八八―一二)、『世宗実録』巻四十二、雍正四年三月丙申、工部議覆。
(48)「工部尚書李永紹等為会議畿輔西南水利事題本」(中国第一歴史檔案館「雍正初年京畿水利史料」『歴史檔案』一九八八―一一)
(49)『世宗実録』巻四十三、雍正四年四月甲戌、怡親王允祥奏言、等。
(50) この背景には磁州は滏陽河の上流で明代の地方官により建設された恵民閘等により灌漑が可能になり、滏陽河沿河は稲の生産が盛んであったことがある。しかし雍正年間に至って水田は少なくなり、閘もほとんど残っていない状況であった。その理由は磁州が上流地点にあるので水が豊富にあるときでも水をせき止めて通過の商船から金を取っていたので、下流の田土は水不足に陥り、下流との訴訟が絶えず、「均水」の判決案は山のごとく出されたが省の所属が異なることはもとのままであり遵守されなかったからである。
(51) 陳儀の事跡については『陳学士文鈔』の冒頭にある符曾撰の「陳学士家伝」参照。また「記録」の上でたどることができる彼の業績は、文集に含まれる「議論」とは別に、『宮中檔雍正朝奏摺』第二十輯、五五九頁、雍正十年十月初一日奏摺、同、第二十二輯、一八〇頁、雍正十一年二月二十七日奏摺、同、第二十三輯、六四〇頁、雍正十二年十月十四日奏摺、同、第二十四輯、二五三頁、雍正十三年三月十七日奏摺、『明清檔案』六五―五三、雍正十三年十月三日等の文書を見ることができる。最後の『明清檔案』所収のものは、即位直後の乾隆帝に対して提出された奏文である。陳儀は営田観察使が廃された後も翰林院侍読学士にとどまり乾隆七年七十三歳で死去。

(52) その他北省の民は稲を食べない、という食習慣の違いが問題になっている（I―44）。この問題は産出した稲米を採買して貨幣を給し、粟や高粱を買わせるという策で解決された。「自給」的観点がここにはないことに注意したい。

(53) 馬宏琦は江南通州の人、雍正五年の探花。雍正九年陝西道監察御史、乾隆元年吏科給事中、四年に巡視天津漕務。

(54) 孫嘉淦・顧琮については第六章において詳述する。

(55) 『高宗実録』巻百十一、乾隆五年二月、には五百二十三カ所の工事の内、四百七十一カ所を民修に係わる部分だとしており、全工事箇所の九〇％に及ぶ。

(56) 同。

(57) なお中国第一歴史檔案館蔵『硃批奏摺』水利類河工、乾隆二十四年七月十六日、直隷総督方観承奏摺、には「畿輔水利自昔言之」と述べた後に雍正三年以降の対策（「初案」）、乾隆九年の対策（「二案」）に効果があったことを述べるのみで、乾隆四年の事業（「二案」）についての言及はない。

(58) 浙江省仁和県の人。雍正二年の挙人。乾隆七年に山西道監察御史。

(59) この干ばつの際の賑恤策が方観承の『賑記』としてまとめられる。この問題については、Will〔1980〕、参照。

(60) 石景山の修という姓の荘頭が渾河を引いて灌漑し常農に比して畝あたりの収穫は数倍、また蠡県の富戸が自ら井戸を掘り干害に備えている。これは民間が自発的に行っている事業。霸州では知州朱一蜚が二十余の井戸を掘る。

(61) 『皇明経世文編』巻四九五、左宮保疏、「題為議開屯学疏」。

(62) 『宮中檔乾隆朝奏摺』第一輯、七八九頁、乾隆十六年九月二十八日、直隷総督方観承奏摺。この上奏には乾隆十二年からの四年越しの営田策の成果が報告されている。

(63) 方観承の政策は以下の通りである。この年の九月文安と霸州の積水の処理を行った際、方観承は州県官に自ら面会して以下の指示をした。村人に前例に従って経営させ、資力のない貧農については侍郎王鈞の捐納による営田工本銀から資金を貸与する。水不足により次年において水稲の播種が不可能になった場合には従来どおり黍粟の採買を許す。

(64) 方観承は河港開通が溢水を抑制しているという状況の背景について説明はしていないが、例えば、『宮中檔乾隆朝奏摺』第四輯、八一四頁、乾隆十八年三月十六日、直隷総督方観承奏摺、に子牙河の河間府における堤防等の維持において長蘆の塩商が捐納を行いそれが財源になっている事が見える。すなわち商業ルート維持の為の財源・労働力が確保されていたと思われる。本書第六章参照。

(65) 例えば、乾隆十八年の蝗害問題や銅銭囤積問題に関する長蘆塩政の動きを参照。『宮中檔乾隆朝奏摺』第五輯、七七頁、乾隆十八年四月十一日、長蘆塩政天津総兵吉慶奏摺、同、第五輯、五八七頁、乾隆十八年六月十六日、長蘆塩政天津総兵吉慶奏摺、等参照。

(66) 唯一、Ⅱ—7、孫嘉淦の上奏に「其価較之南方転運、原有節省」と述べられるにとどまり、これとて弊害として認識されているわけではない。

(67) 大谷〔1969〕。

(68) 論者の出身地による議論の傾向もまた問題である。確かに明末の畿輔水利の議論には東林派の南方出身者の議論が多く、ある程度南方社会の利害がその発言の背景にあったと考えられ、また北方社会の反対もその利害を明確に表出している。ところが清代においては色分けが明確にできるわけではない。道光期の議論において本章で検討した呉邦慶は直隷出身、潘錫恩は安徽出身、とこの二人に関して言えば議論の内容と出身地は対応していない。雍正乾隆期の畿輔水利事業においても直隷出身の陳儀が雍正期の事業の積極的推進者であったり、柴潮生等の御史は南方の出身であっても特に南北問題についての言及をしてはいない。時代背景によって出身地の違いが問題になる場合とならない場合があるし、個人の官歴などが影響することもあるようだ。また、高斌や顧琮のような満洲人官僚が河務のような業務を遂行するに当たってどの程度満洲人の利害を考えていたかについても、旗地の存在とのからみで問題であるが本書では検討が及ばなかった。今後の課題としたい。

(69) 冀〔1936〕一八一頁より抜粋すると「『首府が北方に位することと、その首府を支へるために南方から穀物を輸送することは、首府の穀倉にある一擔の穀物は、それを輸送すると云ふことのために常に数擔の価に相当する。長い間の経験は、その輸送は間断なく継続され得たことを示してゐるけれども、しかもこの地方が将来を見透した政策によって経営せられ、万年後の計画を建てることが出来るならば、なほ一層の改革がなされ得るのである。』同じ上表中において彼は、もしも直隷において開墾によって二万頃の土地が増加せられたならば、首都地方は毎年南支から輸送せられてゐた四百万擔の貢納穀物を生産することが出来るであろうと云ふ計算を立ててゐる。」また、林則徐の『畿輔水利議』については、森田〔2002〕第四章「林則徐の『畿輔水利議』についての一考察」、狄〔1985〕、王〔1990〕等を参照。どの論考も林則徐の議論の積極的評価をしているが、畿輔水利論自体の評価よりも彼自身に対する評価の方が先行している傾向にある。

(70) 例えば、森田〔1990〕第二部第四章、には同治から光緒期にかけて行われた李鴻章の淮軍配下の周盛伝による営田活動について述べられている。

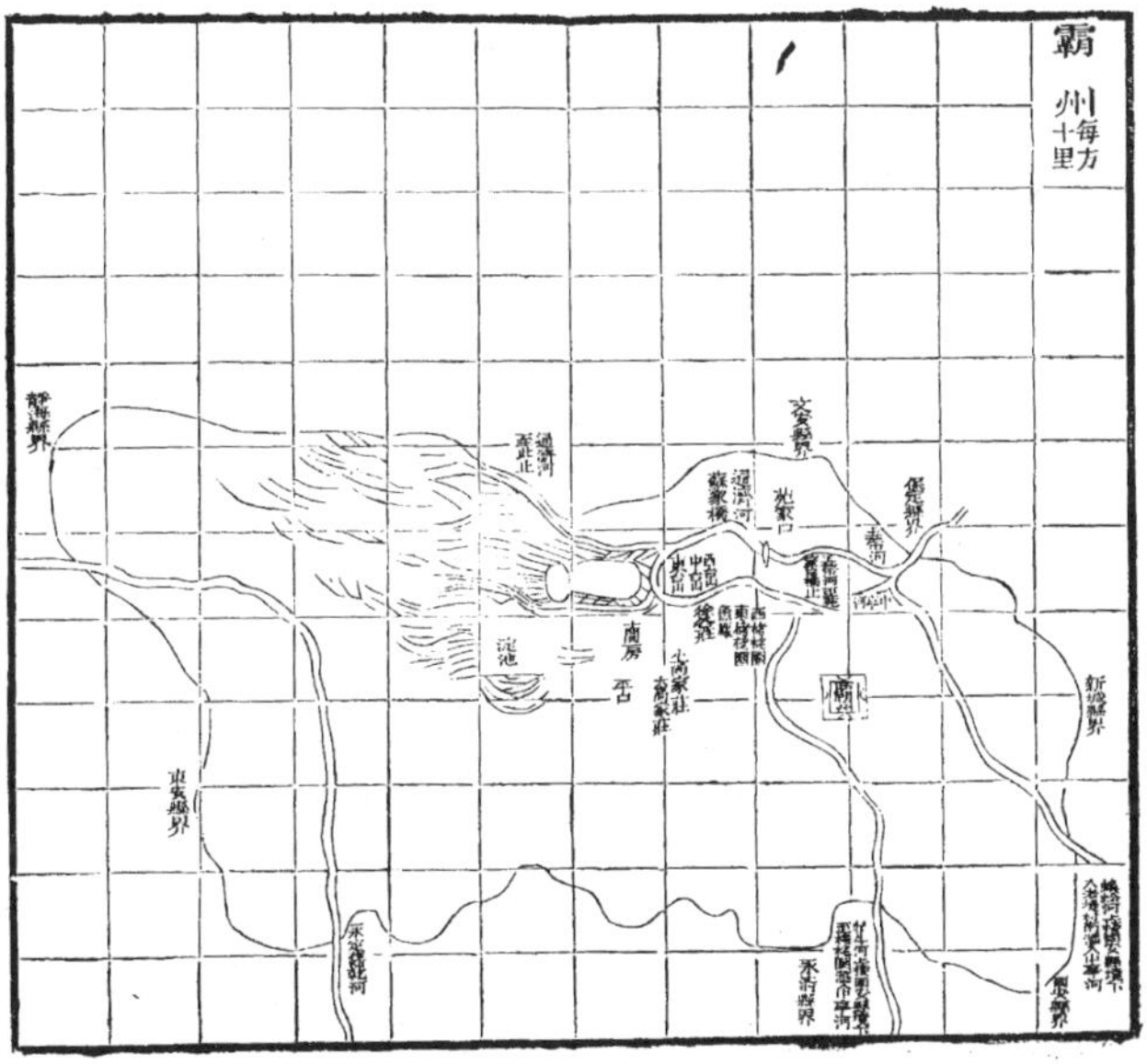

『水利営田図説』上、霸州

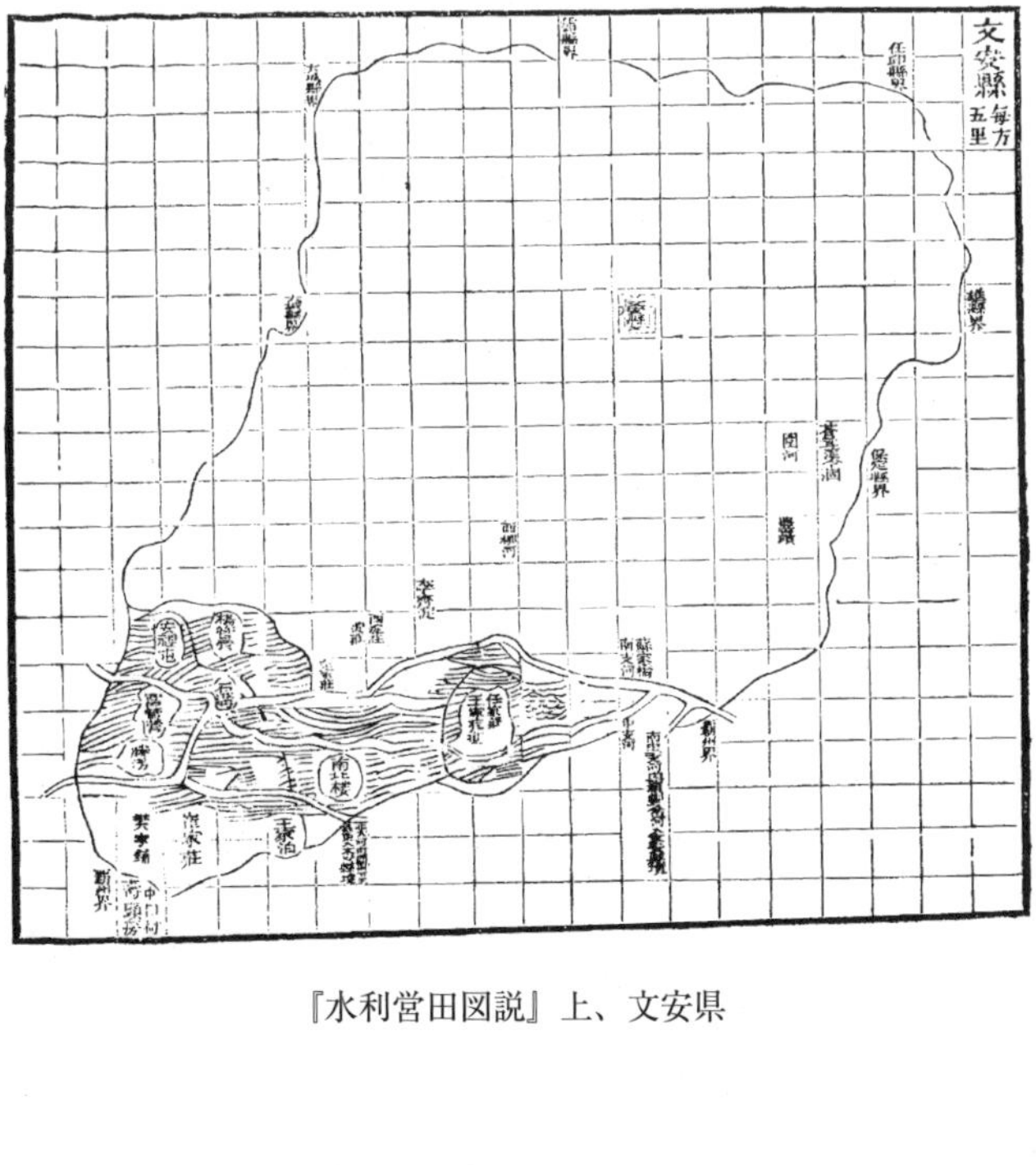

『水利営田図説』上、文安県

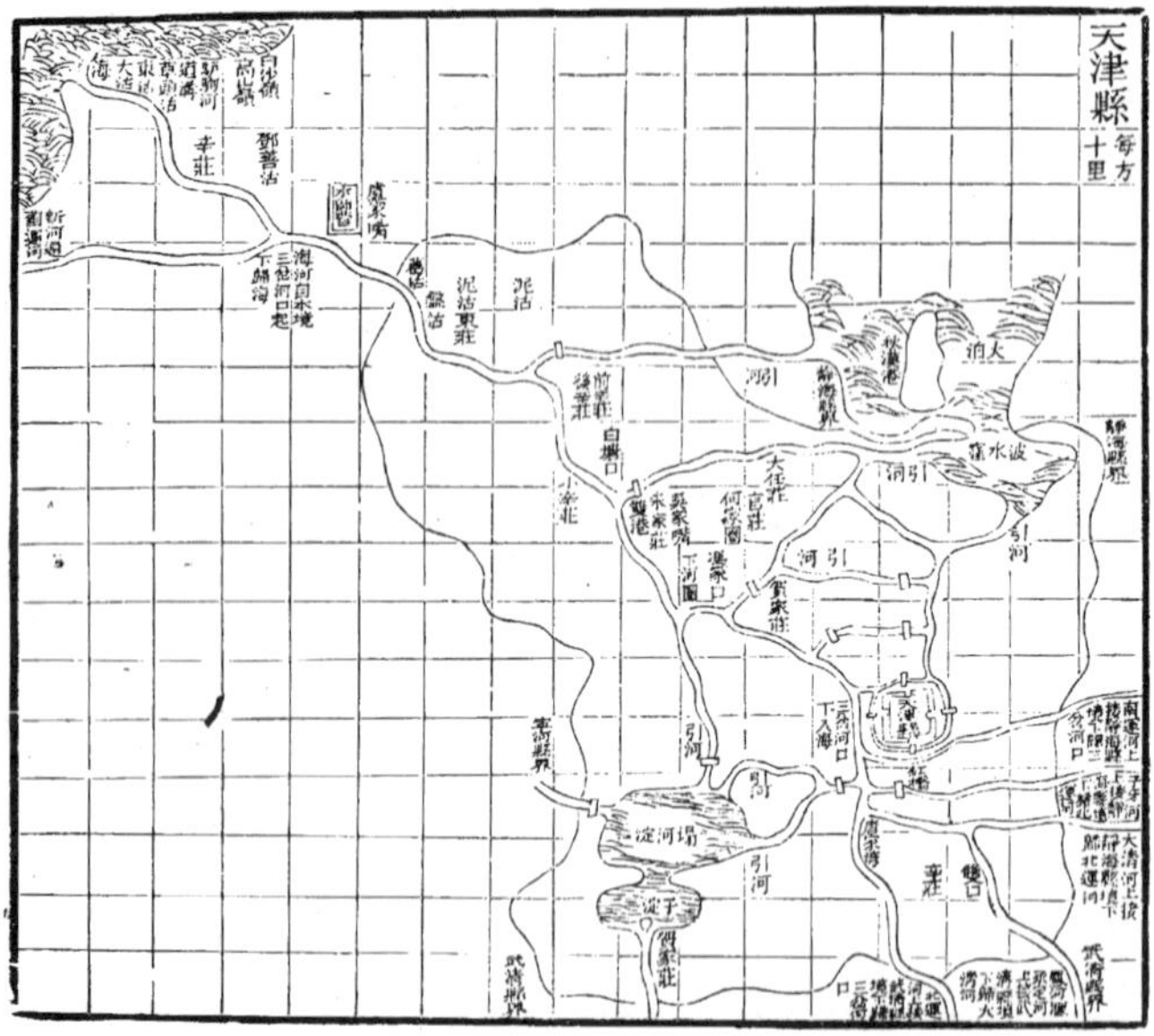

『水利営田図説』下、天津県

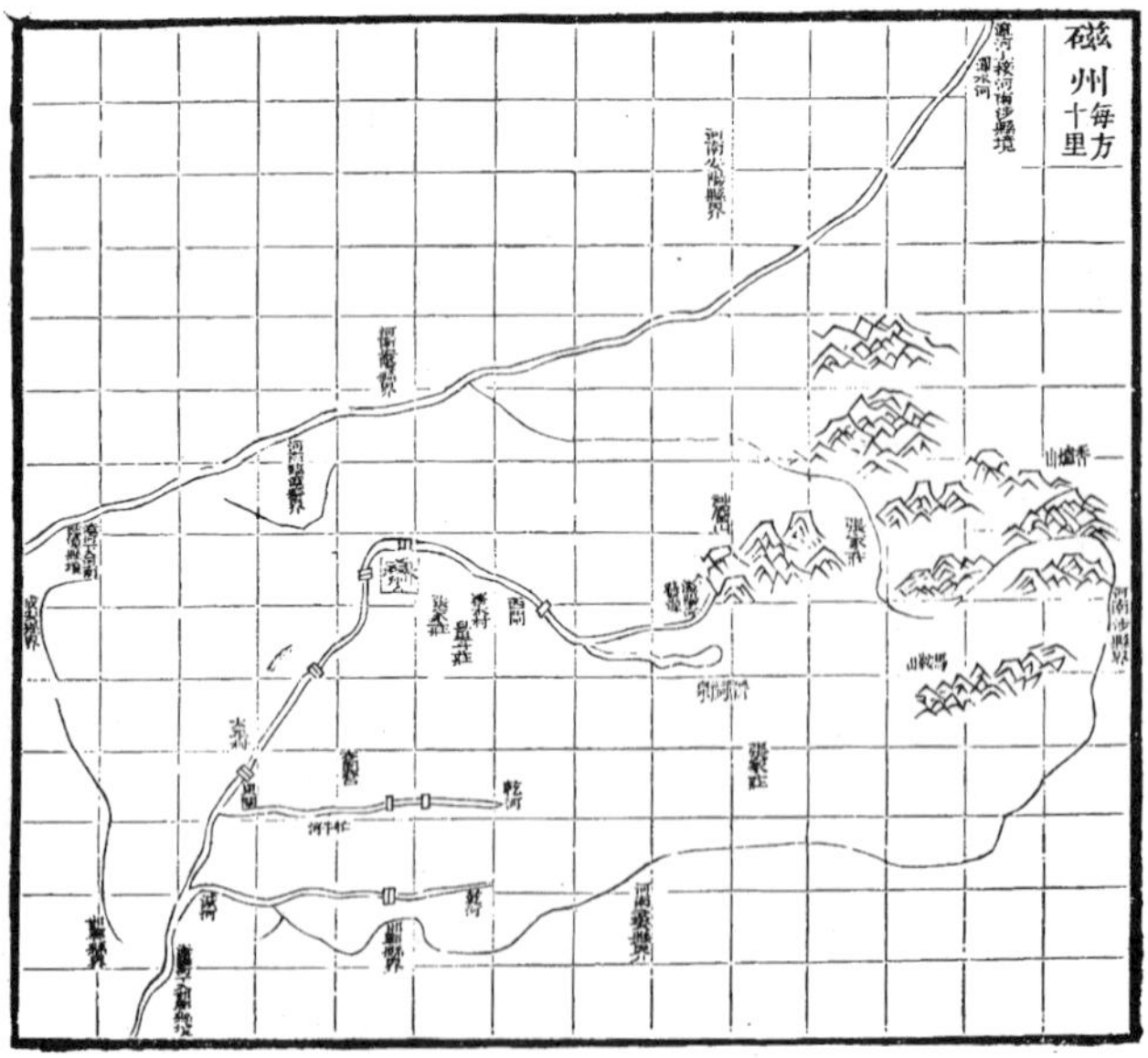

『水利営田図説』下、磁州

第六章　清代前期の永定河治水

本章では康熙期から乾隆期にかけて整備された永定河治水の政策の展開を見ることによって、清代前期の直隷省の清朝にとっての位置づけ、およびその位置づけと直隷地域の経済活動との連関を明らかにする。その際序論において提示した課題の一つである帝政中国の行政における中央―地方の問題に特に着目して考察を進めたい(1)。

一・永定河の概要

直隷省の河川系は、一つは天津に集中するもの、すなわち南北運河・永定河・子牙河・大清河等の河川に代表される海河水系と、熱河地方を源とし永平府を主たる水域とする灤河の水系の二つが存在する。永定河は前者に属している(2)。

永定河は源は山西省馬邑県の洪濤山に発しており上流は桑乾河という。京師の南西蘆溝橋を経由して東南に流れ、大清河と合流して天津で北運河に入る。この永定河は、第一に太行山脈から華北平原に入るときに勾配が急に緩やかになること（平均勾配において官庁付近が1／320、蘆溝橋を境として1／1300～1／2600）(3)、第二に「渾河」・「小黄河」という別名があるように、多量に土砂を含み(4)、下流においてそれが堆積しやすいこと、という二つの要因のために河道が一定せず、「直隷の永定河、故の無定河なり。其の遷移常靡く、一術を以て治むべからず、古形を以て断ずべからず[5]」と言われるように、直隷省の河川にあって最も難治とされていた。

しかし、明代においてはこの永定河の中央による体系的な治水事業は事実上行われなかった。弘治年間に河道総督が設置され、南北直隷・河南・山東の数省にわたる河務を統理したが、もっぱら黄河の治水に力がそそがれ、永定河についていては堤防の破損や溢水があればそのつど奏聞が行われ、侍郎あるいは工部都水司が水利に精通したものを選び修治させるにとどまり、専門官が常設されることはなかった[6]。その一方で、石景山から蘆溝橋に至る部分の特に東岸は首都である北京に面しており、その河床の高さが百四十尺あるため常に溢水の危険性があり、首都防護の必要上、堤防の決壊のつど工事が行われており、嘉靖三十五年には石材による強固な堤防が築かれるに至る[7]。この時に一応は蘆溝橋の南の西岸に八里、東岸に三里の短い堤防が築かれ河道を南方に導いた。しかし逆に言えばそれよりも下流は流れるままに任された。したがって下流の永清県・固安県・東安県等はしばしば水害を被った。

例えば永清県では嘉靖三十一年に家屋への浸水があり、万暦三年には巡撫王一鶚・監司銭藻の手によって若干の堤防の延長が行われ小康を得たが、二十二年には再び河道が移動し、県城に逼迫した。三十五年には長雨により城壁と堤防が壊れ、「永清人昼夜水中に鵠立し、幾ど存活能わざるに至る」という惨状を呈し、その後清朝に至るまでの四十年間は災害が絶えなかったという[8]。固安県では万暦四十一年に「泛漲彌々甚く、煙没せる民居無数」という状況に至り、知県と邑紳郭光復が士民を率いて県城への浸水を防いだという[9]。また、東安県では万暦二年に多雨による洪水が発生し、「人の棲むべく無くして樹に棲む、馬繋ぐべく無くして県に繋ぐ。死者日々多く、本県知県洪一謨親ら水処に詣り、人畜の漂没するを見て天を望みて号泣し、人をして桴に乗りて救済せしむ[10]」という状況となり、この洪一謨は精力的に堤防修築を行い、小康を得た。しかしその後も万暦六年と万暦十年に溢水が起こり、県民は辛酸を舐めた。ところが万暦二十三年の決壊時に霸州に河道が移動して東安県には被害が及ばなくなった。県志には東安県出身の会極門太監王時なるものが祈禱を行った結果、他県に河道が移動し、東安は永定河の害を免れたと記されている。この東安県の事例については以下の二つの点に言及しておきたい。第一に平凡な地方官や地域の実力者のできることは祭祀を行って祈ることぐらいであり、よほどの努力をしない限り実質的な対策を講じ得ず、また他県の利害を顧みる余裕はなかったということ、また第二に逆にいったん河道が移動してしまったならば、旧河道は沃壌の土地に変ずるという事実があり、それが人々の記憶に残る、ということである。(11)

以上見たように、明代においては堤防の決壊時などの災害が起こった際に官が修理を行う等の措置をとってはいたが、(12)中央行政による恒常的かつ体系的な対応はなされなかった。しかし、この永定河についての議論が明朝の中央においてまったくなかったわけではない。

嘉靖年間の宣化・大同への軍餉輸送のために永定河を利用しようとする二つの議論がそれである。嘉靖三十三年五月、山西巡按御史宋儀望の請願により蘆溝橋以北の水運による米の輸送が提案された。この時、兵部は賛意を示したが工部は難色を示し、実現しなかった。(13)六年後の嘉靖三十九年九月、大同巡撫李文進は蘆溝橋以北の水運の提案とともに、天津から蘆溝橋の間も浅船を使って米穀の輸送を行うことを提案した。しかし工部はやはり難色を示し、「この河は氾濫すれば制御しがたく、涸れれば一葦でさえ流れることが出来ない。もし今巡撫が成算があるというならば施行してもよいが、もし障害の可能性があるならばやめるべきである」と覆奏し、結局は李文進の提案が実現することはなかった。(14)ここで注意すべき点はその政策発想はあくまでも中央レベル（兵部と工部）でのものであった点、つまり具体的には辺境の糧食不足による米価騰貴の対策であったというところである。また治水には留意されていない。洪水被害を無くしたいといったような地域の要求による対策とは認められないといえる。

清初においてもこのような状態は続いた。順治九年に石景山以南から蘆溝橋に至るまでの破損した堤防の修築が行われ、その後康熙七年、康熙二十一年にもこの部分の修築は行われたが依然として下流は放置された。そのことは『永清県志』水道図第三に、「国朝順治八年辛卯、一夕風雨驟に作り、河遂に固安迤西に遷徙すること、幾ど七十里にして、白溝河の南に合し、下りて海に注ぎ、河患暫く息む。是れに嗣いで累々衝決有り、遷徙常ならず」とあるように災害の有無が自然条件に左右されていたことからも明白である。[15] このような状況下に置かれた永定河の治水に最初に手がつけられたのは康熙三十年代に入ってからであった。乾隆五十四年刊陳琮撰『永定河志』、および嘉慶二十年刊李逢亨撰『永定河志』冒頭には康熙三十一年二月に発せられた上諭を載せる。

渾河隄岸久しく未だ修築せざれば、各処冲決し河道漸次北移す。永清・霸州・固安・文安等の処、時に水災を被り民生の憂と為る。詳かに察勘を加えて工程を估計し、正項銭糧を動して修築すべし。但に民生に永遠に益有るのみならず、貧民此の工値に借りて、亦た以て家口を養贍するに足らん。

この上諭が事実上初めて中央行政が体系的に永定河治水に着手しようという方針を定めたものであった。財源が正項銭糧であることは中央財政を用いることを示している。またいわゆる「以工代賑」の発想があることに注意しておきたい。

そしてこの永定河の体系的な治水事業が実現するのは康熙三十七年の直隷巡撫于成龍の手による。この時に初めて建築された堤防は、北岸は良郷県張廟場から永清県の盧家荘まで、南岸は良郷県老君堂村から永清県の郭家務までの百八十里であった。「永定河」の名が康熙帝によって付けられたのもこの時のことである。そして二年後の康熙三十九年には更に下流の霸州にまで延長され、永定河堤防の原形が完成する。そして以下乾隆年間までのたびたびの堤防増改築および河道・下口の移動はこの時できた堤防の下流地帯で行われることとなる。

しかし、ここで別の問題が生じることとなる。それ以前の堤防がない時には下流全域に拡散していた土砂が、堤防を建築したことで堤防外に集中することになり土砂の堆積とそれによる天井川形成という事態を引き起こしたのである。以下の節でみる諸制度・諸政策は、この新たに生じた難問に対していかに対処するか、ということに尽きるのである。

二・永定河の治水組織

前節最後に述べたような過程で康熙期以降整備されていった永定河の治水組織は、雍正乾隆と時代が下るにつれて精緻なものになっていった。本節では治水組織の制度的内容を人的組織、財源、労働力の三面から検討してみたいと思う[16]。

二・一　人的組織

永定河の治水組織は地理的な管轄から大きく四つに分けられる。蘆溝橋より上流の石景山の工程、蘆溝橋より下流の北岸と南岸のそれぞれの工程および三角淀の工程である。首都防護の必要上、蘆溝橋より上流の石景山附近においては明代から強固な堤防が整備されていたことは既に述べたが、それより下流の治水は康熙三十七年から順次進められ、その人的組織も確立していった。

康熙三十七年に永定河治水組織が確立したときから雍正元年まで、堤防の直接の管理は工部が行った。まさに「直隷六部」である。堤防の南北両岸には工部の分司が置かれ、南岸・北岸それぞれの堤防を管轄し、中央から六部郎中クラスの官僚が派遣された。実際に任用された人員を見ると満洲人の旗人が大部分を占める[17]。北岸・南岸の堤防は十里から二十里前後の堤防を管轄する「工」といわれる単位で北岸が八、南岸が九に分けられ、それぞれの「工」はほぼ一里毎に置かれた「号」に分けられる。そのうち「工」の責任者は当初は中央から筆帖式クラスの官僚正副三十八人が派遣されていた。この後康熙四十二年吏部の請により冗員を整理することとし、四十三年に正副二十二人と定められた。その後雍正元年に至りその「工」が所在する周辺州県の州同・州判や県丞・主簿クラスが兼管することとなる（表6—Ⅰ）。また、「号」には概ね兵舗一所が置かれ、さらに「工」周辺の村荘が「工」内のいずれかの「号」に所属することとなった[18]。（表6—Ⅱ）また、雍正四年には工部の分司は廃止され専門官である永定河道が設置され[19]、その下に石景山同知・南岸同知・北岸同知・三角淀通判がそれぞれの分担区域を管轄する「南北岸十八汛険工林立[20]」の体制が確立する（図6—Ⅰ参照）。

右記のように康熙期から雍正期にかけて全般的な中央→地方の管轄の移行が行われている。初期の担当官に満洲人が多かったこと、また「永定河旧有の分司、及び部発効力の筆帖式、此等の人員既に地方専員にあらざれば、則ち民事において漠として相い関せず、採買収受するに未だ胥役の擾累を免れず[21]」という記述や、雍正三年八月の工部の奏に引用された直隷総督李維均による報告に、筆帖式の中には家が殷実であり賠償に問題はない、とごまかしてこの地位に就き、限満即陞を願うものが多い、つまり単に昇進のために任官を希望している[22]、とあることから、中央から地方への移管は大局的には直隷省が雍正二年に布・按両司が置かれ、名実共に「省」としての体裁を持つに至ったことと軌を一つにするものであったと言えよう。つまりは制度上の管理体系の面からも永定河の治水事業において地方レベルの比重が高くなったことがいえるのである。

表6―I　永定河工程表

	経　管	長さ	分号	属　県	備　　考
石景山					
東岸	石景山同知	23.5里	24号	宛平	雍正8年まで工部直轄
西岸		14里	14号	宛平	
南岸					
頭工上汛	霸州州同	17里	17号	宛平	嘉慶5年に上下汛に分割
頭工下汛	宛平県丞	11.3里	11号	宛平・涿州	
二工	良郷県丞	22.7里	22号	宛平・良郷・涿州	
三工	涿州州判	20.7里	20号	涿州・宛平・固安	14号に金門閘
四工	固安県丞	27.7里	27号	固安	
五工	永清県丞	24.6里	24号	固安・永清	
六工	霸州州判	30里	30号	永清	11号に総督防汛署
北岸					
頭工上汛	武清県丞	15里	15号	宛平	乾隆46年に上・下汛に、嘉慶8年に上・中・下汛に分割
頭工中汛	武清県丞	16里	16号	宛平	
頭工下汛	宛平県丞	16.3里	16号	宛平・良郷	
二工	良郷県丞	23.4里	23号	良郷・宛平	
三工	涿州州判	18.3里	18号	宛平・固安	
四工	固安県丞	24.9里	25号	東安・固安	
五工	永清県丞	21.4里	21号	永清	
六工	霸州州判	30里	18号	永清	
三角淀					
南隄七工	東安主簿	20里	20号	霸州・東安	
(東老隄)		18.8里	19号	永清・霸州	南隄七工が兼管
(旧南隄)		21里	21号	永清・東安	同上
南隄八工	武清主簿	20里	20号	東安・霸州・静海	
(旧南隄)		19里	20号	東安・武清	南隄八工が兼管
(旧北隄)		17里	18号	東安・武清	同上
南隄九工	武清県丞	11里	12号	武清・天津	
北隄七工	東安主簿	25里	25号	永清・東安	
北隄八工	東安主簿	20里	21号	東安・武清	
鳳河東隄	把総	59里	60号	武清・天津	

(出典) 嘉慶『永定河志』巻五、六、七、工程

表６－Ⅱ（ａ）　南岸五工工程表

号　　数	所属村荘等
第　一　号	兵舗一所　辛務村　太平荘
第　二　号	白垡村
第　三　号	兵舗一所　南解家務村
第　四　号	孫楊荘　北小営
第　五　号	北解家務村
第　六　号	兵舗一所　順民屯
第　七　号	兵舗一所　汛房一所　大王荘
第　八　号	許辛荘　南戈奕村
第　九　号	兵舗一所　曹内管営　下七村
第　十　号	張家務　大孟各荘　小孟各荘
第十一号	兵舗一所　馮各荘
第十二号	兵舗一所　後仲和
第十三号	兵舗一所　前仲和
第十四号	南曹家務　北曹家務　胡其営
第十五号	埽工二十九段　汛房一所　東桑園
第十六号	埽工四段　汛房一所　西桑園
第十七号	郭家務
第十八号	兵舗一所　談其営
第十九号	龍家務
第二十号	大良村
第二十一号	小良村
第二十二号	埽工十九段　兵舗一所　磚瓦汛房三間
第二十三号	曹家荘
第二十四号	兵舗一所　台子荘
第二十五号	兵舗一所

（出典）嘉慶『永定河志』巻六、工程

表6－Ⅱ（b）　北岸五工工程表

号　　数	所属村荘等
第　一　号	兵舗一所　張野鶏荘
第　二　号	兵舗一所　宋家荘　邱家務
第　三　号	紀家荘
第　四　号	兵舗一所　王居村
第　五　号	池口
第　六　号	北戈奕
第　七　号	兵舗一所　西営
第　八　号	呉家荘
第　九　号	韓台村
第　十　号	埽工二十五段　兵舗一所　仁和舗
第十一号	埽工四段　泥安村
第十二号	兵舗一所　倉上村
第十三号	兵舗一所　支各荘
第十四号	泥塘村
第十五号	汛署一所　何麻子営
第十六号	兵舗一所　姚家馬房村
第十七号	楼台村
第十八号	兵舗一所　廬家荘
第十九号	張家茹葷村
第二十号	兵舗一所　王家茹葷村
第二十一号	兵舗一所　張家荘　沈于靳村　楊家営

（出典）嘉慶『永定河志』巻六、工程

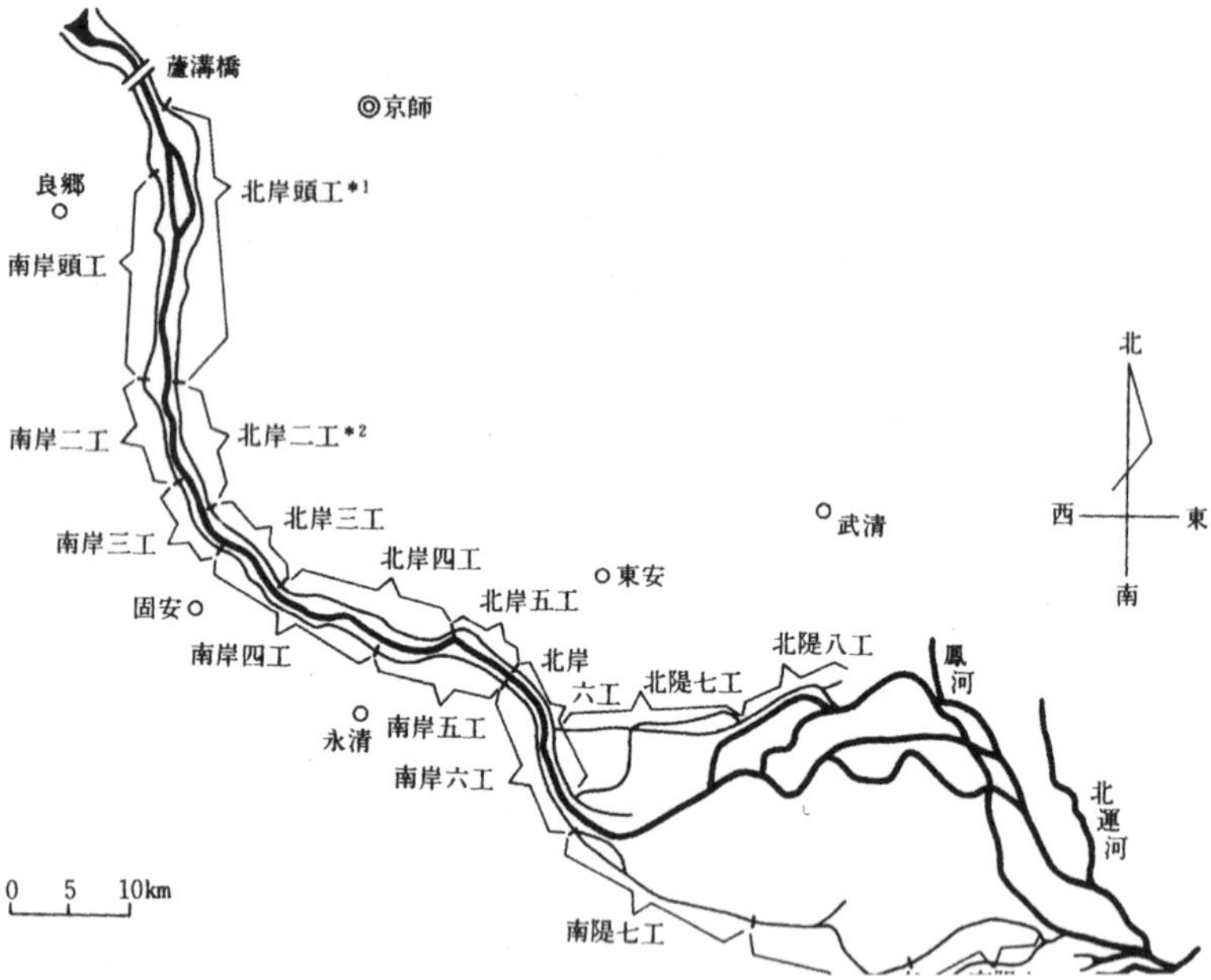

図６―Ⅰ　永定河堤防および工程（民国『安次県志』永定河全図参照）

＊１　乾隆46年に上・下汛、嘉慶８年に上・中・下汛に分割

＊２　嘉慶５年に上・下汛に分割

二・二　経費

河防工事の費用は総称して「河工銭糧」と称される。[23] 河防工事は通常の工事としては歳修・搶修にわけられる。歳修とは例年の秋汛（立秋から霜降節まで）に開始して凌汛（融氷期の増水期）に完工する工事であり、搶修は堤防等に損傷があるときに随時行う工事である。永定河のこの歳修・搶修の費用は中央から支出された。この点は人的組織が地方主導にシフトしていったことと対蹠的である。

康熙期においては、康熙三十七年に黄河の歳修・搶修の例に照らして辦理することが議准された[24]後は毎年三〜四万両が動用され、「別案」と呼ばれる臨時の工事については七〜八万両が随時動用されるなど、定額はなかったが、雍正四年に永定河道が設置されるとともに定額化され、歳修銀は一万五千両、搶修銀は一万両とされた。その後雍正八年、乾隆十五年にそれぞれ五千両増額され、乾隆十八年に南北両岸歳修銀一万両、搶修銀一万二千両、疏濬中泓銀五千両、石景山歳修銀二千両、疏濬下口銀五千両の合計三万四千両に定額化された。剰余分の翌年の繰り越しは認められた。乾隆四十年には歳修銀は前年の費用によって見積もられることとなり、定額化の枠がはずされた。[25] 費用の中央からの受領の手続きの制度上の規定は、永定河道が歳修・搶修の費用を毎年秋に見積もりをしたものを直隷総督が題奏し、それが許された日に委員が直隷総督の咨とともに戸部に赴いて費用を請願するというものであった。[26]

なお費用の見積もりについては、乾隆八年までは工部の現行做法によっていたが、浮多が多く、例えば各河川の土砂の性質の違いから浚渫の難易度が異なるのに単位当たりの工費が一様であるなど、直隷各地方の河工の実情に照らすとバランスを欠くものであったので、この年の閏四月から、清河道・永定道・通永道・天津道・大名道の五道それぞれの地域の河工の実情にあった項目あるいは額の費用の則例が定められた。[27] 永定河についていえば、例えば「挑河

方工価則例」には、

旱方毎方工価銀七分

泥濘方毎方工価銀九分

旱葦板方毎方工価銀九分

水方毎方工価銀一銭一分

水葦板方毎方工価銀一銭三分

水中撈泥毎方工価銀一銭八分

とあるように、永定河内部での浚渫の難易度に応じて工費の見積もりが分別された。その他、「築堤土方沙輌工価分別遠近尺丈則例」、「歳搶椋廂需用各項夫料工価則例」、「木料価値」、「埽廂做法」、「堵築河口用丁椋軟廂做法」、「修建閘壩橋座需用各項夫料工価則例」、「石工建造閘壩各料則例」、「石景山各項物料価値工程做法則例」、「修砌大石堤工做法」、「三角淀成造伐船以及土方等工料価値則例」の大項目があり、それぞれの大項目は更に細かい項目に分類される。例えば「修建閘壩橋座需用各項夫料工価則例」の中の小項目である「松木椿則例」は直径と長さによって、径一尺三寸長さ三丈四尺の銀九両二銭三分六厘から径六寸長さ四尺の銀一銭三分二厘にいたる八十段階の価値の見積もりがなされている。(28)

さて実際に使われた経費であるが、表6—Ⅲにまとめている。康熙期の支出については截然と区別できないが、少なくとも雍正年間以降の支出は歳修・搶修以外の支出と見てよい。この中で額として目立つのは雍正四年・乾隆三年・四年・三十七年に十万両を越えているものである。雍正四年は怡親王の指揮下に行われた康熙三十九年以降で最初の大規模な工事であり、金溝口以下の石堤や土堤・下口の移動に伴う築堤・新河の開削等に使われている。乾隆三・四年は乾隆帝即位後初めての大工事であった。この時には大学士鄂爾泰、直隷総督孫嘉淦、直隷河道総督顧琮等の多くの議論を経て一連の治水策が提示され、金門閘の石壩化など、かなり多額の費用を要する工事が行われた（前章の畿輔水利二案）。乾隆三十七年は直隷総督周元理等により、「大工」つまり堤防等の大規模なメンテナンスが実施された年である。個々の工事で最も費用がかかったのは乾隆三年の金門閘の工事であり、約十九万五千両を要している。ここで次節で述べる乾隆十六年と乾隆二十年の下口移動については、これらに比してそう多くの費用が使われていないことに注意したい。

以上はいわゆる「正項」による予算と支出であるが、その他、主として現地で処理する項目としていくつかの範疇の収入がある。「河淤地畝」はその代表的なもので、堤防外（当時の史料では隄内）の河川敷の部分を民夫に与え、租を徴収するものであった。乾隆十年に定められた規定では民夫一名毎に六畝五分を給し、畝毎に六分あるいは三分の租を徴収した。徴収された租は永定河道庫に解られ、河工用の費用とした。乾隆十年段階では覇州・永清・東安・武清の四州県に適用されたが、乾隆十五年と十六年に相継いで宛平・涿州・固安にも適用された。この項目の財源はある意味では重要なものであり、例えば次節で見る下口の移動等の臨時の工事を行うとき、その財源のため、あるいは新規の財源捻出困難による反対論を封じるためにプールされていたようである。ここで民夫に与えられた土地は「防険夫地」と称され、その数字の概要は表6—Ⅳにまとめている。民夫の総計は二百二十五の村落から三千五百五十戸、地畝面積の総計は二万三千七百五十四畝、租の総計は一千四十三両五銭である。

その他、乾隆三十九年から開始され、柳園の隙地や六工附近の新たな淤地等に佃戸を招いて耕作させ租を徴収した「柳隙地租」、築堤用地の確保のために雍正四年に民間から買い上げた葦地において当初は葦の生産があるので、その葦を刈って公用にあてていたが、葦の産出量が低下したので乾隆三十一年から淤地の例にしたがって佃戸に耕作させ

表６―Ⅲ　康熙～乾隆期の永定河工事費用

時　期	費用(両)	用　　途	備　　考
康熙37年	30,000	築堤	第一次築堤（于成龍）
38年	46,600	築堤	
39年	6,000	加培堤防	第二次築堤（李光地）
49年	13,400	加培堤防、挑水壩	
55年	25,010	修理堤防	
56年	25,010	加培堤防	
59年	19,784	加培堤防、挑水壩	
60年	47,460	修理堤防	
雍正元年	73,176	培修堤防、修理閘	
2年	3,335	浚渫	
4年	185,543	改河、築堤、築壩、浚渫	第三次改移下口（怡親王）
8年	17,185	新建および重修河神廟	
10年	68,907	建築堤防、浚渫、遷徙房価 修理石工、建築碑亭扁額	
11年	51,984	培修堤防、建築堤防	
12年	9,969	(具体的には不明)	両岸黄家湾等処の工程
乾隆2年	59,006	建壩、浚渫船	
3年	270,110	築石壩・草壩、浚渫 建築および修理堤防	金門閘石壩の建設に約19万両
4年	105,965	築草壩、築堤、浚渫	
5年	23,196	築堤	
6年	31,762	築堤、衙署、舗房、器具	
7年	54,911	築壩、築堤、浚渫	
8年	19,054	開渠、築壩	渠は上流（山西大同～直隷西寧）
9年	15,956	築堤、築壩、浚渫	
10年	62,793	減河、浚渫	
11年	49,322	築壩、浚渫、別案工程	
12年	27,142	修壩、加培堤防	
13年	5,866	築壩	
15年	23,137	築草壩、築堤	
16年	65,571	加培堤防、修草壩、修廟、修建衙署、浚渫、遷徙房価	第四次改移下口（方観承）
17年	1,355	加培堤防	
19年	3,746	築堤、浚渫、築壩、遷徙費用 建蓋汛署	
20年	19,705	築堤、壩、浚渫、遷壩房価	第五次改移下口（方観承）
21年	10,475	築堤	

25年	5,250	築草壩、浚渫	
26年	7,168	浚渫、築壩	
27年	4,965	築堤、築壩	
28年	15,090	築堤、浚渫、修理廟	出費は工賑の例に照らす
32年	24,488	修廟、浚渫	
35年	8,974	修補閘、築堤	
37年	138,749	浚渫船、築堤、築壩、浚渫 建蓋汛房	第六次改移下口 周元理等の「大工」
38年	5,817	加培堤防、重建廟	
39年	21,658	加培堤防、修蓋廟	
40年	9,582	加培堤防	
41年	4,065	浚渫、建壩	
42年	1,681	築堤、建壩	
43年	8,381	加培堤防	
44年	8,472	築堤、修堤	
46年	831	修廟	
51年	39,214	加培堤防	
54年	3,660	加培堤防	

（出典）『永定河志』巻十、経費、累年銷案

表６―Ⅳ　防険夫地

工　　汛	村　　数	戸　　数	地畝（畝）	徴銀数（両）	徴 解 州 県
南岸四工	5	10	741	23.6	永清
南岸五工	34	459	2,983	142.5	永清
南岸六工	42	613	3,987	193.5	永清
北岸五工	25	611	3,971	149.1	永清
北岸六工	19	435	2,827	98.0	永清
北隄七工	34	507	3,298	135.9	永清
北隄八工	43	606	3,939	184.1	永清・東安
北隄九工	23	309	2,008	116.8	東安
合計	225	3,550	23,754	1,043.5	

（出典）『永定河志』巻十一、経費、防険夫地

租を徴収した「葦場淤地」、雍正十一年に前河庁汛の捐納によって官地に入れた土地である「香火地畝」といった、いくつかの項目の土地があり、その収入は「祀神公費」等の祭祀や河営の留養局の費用に当てられた[29]。

二・三　労働力

浚渫等の労働力については、八工以下の下口部分については既に雍正九年に五千両が計上され民船・民夫を雇用しており、雍正十二年には専門官である三角淀通判が置かれ、更に乾隆期に入ってから垈船（浚渫作業船）・衩夫（浚渫作業夫）の定額が設定された[30]。しかし、八工以上の堤防部分については当初特に規定はなく、乾隆十五年までは堤防にその田土や墳墓が隣接する村落の村民が増水期において自辦で堤防に赴き河兵と共同で作業に従事するものであり実質上は役であった。乾隆十五年からは、直隷各属に既に存在する「民埝」の例に照らし、頭工から八工附近の十里以内の村荘から永定河までの距離、あるいは人口の多寡に応じて分担箇所を決定し、断流期（三〜四月、九〜十月）に浚渫箇所の土砂の量、一日の処理能力を概算して必要な人数の村民を動員し、作業を行わせることとしている。その賃金は一日一名当たり米一升と塩菜銭五文で、米一升は制銭十文に換算され、銭十五文が支給される。工事の日程は二十日で、作業が早期に終了しても規定の賃金は支給する。八工以下の下口の浚渫についても同様の措置をとる。その全体の費用は、従来からある八工以下の下口の浚渫のための費用五千両をあてるが、それでは不足するので歳修の項目から五千両を加えて合計一万両とした。銀一両＝銅銭一千文の公定交換率で単純に計算すると一日三万人分以上の労働力が必要であると想定されている[31]。この数字は乾隆十七年三月二十六日の直隷総督方観承の奏摺における「今夫工三万余人を下らず。本処村民其の大半に居ると雖も、然ども新増已に少からず[32]」という記述によっても裏付けられる。また工事の地域の村荘は交通の便益が悪いためもともと米糧の流通量が少なく、工事期の人口増加（「新増已不少」）によって需要が増え、米価の上昇を見る。したがって乾隆十七年の例に見られるように河南の陵糈から約一万石を酌撥して工事箇所に設けた廠に運び、土工に日一升を支給することもあったが、このような際にも現物支給ではなく銅銭によって賃金は支払われ、土工たちは廠に赴いて購買した。この際米価は市価よりも安めに設定され、一方銅銭は市価をもって換算されたので、この時期の「銭貴」の状況下では土工に有利なように配慮された[33]。

このような制度変更に伴い、官制の変更も行われた。この時まで永定河附近の村荘は永定河河員の管轄ではなく、各州県に属していた。しかしこの時から十八汛内の河員に巡検の銜を加え、村荘の直接の管轄を可能にし、二・一で述べた「号」にいくつかの村荘が属する形となった。（表6—Ⅱ参照）

この乾隆十五年の労働力調達方法の改革は単に「均役」を実現するのみならず、銅銭による賃金の支払いにより、永定河周辺村荘への経済的効果をねらったものとして評価できる[34]。

三・乾隆期の永定河治水

三・一　直隷総督兼理河道方観承の履歴

ここまで永定河治水の制度的側面の分析を行ったが、本節では以下、乾隆初期から中期にかけて直隷総督[35]として直隷省の治水の責任者であった、方観承という一官僚の永定河治水の事跡を通じて、実際の永定河治水の行政的対応の動態について分析してみたい。

方観承は、字は遐穀、康熙三十七（一六九八）年直隷省の通州に生まれた。本籍は安徽省桐城県でいわゆる桐城方氏の一族の出身である。祖父方登嶧は貢生で官は工部主事、父方式済は康熙四十八年進士となり内閣中書となったが、康熙四十九年に起きた文字の獄の一つである『南山集』の獄に連座し、二人は黒龍江に流刑となった。方観承は兄方観永とともに南京の清涼山寺に寄食した。そして祖父と父に面会するために毎年南北を往復し、その際に「南北阨塞及び民情土俗の宜とする所[36]」と「天下の利弊・人情風俗の当に設施すべき所[37]」を知ったという。[38]

彼にとって転機となったのは雍正九（一七三一）年、族人の推薦により平郡王福彭の藩邸に入ったことである。翌雍正十年に福彭が塔爾岱とともに定辺大将軍となってジュンガルに遠征した際、福彭が方観承を記室（書記）としたい旨を上奏した。雍正帝は彼に布衣をもって中書の銜を賜った。時に方観承三十六歳であった。[39]

雍正十二年、方観承は福彭の軍功を以て内閣中書（従七品）を実授され、これより彼の官僚としての正式なキャリアが始まる。乾隆元年、制科である博学鴻詞科に薦められたが、平郡王の縁故による及第を嫌い、試に赴かなかった。しかしついで内閣侍読（正六品）に昇進している。翌二年十二月、軍機章京を兼任する。[40]この職は翰林官が要求される古典的教養よりも事務処理能力が重視される。第一章で検討したように、この時期は言路が開かれ、科道官（言官）以外も政策課題について比較的自由に意見を提出しており、方観承は政策過程の中枢に近い所にあり、清朝の政治課題（アジェンダ）がなんであるのか、またその処理に当たっての手法について身につけたはずである。乾隆三年には兵部主事（正六品）、さらに吏部員外郎（従五品）ついで郎中（正五品）となり、乾隆七年まで京官を続ける。属官であったため、この時の彼のめだった業績の記録は無いが、乾隆四年鄂爾泰の黄河視察に随行し、また乾隆六年十一月、高斌が永定河調査に赴いた時にも随行し、河務への関わりをこの時期に始めたようである。[41]

乾隆七年七月、道員である直隷省清河道となり、これより彼の地方官としての履歴が始まる。清河道は保定・正定の二府、および遵化・冀州・趙州・深州・定州・易州の各直隷州を属する分巡道であると同時に直隷河道総督に隷し、豬龍・拒馬・滹沱の諸河および東西淀を管轄する河官でもある。この年の十二月署総督吏部尚書史貽直が永定河の河工について乾隆帝に指示を仰いだ際、乾隆帝は史貽直の奏に対する旨において、「永定河実に緊要に関わる。卿明春において方観承と協同して、詳酌して之を為せ。此の人想うに河務に宜し。其の穿鑿せざるも亦た条理有るなり」(42)と言っており、この時点では河務に関する実績がほとんど無かったにもかかわらず、その能力が河務に適している「可能性」を示唆している。

清河道任内、彼は乾隆八年六月にはじまった直隷省二十七州県の干ばつによる流民への賑恤の実質的業務遂行者としての事跡を残している(43)。この時の方観承の行動については、現地に調査に赴き、過去の賑恤の事例を集め、詳細な計画立案と業務遂行を果たしたとされる。その記録が、方観承撰『賑記』八巻（乾隆十九年自序刊）である。この過程で八年十月直隷按察使（従三品）に昇任する。乾隆九年二月、大学士訥親に従い、浙江の海塘及び山東・江南の河道を視察する(44)。十月には直隷布政使（従二品）に昇任する。この際、方観承は乾隆帝への謝恩の為に陛見を請うが、乾隆帝は「汝は朕の深知の人に係わる。但だ勉力実心に任事せよ。他に諭すべきなきなり。且に必ずしも来京すべからず。明年便に随って、即ち朕に見えるべきなり」(45)と答え、すでにその信頼度が極めて高いことがうかがえる。

直隷布政使在任の乾隆十一年九月山東巡撫を署理する。署理とはいえ、巡撫として一省のトップにはじめて立った。彼の上奏文はこの時のものからみることができるが(46)、方観承が提議した案件は、例えば「畿輔義倉」の原型となる義倉の構想など、どれものちの彼の業績の原型となるものである。また、政治史的観点から見ると、清朝の体制下では、督撫となってはじめてアジェンダが主体的に設定できることがよくわかる。

乾隆十三年三月、浙江巡撫（従二品）に遷り、この時には海塘の問題等を処理している(47)。なお、浙江巡撫の任期中の、十三年八月、乾隆帝（および軍機大臣）はこの時期までの河工において功績があったが、すでに高齢となっていた高斌に対して、その後継者として張師載と方観承の二人の名を挙げ、どちらが河務に適任かを諮問している。高斌は、「才情を論ずれば方観承の方が優れているが、経験が浅い。誠実さを論ずれば張師載の方が南河治水の任にたえ、長く現場におり習熟しているので、張を現場に派遣して協辦させてほしい。この他には適任者はいない[48]」と述べており、乾隆帝以外の人物にも方観承の能力は認められていたことがわかる。

この浙江巡撫を一年余り勤めた後、乾隆十四年七月、直隷総督に遷る。以後乾隆三十三年の死までおよそ二十年、乾隆二十年に数か月陝甘総督を署理し軍務に従事した以外は連続して直隷総督であったが、このことは清代官僚制の総督人事中においては、彼が漢人であったこと、科挙によって任官した官僚ではないこと等を考えると異例であったといえよう。彼の評価された能力は実務・行政能力であり、それが乾隆帝の構想する政治に適合したものであったと考えられる。

乾隆十年代は乾隆帝のいわゆる十大外征の開始の時期でもあり、直隷省は常に遠征の起点に当たり、また乾隆帝の省内の行幸も多く、「百務如雲而起[49]」と称されるように直隷総督は激務の官職であった。加えて方観承が直隷総督になった十四年に直隷河道総督は直隷総督の兼官となり河務をも掌握しなければならなかった[50]。もっとも彼は七年に清河道になったときから直隷省河務に従事しており、また当初より各地の治水・水利調査に随行していたことは、既に述べたとおりである。

治水・水利は現実の業務としてみた場合、結果としての成功不成功が明らかであり、失敗の場合の実質的被害も大きい。また工学的知識のみならず資材の調達や労働力の確保等多面的な行政処理が要求される。つまり部分部分を対症療法的に処理しても一時的な対策にしかならず、必ず他方においてそのしわ寄せが生ずる。水という流体の動学的な均衡を維持し、あるいは改善するには全体をシステム的に見る視点が必要である。乾隆帝も、特に永定河治水についての方観承の奏摺には帝自身の観察結果としての意見を述べており、かなりの関心を持ち、またセンスも持ち合わせていたのではないかと考えられる。その均衡が静態的ではない経済あるいは商品流通・貨幣流通との比喩を想定すれば、そのセンスには共通したものがあるのではないか、と考えることは興味深い。

三・二　方観承以前の永定河治水

ここでは、方観承が直隷総督になる以前の永定河治水について概略を述べる。

方観承以前の大規模な永定河治水策は、まず雍正四年に行われている。これは怡親王の直隷省全般の水利事業の一環として行われたもので、東淀に流れ込んでいた永定河を永清県の郭家務から東方へ改河し、東安県の狼城・武清県の王慶坨を経て三角淀に導き、土砂を三角淀に堆積させて大清河の流路を確保するものであった。

これらの工事によって、永定河の土砂が運河・大清河に流入して運河交通を阻害したり、大清河の流路に支障をきたすことはなくなった。しかし三角淀に年々堆積する土砂の処理が次の課題となる。

乾隆期に入り、乾隆二年から永定河治水の見直しが行われたが、ここで主導権を握っていたのは孫嘉淦である。乾隆三年、李衛の死後直隷総督となった彼は、一環して永定河の問題が「築隄束水」つまり康熙期の治水方針の弊害によるものだとする認識に立ち、永定河を「故道」に戻し、「治めずして之を治む」の策を採るべきことを主張した。彼の主張は「……即使《たとえ》間々漫溢有るも一・二村荘に過ぎず。之を潰隄淤淀の害に較ぶるに、十分の一に及ばず。即使村荘を保護するも、零星疏築に過ぎず、之を歳修・搶修の費に較ぶるに、亦た十分の一に及ばず」(51)という言説に表される。この当時は乾隆帝も「故道」論者であったらしく、孫嘉淦の上奏に対して「永定応に故道に帰すべくは、朕已に之を慮ること久し。今孫嘉淦一力に擔承し妥協辦理するは、実に嘉ぶべきに属す。一切善後事宜詳勘妥辦せよ。明年伏秋両汛、果して安瀾を保てば、該部に着して議叙具奏せしめよ。善後の計に至りては、最も緊要たり。該督河道総督顧琮と従長に妥議具奏せよ。永定河既に故道に帰すに至りては、此の後河道総督応に尚お之を設くべきや否やの処も亦た一幷に詳議具奏を着ず[52]」と述べ、直隷河道総督の職の裁汰まで考えている。故道策とは具体的には、金門閘の上流の築堤以前の流路の部分に放水口をつくり、そこから洩水して河道を南方に導き、永定河を康熙三十七年以前の故道に戻していこうというものであった。しかし翌乾隆六年一月の段階で孫嘉淦の策が固安・良郷・涿州・雄県・霸州等で被害をもたらしていることが明らかになると[53]、鄂爾泰等の調査を経て放水口は閉鎖された。孫嘉淦も調査に会同したのだが鄂爾泰等の判断に「実に敢えて扶同せず」として反対の意を示し、放水口を「旋開旋塞」することは「放水の本意と実に相左」として抗議の上奏を行った[54]。しかし乾隆帝はこの上奏に対する硃批において「此の奏固より是」とはしながらも「卿已見を固執するを必せず」として退けた。乾隆帝は孫嘉淦の治水への努力に対しては評価を行い、水害をもたらしたことに対する譴責は行わなかったが、のち乾隆三十二年に永定河を視察したときに作った「過中亭河紀事」と題する詩に、孫嘉淦の策を採用したことに対する反省の意を示している[55]。ともかく乾隆期に入ってからも康熙期に確立された「築隄束水」の方針は維持され、以後もこの枠の中で諸対策が行われる。

三・三　乾隆十六年の下口移動

以上で述べたような経緯を承けて、乾隆十四年、直隷総督となった方観承がまず最初に手がけたのは永定河の治水であった。そして彼が提案したのは単なる堤防修築や浚渫ではなく河道の移動であった。

乾隆十四年十月二十五日、それに先立って方観承が永定河の堤防の「加高培厚」の必要性を提案した上奏（原檔は不存のため日時は不明）を受けて、方観承と高斌に寄信上諭が下された。この上諭では当時の乾隆帝の永定河治水についての見解が述べられている。それを要約すれば、「治河の正道は下流の水の流れを疏通させることであり、土砂が堆積して河床の上昇が見られるたびに堤防を高くしていたのでは根本の対策とはいえない。またこの『加高培厚』を経費捻出の口実にする向きもある。方観承は事理において明断で畿輔の水道に関しても精通しているはずだから、別の対策を考慮せよ」というものであった[56]。方観承はこの上諭を受けて翌月十一月十二日に上奏を行う。そこでは、乾隆二年に鄂爾泰・李衛・顧琮等が提案し、部の覆准まで得ていたが実現しなかった対策、つまり永清県の六工の地点において堤防の北に新たに河を開削し、従来の北汎を南汎とし、新河の北側には新たに北岸大隄を築く、という工事を現時点の状況においてこそ採用すべきであると提案する。ここで行うべき従来ある堤防の修築と新河の開削の費用については問題ないとする。（この奏では具体的数字をあげてはいない）

しかし河道の変更によって生ずるのは河工自体の経費の問題ばかりではない。河道を変更すれば新しい河道になるところに従来居住してきた住民また耕作地をどうするのかという問題が自然に生じてくる。方観承もその点については考慮しており、北大隄内の十九村荘のうち三千四百間余りの住宅、六千三百五十座余りの墳墓、多くは麦地である旗地と民地一千頃余りが影響を受けるであろうことを試算している。これについては雍正四年に行われたやはり永清県の郭家務における改河の時の旧例にならって対価を支給すればよいということを述べている。（工費同様具体的な数字をあげていない）そして性急に策を講ずると問題が生ずるので来年の増水期を待って再度河道移動に伴う具体策を上奏する、としている[57]。この上奏は各種費用についての具体的費用の額があげられていないことからも、治水の「計画発想」の段階のものであるといえる。

しかし、乾隆帝はこの方観承の提案に対して、その硃批において「改移下口の処、軽言すべからず。鄂爾泰の原勘も亦た未だ即信して尽善不易の策と為すべからず。改移して数年後復た淤塞を致さば、又将た何ぞ移さんとするや」

と述べ河道の移動には難色を示している。乾隆五～六年の孫嘉淦の「故道」策を鵜呑みにして失敗したことなどの反省から、乾隆帝が大規模な変化に対して慎重になることは当然かもしれなかった。

　方観承の下口移動策が退けられて三か月後の乾隆十五年二月二十九日、乾隆帝は自ら永定河の視察を行う。そこで方観承に直接様々な指示を行う(58)。実録では三十日に永定河隄工を閲したこととなっているが(59)、方観承『燕香集』上の「趙北口水圍恭紀長句」の六十句目の割註に、「趙北口より陸に登りて永定河工を臨視す」とあり、それに符合して『御製詩二集』に「趙北口水圍罷登陸之作」があり、その三句目割註に「永定河下流、淤を覚ゆ、督臣の之を親臨するを請うを允し、以て疏濬の策を商す」とあり、方観承の求めに応じて永定河隄の視察を二十九日以前に行い、「過永定河」という詩を二十九日以前に詠んでいるので、二十九日という日付に誤りは無い(60)。さて、乾隆帝の原詩は、

　水地中《ひくき》によりて行き(61)、其の事無き所に行く
　要し禹を以て師と爲さば、禹貢隄の字無し
　後世乃ち諸に反し、祇だ惟れ隄のみ是れ貴しとす
　隄無ければ衝決を免れ、隄有れば防備を労す
　若し禹豈《そ》れ易えざれば、今古實に異勢
　上古田廬稀にして、水と利を争わず
　今則ち寸尺を争うも、安ぞ如許《あまた》の地を得ん
　隄を爲すは已に末策にして、中は又た等次有り
　上は其の漲を禦ぎ、帰漕して則ち治めず

下は卑に高きを加え、隄高ければ河も亦た至る
之を寛墻を築くに譬うれば、上において溝渠を置くがごとし
行険を行《や》りて以て幸を徼《もと》むるも、幾何ぞ其の潰れざる
胡ぞ疎疏濬を籌《はか》らざる、功半ばにして費貲せず
之に因りて日々遷延し、愈々久しくして愈々試し難し
兩日永定を閲し、大率病是に在り
已む無くして相い咨詢し、為に偏を補いて弊を救えり
下口略々更移、其の下易に趨くを取る
厚きを培《くわ》うるは或いは為すべきも、高きを加うるは汝切に忌め
多く減水の壩を為《つく》れば、亦た漲異を殺ぐべし
土を河心に取り、即ち淤を疏《のぞ》くの義に寓す
河中に居民有り、究に久長の計に非ず
相安んじて姑く論ぜず、宜く添寄を新しくするを禁ず
條理は爾が其の覆《つと》め、大端は吾略示せん
桑乾豈に巨流ならん、束手計義を煩わす
隠隠に南河を聞く、此と二致無し
未だ臨まざるに先ず憂いを懐く、永言して吾が意を識す[62]

というもので、これは、先述の乾隆十四年の永定河下口の移動についての提案に対して答える内容のものとなっている。「下口の移動については軽々しく提案すべきではない」と却下した乾隆帝であったが、実際に永定河を閲し、何らかの対策の必要性を感じたようであり、そのあたりの迷いが詩に表現されている。「土を河心に取り、即ち淤を疏《のぞ》くの義に寓す」の句には、「向來河臣隄を治るに率ぞ加高培厚を以て請を為す。朕、培厚を以て尚お可とす。加高すれば則ち隄高くして河も亦た日々與に倶に高く、長策に非ざるなり。其の培隄の土を取るに類《ほぼ》之を隄外に取る。朕謂《おも》うに就近隄外の土を取りて以て隄を益せば、隄増えると雖も地は愈々下る。宜く河中の淤出の新土を取りて之を用いれば則ち培堤即ち淤を濬するの義に寓し、両得を為すに似たり」と割註があり、堤防の幅を増すことは可であっても高さを高くすることは天井川の状況を引き起こすとして不可とし、「隄外」（すなわち現代治水用語の堤内地）の土砂を用いて堤防の幅を増すことについても問題視し、浚渫土を用いて堤防を作るべきことを言っている。また、「相安んじて姑く論ぜず、宜く添寄を新しくするを禁ず」の句には「河中淤地の窮民輒ち播種に就き、草舎を搆して以て居し、水至れば則ち避去し、害を為さざると雖も墻を築き壩を疊ね、未だ河を塡めるの患有るを免れず。祗だ以えらく遷徙は民の願う所に非ず、已むを得ずして姑く之を聽し、其の後を禁じて増廊を附益する勿らしむを云う」と割註をつけている。堤防外の河川敷において農業に従事している窮民の存在の認識と一定の理解を表現している。以上の二つの割註の内容は二月二十九日に方観承が上諭を面奉する形で伝えられていることが『永定河水利事宜』、『永定河志』[63]によりのみ確認できる（上論檔、実録にはみえない）。

全体として、六工以上の南北の両堤については康熙帝の旧規すなわち康熙三十七年に確立した体制を守ること、六工以下の下流地域についてはもともと水郷であるから将来の改移においてはその流れの状態に沿った形で行い、自然に逆らう形で強制的に堤防を築くことによる改移を禁ずることが言われ、下口の移動もやむを得ないという感触を乾隆帝自身も得たようである。

乾隆帝の詩に対して方観承がその意を忖度し、同日に韻をあわせて詠んだのが以下の詩である。

渾流古より定め無きも、治めざるも本より事無し
両長隄を束してより、永定碑字矗《そび》ゆ
乍ら覚ゆ河患の失われ、為に農田の貴きを検すを
官を設け修防を重んじ、壩を腷して椿埽を備え
莽瀁として六十年、改導も亦た勢に因る
尾閭淀広に藉り、壅沙漸く利を失う
勝芳と三角と（倶淀名）、蓄眼久しく平地
下に趨けば下は高を増し、葉淀は淀の次
且く復た歳修を籌るも、何ぞ由りてか長治を冀わん
故道屢々議復さるも、利杳《はるか》にして害先に至る
相い望むこと七百村、讓る莫し盈丈の渠
其の夏濤の険に當り、心驚く撮土の潰えるを
但だ楗旧を崇くする有るも、焉んぞ能く銭貲を惜しまん
壩を豁きて傍洩せしめ、汛至れば屢試するを得ん
頻年安瀾を獲て、収效尚お是に在らん

臣職耑司を惴れ、初めて至る利弊を審にするに
近甸疇咨に厪め、此を了して殊に易えず
巡観して舊歴のごとく、一一別に宜忌す
詎ぞ鹵莽の為すべし、深く惟う今昔異なるを
頻々と申す陘築の戒、須らく瀹注の義を省すべし
緬《はる》かなる彼六工の下、地闊く宜しく計を為すべし
拓きて波流をして寛からしめ、衍して泥淤の寄るに任す
数十百里中、轡を頓《とど》めて指示に勤む
稍や兩隄の舊きを存し、故道の議に拘る無し
淀近きも沙入らず、海遠きも水終に致す
拜手して謨訓を垂れ、宸章精意を繹く(64)
その真意はともかく、故道策の非は強調されている。
そして乾隆十五年のいくつかの奏摺の提出を経て、南岸七工において減水壩を新設したり、従来の減水壩の修築を行う等の一時的措置がとられたが(65)、乾隆十六年三月初十日に方観承は上奏を行い下口移動の必要性を再度説く。三月初一日、初四日等の永定道白鍾山の、発水が大規模で金門閘で一尺八寸、冰窖付近で一尺の増水が見られる、という稟報を受けて、その時南運河の工事の視察のために静海県に駐在していた方観承は現場にかけつけ調査を行った。その結果方観承はこの時の永定河の状況を「十数年来之所未見」と述べ、そして乾隆三年築の坦坡埝の終端から東北方

向に三角淀に向かって寛六丈、深さ二～四尺、長さ約二十里の引河を開き葉淀に帰入させ鳳河に導き、大清河に通ぜしめる、という策を提案する。(66) この提案については乾隆六年から乾隆十年の間直隷総督であった高斌、更に大学士傅恒、工部侍郎汪由敦に検討が命じられる。高斌等は三月二十三日に上奏を行い、そこで「未だ一時に水の壩出するに因りて、遽に更張を議するべからず」といい、旧来における浚渫と堤防修築のみで対処すべきことを述べ方観承の提案に反対するが、その一方で方観承がそれでも河道移動が必要と判断するならば更に調査議論して上奏させればよい、と留保を付ける。(67) これに対して四月初五日に方観承は再び上奏を行い、現時点において河道移動を行うことが「天時之順」「地勢之順」「人事之順」に従うものだとして移動策の必要性を力説した。(68) この奏摺に対して乾隆帝は「留中」の措置を取り、別に兵部尚書舒赫徳と河東河道総督顧琮に現地調査による検討を命じた。彼ら二人と方観承は会同して四月二十三日に冰窖の東の草壩から王慶坨に現地調査に赴き、そして四月二十八日舒赫徳と顧琮と方観承の連名の奏摺が提出され、方観承の原議が採用されることとなる。(69) ここでは移動すべき村荘への具体策、財源の確保の方法が述べられ、そして再調査の上、五月十三日には移動する村荘や工法についての四条の具体策が提示され、(70) 永定河の下口移動策は現実化された。

三・四　乾隆二十年の下口移動

さてこの十六年の河道移動が行われてからおよそ三年後の乾隆十九年十二月初六日、方観承は再び河道の移動を建議する。その内容は下口に再び土砂が堆積しているので永清県の北岸六工の地点において堤防を開いてその地点を下口とし沙家淀に導いて鳳河より大清河に入れる、というものであった。この時の奏摺で問題となっているのは、当然のことながらどの地点で下口を移動するかということの他に、前回の移動時と同様にその移動によって移転しなければならない村荘についての対策である。この点については関係地点の村民が遷移に積極的であるということを根拠とし、その費用については工事自体は約三千両で、財源は新旧の河灘地租、村民の移転に関する費用は瓦房五百七十五間（間毎に三両五銭）、土房二千四百三間（間毎に二両）、草房四十三間（間毎に一両）で合計六千八百六十一両で財源は河灘地租の項で、不足する場合は歴年の節省銀から湊用するという計画をたて、特に新規に動項する必要が無いことを詳細な見積もりをして論じている[71]。

この提案については軍機大臣と工部による検討が命じられる。そして彼らによる議覆が行われた（期日不明）。その内容は、前回の河道移動からまだ三年も経過していないのに再び行うというのはいかなる事か。またこの上奏の内容と乾隆十六年四月二十八日の舒赫徳等との会奏の内容とに矛盾点がある[72]。さらに内容を実に拠って再報告せよ、というものであった[73]。これに対して方観承は年が明けて乾隆二十年の正月初二日に奏覆を行い、現状報告を行うとともに河道移動の必要性を説き、さらには乾隆帝に対して三月の泰陵行幸の際永定河を視察するときに帝自らの判断と指示を行って欲しいということを要求する[74]。

これをうけて三月十二日に乾隆帝は自ら視察を行い[75]、方観承の再度の下口移動策は乾隆帝の支持するところとなる。諸記録、例えば『永定河志』巻一、絵図、六次絵画図、「五次改移下口河図」には「仰蒙高宗純皇帝親臨閲視指示機宜、于北岸六工洪字二十号賀尭営地面、開隄放水改移下口」とあるように、乾隆帝の業績として残されているが実際には以上に見たように方観承の発案した対策が採用されたのである。またここで注目すべきはこの乾隆二十年に行われた策は方観承が乾隆十四年直隷総督就任後すぐに提案した策をほぼ実現したものであるということである。乾隆十六年の策は結果的には南方に土砂を堆積させることによって二十年の策をより確固たるものにする準備作業となったことになるが、これが意図的であったか否かは推測の域を出ない。

方観承の死後、方観承が抜擢して直隷省諸官を歴任し、当時やはり直隷総督の職にあった周元理[76]の発案による「大工」が乾隆三十七年に行われた。この工事は、例えばその下口の位置や河道の経路などは基本的には乾隆二十年のものと同じである。[77]

以上まで述べてきた、康熙三十七年、康熙三十九年、雍正四年、乾隆十六年、乾隆二十年、乾隆三十七年のつごう六回の改河策がいわゆる「六次改河」である。（本章末図版参照、『永定河志』巻一「六次改河図」）そして以後清末に至るまで、二度と下口の改移が議論されることは無かった。[78]

三・五　方観承の治水策に対する評価

以上のような方観承の永定河治水の業績については両面の評価が有る。一つは「公地勢を洞澈し、時を相《み》て機を決し、或は革、或は因、或は濬、或は障、其の河務の前後数十疏において之に従えば輒ち利あり、純皇帝毎に其の永定を籌するの善たり、他人の成法を執る者の能く及ぶ所に非ざるを歎ず[79]」という、的確な状況判断と臨機応変の対応に対する積極的な評価と、一方では「救弊補偏・苟且一時に過ぎず、故に三年にして遂に其の説を三変す[80]」という彼の行った対策が根本的な処置ではなかったことに対する批判である。その批判の論拠となった方苞の「与顧用方論渾河事宜[81]」に述べられる根本策とは、永定河を淀ではなく海河へ直接注ぎこむというものであった。しかしこの方苞の議論は康熙三十七年の于成龍の堤防建設を于の祖先の墓を水害から守るための「私議」であった、とするかなり政治臭が強いものである。また方苞が永久無弊の策とする永定河を淀に入れずに直接海河に導こうとする策は、方苞に師事していた方観承も検討しており、一応は「上策」としながらも経費の見積もりが九十万両以上であること、南北運河の漕糧船運行に支障を来すことから実現不可能であると判断している。[82] 水理学的に見ても、淀が永定河の土砂を海河に入れないための機能を担っていることを等閑視している「紙上の空談」といえる。現に方苞は地図を見ただけでこの説を提案している。

一般的に治水計画と言うものには、計画発想の段階、適応調査の段階、等様々な段階があるが、多くの論者が例えば『漢書』溝洫志の賈譲の三策を引いたり、明の潘季馴の黄河治水の策を持ちだして議論するなど、計画発想の段階のみに止まっているものが多く、乾隆初期の孫嘉淦のように、永定河を故道に戻すのが良策であるという、当時かなり有力な議論であったけれども波及効果を考えない策に固執し失敗する事例もあった。方観承の永定河治水策には特に新奇なものはなく、そういった点で、個人の業績としては忘れ去られる運命のものであった。しかし康熙三十七年に確立した体制の枠内で、乾隆初期の時代背景のなかで現実に為しうる最善の対策をとり、永定河の氾濫による流域地域への被害を最小限にとどめたことについては高く評価をしてよいだろう。

四・地域レベルの対応

前節までは主として省レベルにおける行政の永定河に対する対応を分析した。本節では乾隆期における県レベルの行政の対応を見ていきたい。そのためにまず永定河流域の県の一般的状況を素描しておく。その事例として永清県を取り挙げるが、それはこの県の状況が地方志によってかなり詳細に復元できるからである。[83]

永清県はその境域の北部を永定河が貫通し、明代以前からしばしばその水害を被る県であり、また前節で検討した河道移動政策の現場に当たる県でもある。人口は乾隆四十二年の統計で民戸と屯戸あわせて四万二千六百七十七戸、総人口十九万六千五百七十六人。[84]農業については大麦・小麦、黍・稷等の雑穀の栽培が主で稲米・綿花の栽培はほとんどされておらず、稲米は隣県の文安・霸州・涿州から、綿花は涿州・新城からの販入による。稲米の価格は乾隆四十二年段階で一石当たり銀二両、麦は一両五銭、稷・黍・高粱は七銭である。その他の産業としては、養豚業が行われているが、漁業は永定河においては魚介類による利益が恒常的に無いので専業化には至っていない。手工業は紡車によらない紡績、柳を加工しての柳器の製作、葦等による席（むしろ）の生産が行われているが綿布の生産は行われていない。集市は八か所あり、すべて十日に二回の開市である。(85) 交通便益の点から見ると北京から保定方面へ抜ける官道また明代以来の商業路である北京から河間に抜ける陸路からも外れ、また水路である北運河からも離れており、全体的に見た場合、北京からわずか五十キロメートルの地点であるにもかかわらずそう豊かな経済力を有する県ではない。進士は明代は十四人、清代は乾隆四十二年までに五人であり、順天府の他の州県からみて標準的な数字であるが、京県である大興県・宛平県にははるかに及ばない。県内の有力氏族には賈氏・柴氏・劉氏・趙氏・張氏・石氏・李氏等があるがいずれの一族の学位保持者もほとんど生員どまりである。(86)

永清県以外の永定河流域州県、例えば固安県・東安県・霸州等については永清県のように正確にその状況を描くことはできないが、一般的状況はその地理的条件や交通便益からいってほぼ同様であると考えてよいだろう。

乾隆『永清県志』には永定河関係の記述も多く残されている。康熙期から乾隆期の方観承の施策にいたる数度の河道の移動策についての沿革や詳細な図の記載などがその例である。（本章末図版「水道図第三」参照）また、同治『固安県志』は巻二、輿地、川瀆に「永定河来源考」、「永定河流遷徙集考」、「永定河歴次改河改隄考」、「永定河改隄後入海考」、「永定河通牝河考」、「金門閘減水河引」、「北村灰壩減水引河」、「求賢灰壩減水河引」、「固安県境沿河分号設兵築隄建壩」、「永定河隄堰」、「禁河身内居民添削蓋房屋碑」等の多数の記事を記載している。

これらの永定河関係の地方志の記事の中でひときわ精彩を放っているのが李光昭纂修の乾隆『東安県志』巻十五、

河渠志の「論永定河利弊」の八条である。これは地方サイドからの永定河治水に関する意見が述べられたものであり、「或人」が余（李光昭）に問うという形式で記されている。李光昭は浙江省山陰県の人で監生。乾隆元年から南岸八工の汛員、乾隆三年から北岸八工の汛員、乾隆六年から南岸九工の汛員という永定河治水の末端の実務を勤め、乾隆八年から東安県の知県となった人物である。この「或人」の問というのは恐らくは当時地方サイドの永定河治水に関する輿論を撰者の李光昭が反映させたものであったと思われる。以下それを見てみよう。

1．永定河治水の「一労永逸之策」はないのか。（「永定河果有一労永逸之策乎」）

この問は恐らく根治されない永定河の問題に対する行政への批判的な意見を反映しており、それまでの対策が「救弊補偏に過ぎず」であるという認識が背景にある。この問いに対し李は「不能」と答え、南北十八岸の永定河の最下流地域における土砂の堆積は防ぐすべもなく、その上流において河道の移動という対策を講ぜざるを得ない、とする。つまりはこの前後の時期に行われる河道移動という対策の基本方針を「此れも亦た事勢の必然なり」として是認する態度を取っている。(87)

2．三角淀に専門官を置いているがこれは冗員ではないか。（「三角淀特設庁汛、専司疏濬下口、果如所言、豈庁汛各員皆尸位素餐者乎」）

3．岱船・衩夫の設置は無益なのか。（「然則岱船・衩夫之設、竟無益乎」）

この二つの問は下流の淀地域における土砂の堆積を防ぐことができない以上、三角淀通判という専門官、あるいは浚渫船や土工たちは必要ないのではないかという問である。これは三角淀通判のほか多数の人員を配置しながらも、被害を根治できないことに対する不満のあらわれであろう。この問に対して李は、自らの三角淀通判の経験を踏まえながら、やはり下流地帯の土砂の堆積が物理的に人力では根本的な対策を講じ得ないことを言った上で、彼らの役割について土砂の堆積によって溢水の行き場がまったくなくなるという最悪の状況を防止するためには必要不可欠の存在であることを強調している。

4・清を以て渾を刷するの計を永定河に適用するのはどうか。(「以清刷渾之策如何」)

これは明の潘季馴や清の靳輔なども主張している黄河治水の方法を永定河に応用しようとしたものであろう。ここでは具体的には大清河系の河川の水流によって永定河の土砂を押しだそうとする対策である。この対策は当時においてはかなり有力な説であったようだが、李光昭は永定河と大清河の増水時期のズレなどを根拠にこの対策は不可能であるというのみならず、「万万として軽試すべからず」と主張している。

5・永定河の両岸に渠を開き灌漑をするのはどうか。(「渾河両岸、開渠引灌、分道澆漑、易瘦為沃、如通志所云涇水之富関中、漳水水之富鄴下、其法何如」)

これは永定河が灌漑水利に有用であるか否かという当地の農業生産ともかかわる重要な問題である。李はこの問に対して「不能」と答える。流れを引いて灌漑するにはまず溝洫が必要であるが永定河は土砂も多く水の勢いも激しいのでもし溝洫があってもすぐに破壊されてしまう、と言う。したがって永定河の治水対策として堤防と減水壩を作るという今の策が良策であるとする。減水壩についてはその溢水が与える被害について恐らくは非難があったと思われる。しかし李はその溢水がもたらす肥沃な土砂が逆に収益が大きい秋麦の栽培を可能にしていることを言う。李は永定河を水運の便もなく灌漑にも資せず、魚介類も産しない「無用河」としながらもその淤地の利のみは大きく、「昔日濱水荒郷」が「楽土」となりその富庶は諸県よりも大きいことを言う。治水が間接的に地域の生産力を向上させている一つの事例である。しかしここで注意すべきは堤防をなくすべきだという「故道」論者の「一水一麦」の議論とは似て非であることである。なぜならば李は堤防の存在を前提とした上で、それでも永定河のもたらす肥沃な土砂による農業生産の向上が見られることを認めているからである。

6・永定河の淤地の利益は大きいと言うのであるならば、それにならって東西の淀にも淤地を作れば利益が大きいのではないか。（「渾河所淤之地、其利若此、今東西両淀不乏淤地、随其高下、量築堤埝、而藝種之、其利何如」）

これに対して李光昭は「不可」という。その理由としては下流の淀の淤地を耕地とするために囲ってしまえば増水した水が流れることができず、弊害をもたらすであろうことを言う。治水の法には利のみあって害がない、あるいはすべて徳であって怨みがない、というわけにはいかないから、治水に従事するものは小利や浮言に惑わされることなく臨機応変にバランスをとって業務に当たらねばならないという。淀の遊水地としての役割は永定河治水全体にかかわる問題であるから淀を管轄する州県のみで判断すべきではなく、李の答えは当然である。これは流域各県が自己の利益をはかったり、また地方官が人気取りに走っては全体の治水体系を混乱させることになることに対する警告である。

7・渾河の下口の水佔の地は官が買い上げているがそれを願うものと願わないものがいるのは何故か。（「渾河下口水佔之地、按畝給価除糧、此莫大之曠典也、而民有願有不願者、其故安在」）

水佔の地とは河道の移動等によって水没する村落の土地であるが、前節で見たようにこれに対する補償は重要な政策課題であった。しかし必ずしも官から給価を受けない者があるという。これは官が地価を買いたたいていると言うわけではなく、市価の二～三倍の補償をしているのであるが、数年後に水没地に土砂が堆積して淤地になったときにその地価が数倍から十倍になることをみこしての行為であるという。

8・下口の移動に伴う人の移動は困難な作業であるので、水佔の地の村には埝を作ってこれを守るのはどうか。（下口水佔村庄、其有戸多人衆安土重遷、勢難他徙者、量築護村埝以捍禦之、豈不甚善」）

これは村落が自ら日本でいう輪中堤を作ることの是非を問うものである。この問いにたいし李光昭は「一面傍隄、一面臨河之村」についてはそれを認めるが、「四面環水之区」については決して行ってはならないとする。「四面環水之区」は元来被害を受けるのは周囲の低地の部分だけであり、中央部の高い部分は被害を受けない。しかし一旦堤防を作ると河水は土砂の堆積により高くなり、それにしたがって堤防を高くせざるをえない。そしてその様な状況下で堤防の決壊が起こるともはや村全体にわたる被害を防ぐことができない、とする。李は「昔日の堂二甫其の轍を覆む」と失敗の実例を挙げ、その策の非をいう。これは堤防を作ることによってかえって土砂の堆積をもたらした永定河全体の治水にも言えることであり、どの策を選択するかは様々な要因とバランスを考慮しなければならず、単に技術のみではなく高度に政治的な問題である。村のレベルで近視眼的に対応すると後に自らの力量では対応できなくなることを警告したものであると言えよう。

これらの問いと答えを総合してみると、永定河周辺の各県がいかに永定河自体の帰趨、あるいは関連する行政の動きに影響を受けていたかがよくわかる。この議論がなされたのは乾隆十三年のことであるが、くしくも翌十四年から直隷総督になる方観承の諸政策の大枠は李光昭の意見とほぼ一致する形で行われている。[88]例えば乾隆十六年、乾隆二十年というわずか三年の間の二度にわたる河道の移動はいくら方観承の治水計画が優れたもので、また彼自身が乾隆帝の絶大の信頼を得ていたとしても、地元の合意なしには実行に困難が伴ったであろう。しかしこの地元の代表は江南の郷紳に比することができるほどの勢族ではなく、先述のように多くは生員・監生クラスを出す程度の士族である。したがってイニシアチブはあくまでも地方官側にある、といえよう。とはいえ極端な地域のエゴイズムの否定が上記の議論の根底にあることからも、やはり行政当局の全体の方針に対する公共的観点からの社会的合意を見てとることもできる。

また発展途上にあるとはいえ乾隆八～九年の干ばつによる流民の発生、乾隆十七～十八年の蝗の発生、乾隆二十七年の不作等その自然条件からまだまだ生産力は不安定で、それでも増加しつつある人口を養うために、安全に居住するための土地、安定した収益がある農地の確保が必要であった。さらに農閑期や不作時の現金収入のための雇用機会を造出する必要が有り、永定河の治水事業は当時の好況と貨幣流通量の豊富さにも支えられて、永定河周辺地域の社会に積極的に寄与したと言えるだろう。

註

（1）本章で検討する乾隆期の永定河治水についての専論には賈・姚〔1986〕がある。また、水利水電科学研究院中国水利史稿編写組〔1989〕には比較的詳しく永定河治水について述べられている。近年の著作としては尹・呉〔2005〕がある。また、一九三〇年代の報告書類（例えば南満洲鉄道株式会社天津事務所調査課北支経済資料第二五輯『河北省農業調査報告（一）平漢線「北平―保定」沿線及其西部地帯』一九三六、華北交通株式会社『北支河川要覧（改訂版）』一九四一）には永定河に関する記述が散見されるが、いずれも概況的なものであるか、調査当時の問題に沿ったものである。水利水電科学研究院水利史研究室編『清代海河灤河洪澇檔案史料』（中華書局、一九八一）には乾隆年間以降の海河・灤河流域の洪水およびその対策に関する檔案が多数記載されており、巻末附編には治水技術用語の解説もある。

（2）「永定河」と名付けられたのは康熙三十七年であり、それ以前は「渾河」と呼ばれることが多かったが、本章では史料引用を除き、康熙三十七年以前の呼称も永定河に統一する。

（3）秋草〔1943〕による。この書からは本書では議論が不十分な技術的側面について示唆を受けた。治水技術の問題は今後の課題としたい。

（4）水利水電科学研究院中国水利史稿編写組〔1989〕、二八二頁によれば、年平均の含沙量は多いときで一二二kg／m³に達し、黄河の土砂含有量よりも多い年がある、という。

（5）『国朝耆献類徴初編』巻一百七十五、疆臣二十七、方観承、姚鼐撰「方恪敏公家伝」。

（6）『畿輔安瀾志』永定河巻九、官司。

（7）乾隆『永清県志』水道図第三。

（8）同。

（9）咸豊『固安県志』、巻一輿地「永定河流遷徙集考」。

（10）康熙『東安県志』、巻之二、河渠、渾河。

（11）同、巻之二、河渠、渾河には、太監王時のエピソードを記した最後に「今に至るまで咸な之を頌す」とあり、また乾隆『東安県志』巻之十五、河渠志は康熙志の記載を要約した後に「語甚だ経ならず、但だ今に至るまで邑人猶お之を称述す」と記す。無論ここでは綺談としての記憶ではなく、沃壌の地になったという結果の記憶にウエイトを置く。これは後に述べる「一水一麦」の議論とつながる。永定河氾濫後の沃土化については、冀〔1936〕二四～二五頁、参照。

（12）本文にも述べたように当初中央主導であった永定河の氾濫対策は、万暦七年にいたって保定巡撫兼管河道が所属の地方官有司に命じて行うことになる。（『畿輔安瀾志』永定河巻九、官司）本文にあげたいくつかの事例からもそのことは裏付けられ、実効性には疑問があるものの、明後期になると治水行政の比重が州県官レベルの地方官にシフトしつつあることがわかる。

(13)『明世宗実録』嘉靖三十三年五月戊午の条。
(14)『明世宗実録』嘉靖三十九年九月壬辰の条。
(15)その後も順治十一年、順治十八年、康熙七年、康熙二十年、康熙二十七年に氾濫が記録されている。(光緒『順天府志』巻四十一、河渠志六、河工二、永定河)
(16)この他、河神への祭祀なども重要な行政の一要素である。『畿輔安瀾志』永定河巻十には、「南恵済河神廟」「北恵済河神廟」「興隆廟」「長安城龍王廟」「南張客河神廟」等の二十箇所の廟が記載されており、また方観承撰『壇廟祀典』下巻、群祀、「永定河之神」にはその祭礼の典則が詳細に規定されている。
(17)乾隆『永定河志』巻二、職官表一。
(18)本章三節で述べるように、周辺村荘が各工の直接管轄になるのは乾隆十五年以降のことである。
(19)当初は按察使副使あるいは僉事の銜をもって職務を遂行していたが、乾隆十八年その重要性により正四品官となる。(『畿輔安瀾志』永定河巻九、官司)
(20)乾隆『東安県志』巻之十五、河渠志、「論永定河利弊」。
(21)『畿輔安瀾志』永定河巻九、官司。
(22)『永定河水利事宜』第五冊、奏議上。
(23)『清国行政法』第参巻、第七章土木、第五節治水。
(24)光緒『大清会典事例』巻九百四、工部、河工、河工経費歳修搶修一　康熙三十七年議准。
(25)嘉慶『永定河志』巻十、経費。
(26)『明清檔案』一九五―四一、乾隆二十二年八月初一日、直隷総督方観承の題奏、参照。

（27）『直隷五道成規』序。
（28）『直隷五道成規』巻之二、永定道属。「方」は「一立方尺」（『六部成語注解』工部成語）ともされるがこれは石材の場合で、土砂は十分の一立方丈。なお松の産地は永平府の長城口外で価格は運送費込みである。
（29）嘉慶『永定河志』巻八、工程、疏濬下口河淀。
（30）三角淀の工程においては乾隆三年に設置された垈船二百隻・衩夫六百人が設けられ、その後増減はあったが乾隆二十九年にはすべて廃止され、浚渫等の工程で必要があれば随時民夫・船隻を雇用することとなる。（『宮中檔乾隆朝奏摺』第二十輯、六二九頁、乾隆二十九年二月二十三日直隷総督方観承奏摺）
（31）『方恪敏公奏議』巻三、畿輔奏議、「永定河中泓歳加濬請酌定章程」。
（32）『宮中檔乾隆朝奏摺』第二輯、五一四頁、乾隆十七年三月二十六日、直隷総督方観承奏摺。
（33）『宮中檔乾隆朝奏摺』第二十輯、七三四頁、乾隆二十九年三月初五日、直隷総督方観承奏摺。
（34）労働力の調達に関して、東京大学東洋文化研究所に『永定河工銭聯票』という帳簿史料が残されている。時期が光緒期から民国初めのものであるため本書で直接の分析の対象とはしなかった。
（35）「直隷総督」はいわば簡称であり、正式官称は「兵部尚書都察院右都御史総督直隷等処地方軍務紫荊密雲等関隘兼理糧餉河道」、であり、題本にはこれを書かなければならない。「兵部尚書」の部分は個人によって変化し、例えば太子太保の銜を得た以後の方観承は、この部分が太子太保となる。方観承の経歴や事績の詳細については黨〔2005〕参照。
（36）いわゆる桐城方氏の家系の出身である。南山集の獄および方氏の家系等については、大谷〔1991〕第一部第三章「戴名世断罪事件の政治的背景—戴名世・方苞の学との関連において—」、参照。
（37）『桐城耆旧伝』巻九、方恪敏公伝第九十三。この伝によれば、乾隆初年方観承は方苞に師事している。
（38）註（5）前掲の姚鼐撰の家伝。
（39）このときの記録が方観承撰『従軍雑記』（小方壷齋輿地叢鈔所収）である。

(40)『枢垣記略』巻十八、題名四。
(41)『皇朝経世文編』巻一百十、直隷河工、直隷総督高斌「永定河河工疏　乾隆六年」によれば、この年の十一月に高斌が永定河に調査に赴いたときに随行している。光緒『順天府志』巻四十一、河渠志六、河工二、永定河、によれば、この時の官は吏部員外郎。また、方観承撰『薇香集』に、活動や人的交流の一端を追うことができる。黨〔2008〕〔2009〕参照。
(42)『高宗実録』巻一百八十一、乾隆七年十二月。
(43)乾隆八～九年の賑恤対策についてはWill〔1980〕参照。
(44)『高宗実録』巻二百十、乾隆九年二月己酉。
(45)『高宗実録』巻二百二十九、乾隆九年十一月。
(46)『方恪敏公奏議』巻一、撫東奏議に六件の奏摺が残されている。
(47)同、巻二、撫浙奏議、「丈墾海塘新漲沙塗」「査辦海塘善後事宜」等。乾隆十四年に「海塘通志」の編纂を請い許可され、十六年『勅修両浙海塘通志』二十巻首一巻、として刊行される。方観承の序文あり。
(48)『高宗実録』巻三百二十二、乾隆十三年八月庚寅。『薇香集』によれば、乾隆六年高斌が直隷総督となった後、吏部員外郎であった方観承とともに直隷省河川の総点検をしている。
(49)『国朝耆献類徴初編』巻一百七十五、疆臣二十七、方観承、袁枚撰の神道碑。
(50)『宮中檔乾隆朝奏摺』第一輯から第三十一輯、および『方恪敏公奏議』巻三から巻八までに残された方観承の奏摺は約一三五〇件（連名や推定のものもあるので概数として示す）、うち何等かの形で河工にかかわる奏摺は約一八〇件で、全体の十三%に及ぶ。
(51)『孫文定公奏疏』巻七、「永定復故疏」。
(52)『孫文定公奏疏』巻七、「永定帰故道疏」に対する硃批。
(53)『乾隆朝上諭檔』第一冊、六九七頁、乾隆六年二月初一日内閣奉上諭。

(54)『孫文定公奏疏』巻七、「報淩汛情形疏」。
(55)乾隆『永定河志』宸章紀「過中亭河紀事」(乾隆三十二年)「……(孫)嘉淦督直時、謬聴人言訛、謂渾河故道、即此実非他、建議放乎此、千村歎淪渦、知誤乃改為、民已嗟蹉衆……」。
(56)『乾隆朝上諭檔』第二冊、三八二頁、乾隆十四年十月二十五日奉上諭。
(57)『方恪敏公奏議』、巻三、畿輔奏議、乾隆十四年十一月「請改永定河下口」。
(58)趙一清『直隷河渠書』永定河巻二、本河。
(59)『高宗實録』巻三百五十九、乾隆十五年二月癸卯。
(60)『御製詩二集』巻十六、古今體八十三首、庚午三、の「過永定河」の後にある「清明」という詩題の割註に「時に二月二十九日」とある。
(61)『孟子』巻第六　滕文公章句下、「水は掘り下げた低いところをどんどんとうまく流れるようになった」(小林勝人訳注、岩波書店、一九六八)の意。
(62)『御製詩二集』巻十六、古今體八十三首、庚午三。「閲永定河隄因示直隷總督方觀承」。
(63)『永定河水利事宜』第四冊聖諭、および乾隆・嘉慶『永定河志』諭旨。
(64)方観承『燕香集』上「恭和御製永定河隄賜示元韻」。なお、乾隆帝と方観承の詩の読解にあたっては、松原朗氏の助言を得た。
(65)『方恪敏公奏議』巻三、畿輔奏議、乾隆十五年五月二十二日「修築永定河南鵏坡榥工」、乾隆十五年七月二十四日「酌議永定河漫口情形」、乾隆十五年八月十六日「籌弁堤河等事」、乾隆十五年八月十九日「籌辦永定河三工漫口事宜」、乾隆十五年九月二十五日「清査葦淀立定章定」、乾隆十五年十一月十七日「詳勘永定河工酌籌辦理事宜」、乾隆十五年十一月十七日「永定河中泓歳加濬請酌定章程」。
(66)『方恪敏公奏議』巻三、乾隆十六年三月初十日、「請葑築坦坡埝並開挖引河」。なおこの措置は乾隆十四年に乾隆帝に退けられた提案とは異なる。

(67)『方恪敏公奏議』巻四、畿輔奏議、乾隆十六年四月初五日、「請改移永定河七工下口」。

(68)同。

(69)『方恪敏公奏議』巻四、畿輔奏議、乾隆十六年四月二十八日、「会勘永定河下口」。

(70)『方恪敏公奏議』巻四、畿輔奏議、乾隆十六年五月十三日、「永定河下口改由六工出水」。

(71)『宮中檔乾隆朝奏摺』第十輯、二三二頁、乾隆十九年十二月初六日、直隷総督方観承奏摺。

(72)『方恪敏公奏議』巻四、畿輔奏議、乾隆十六年四月二十八日、「会勘永定河下口」。

(73)『宮中檔乾隆朝奏摺』第十輯、四二八頁、乾隆二十年正月初二日、直隷総督方観承の奏摺。

(74)同。

(75)『高宗実録』巻四百八十四、乾隆二十年三月乙酉、「上至呉家庄停蹕閲永定河」。

(76)周元理は浙江仁和県の人で乾隆三年の挙人。方観承にその才を買われ直隷省の諸官を歴任、乾隆三十六年に直隷総督となる。のち、兵部左侍郎から工部尚書に至る。(『国朝耆献類徴初編』巻八十四、卿貳、周元理、の彭啓豊撰の墓誌銘。)

(77)以下一覧の、中国第一歴史檔案館蔵『硃批奏摺』水利類、河工、の原檔案参照。

1・乾隆三十七年二月初四日　直隷総督周元理奏摺
2・乾隆三十七年二月初六日　工部尚書裘曰修奏摺
3・乾隆三十七年二月初十日　工部尚書裘曰修奏摺
4・乾隆三十七年二月十二日　直隷総督周元理奏摺
5・乾隆三十七年二月二十四日　直隷総督周元理奏摺
6・乾隆三十七年三月初四日　直隷総督周元理奏摺
7・乾隆三十七年三月十三日　工部尚書裘曰修奏摺

8・乾隆三十七年四月初六日　工部尚書裘曰修奏摺
9・乾隆三十七年四月初六日　工部尚書裘曰修・直隷総督周元理奏摺
10・乾隆三十七年四月十八日（1）　直隷総督周元理奏摺
11・乾隆三十七年四月十八日（2）　直隷総督周元理奏摺
12・乾隆三十七年六月初六日　直隷総督周元理奏摺
13・乾隆三十七年六月二十九日　工部尚書裘曰修奏摺
14・乾隆三十七年六月二十九日　工部尚書裘曰修・直隷総督周元理奏摺
15・乾隆三十七年七月十二日（1）　直隷総督周元理奏摺
16・乾隆三十七年七月十二日（2）　直隷総督周元理奏摺
17・乾隆三十七年七月二十日　直隷総督周元理奏摺
18・乾隆三十七年八月十七日　直隷総督周元理奏摺
19・乾隆三十七年九月初九日　直隷総督周元理奏摺
20・乾隆三十七年九月十六日　直隷総督周元理奏摺
21・乾隆三十七年九月二十四日　両江総督総理河務高晋奏摺
22・乾隆三十七年九月二十八日　直隷総督周元理奏摺
23・乾隆三十七年十月初二日　直隷総督周元理奏摺
24・乾隆三十七年十月十九日　直隷総督周元理奏摺
25・乾隆三十七年十二月初八日　直隷総督周元理奏摺
26・乾隆三十七年十二月十二日　直隷総督周元理奏摺

（78）民国『安次県志』巻一、地理志、河渠。「七十余年之中、改移下口之挙先後凡六次。自是以後不復議改、水由三弘行」。し

かし、官制システムは確固たるものが残され、清末まで存続した。東京大学東洋文化研究所所蔵、『永定河道租冊』『永定河工銭聯票』（いずれも清末民国初期のもの）などの存在は、その日常業務の継続性を示す史料である。これは、『光緒朝東華録』光緒元年正月壬戌の李鴻章の奏に「保定・正定・河間・深州各府州属之滋河・豬龍河及西淀・大清河廃弛已久」とあるように直隷省の他の河川の水利・治水が手つかずになっていたのとは対蹠的である。しかし一方で永定河治水においても災害発生等の緊急時には、善意の官僚がいたとしても、すでにそれに対応することはできなかった。嘉慶期の考証学者で永定河道をつとめた王念孫の事績などはその典型的事例である。

(79) 註（5）前掲の姚雘撰の家伝。

(80)『国朝耆献類徴初編』巻一百七十五、方観承、李祖陶撰の書事。李自身は方観承の業績に対して否定的ではない。

(81)『皇朝経世文編』巻一百十、工政十六、直隷河工。顧用方は顧琮のこと。満洲鑲黄旗人。雍正年間から一環して河道総督・漕運総督として河務と漕務に従事。乾隆二年から乾隆六年まで直隷河道総督。文中の「僕四十年胸中之痞塊、一旦消釈」という言から康熙三十七年から四十年を経過した乾隆二年前後に書かれたものと推測できるから、方苞の書は顧琮の直隷河道総督任内に書かれたものと考えられる。

(82)『方恪敏公奏議』巻三、畿輔奏議、「詳籌永定河下口直達海河情形」。

(83) このことは、典拠とした乾隆『永清県志』の編集に当時候補国子監典籍であった章学誠が関係していることと無関係ではない。内藤湖南「章実齋先生年譜」、同「胡適之の新著章実齋年譜を読む」（『内藤湖南全集』第七巻所収）によれば、乾隆四十二年に同郷の周震栄が永清県で知県をしており、永清県志を修輯せんとした時に、「属するに撰次の事を以てす。因りて又永清に赴く」とあるように実際に永清県に足を運んでいることがわかる。

(84) 光緒『続永清県志』戸書続編第八、によれば、光緒元年には総人口は七七、二九八人に減少している。

(85) 乾隆『永清県志』戸書第二。なお永清県の定期市については石原〔1973〕参照。

(86) 乾隆『永清県志』士族表第三。

（87）この問題に関連して、近代に入って永定河の治水についての根本策として石景山の上流においてダムを建設し洪水調節を行う方法が認識される。秋草〔1943〕参照。これは一九五三年完成の官庁水庫で実現する。

（88）しかし垡船・衩夫については乾隆二十九年になって廃止された。『宮中檔乾隆朝奏摺』第二十輯、六二九頁、乾隆二十九年二月二十三日直隷総督方観承奏摺。

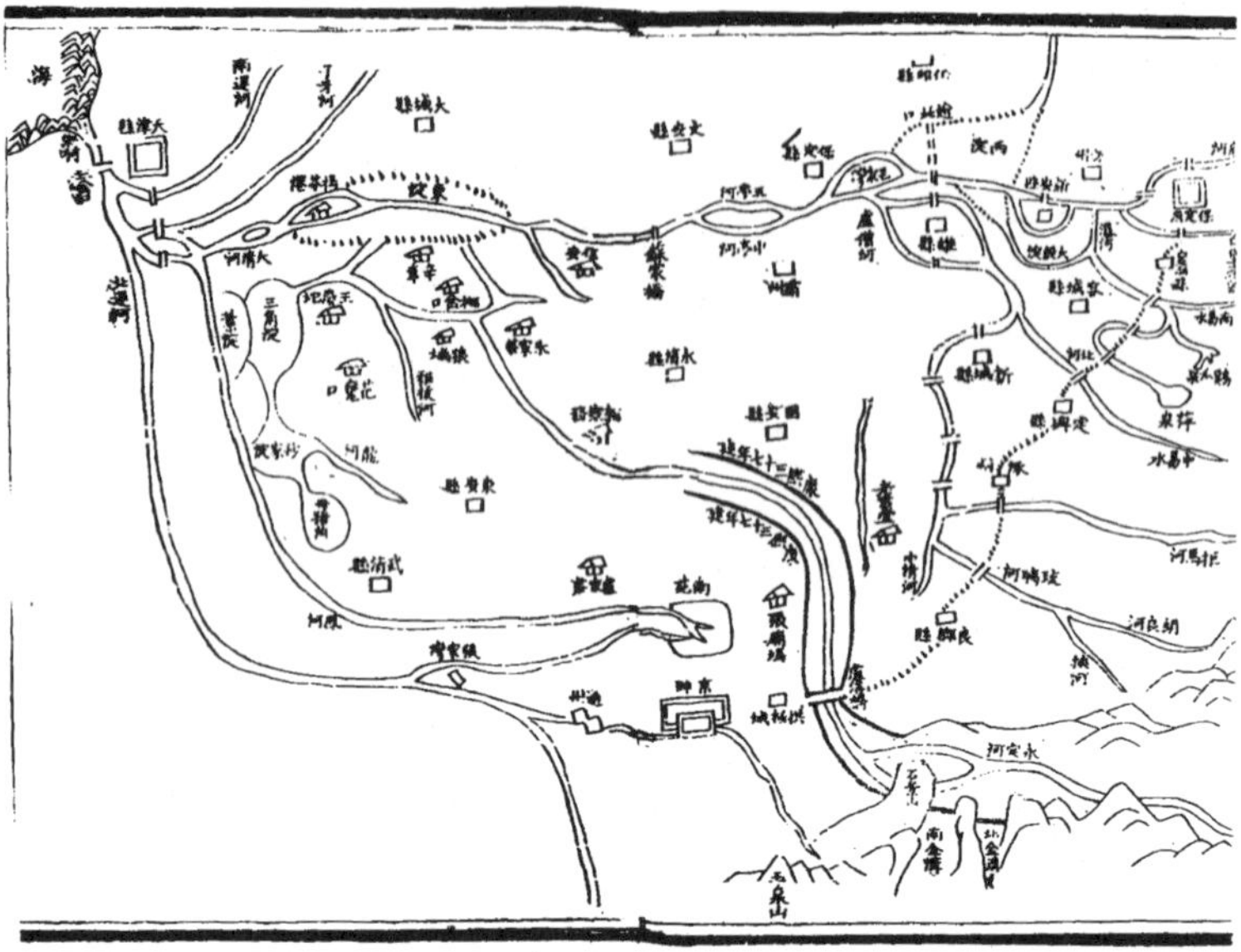

「永定河志」巻一　絵図　六次改河図　初次建隄挑河図（康熙37年）

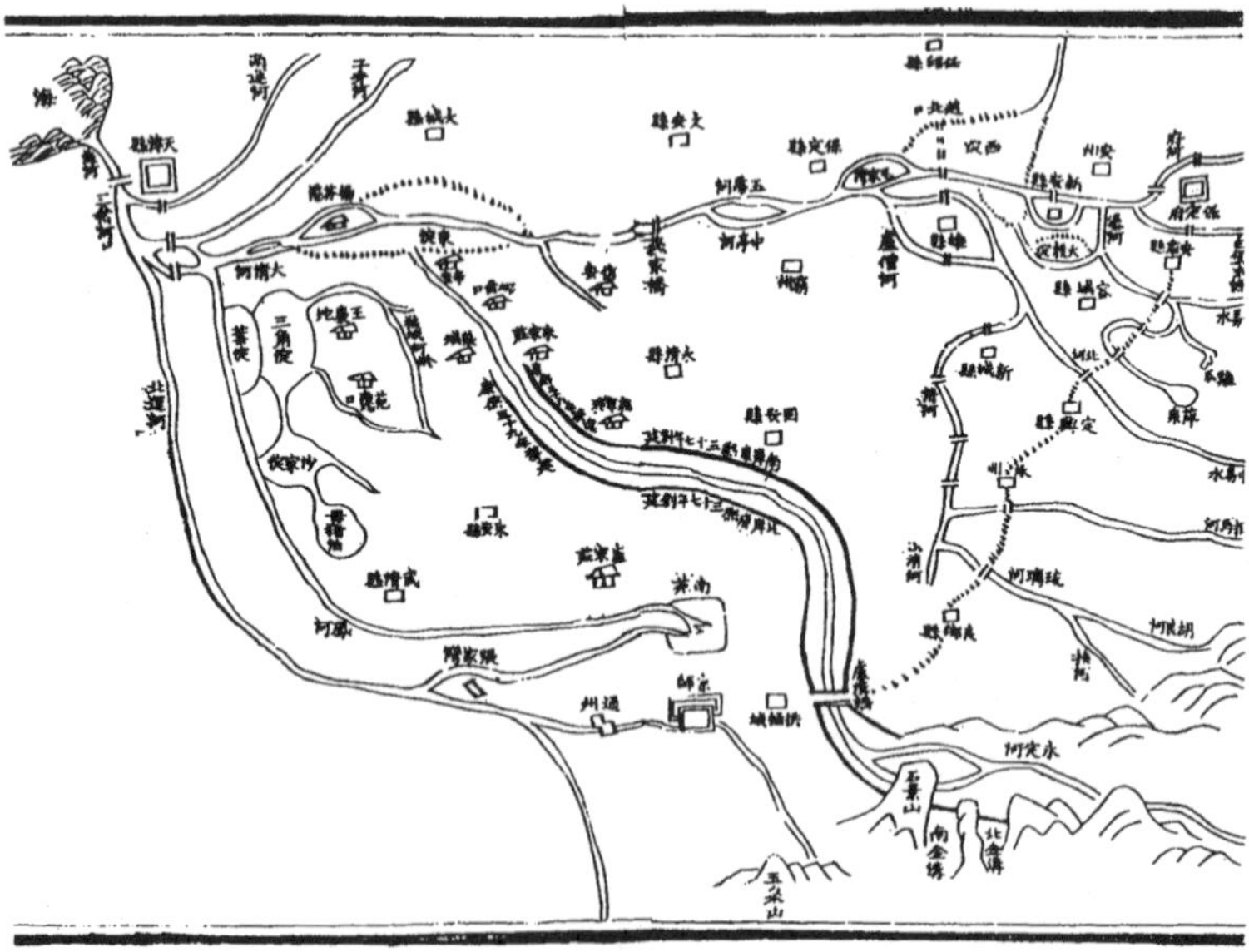

「永定河志」巻一　絵図　六次改河図　二次接隄改河図（康熙39年）

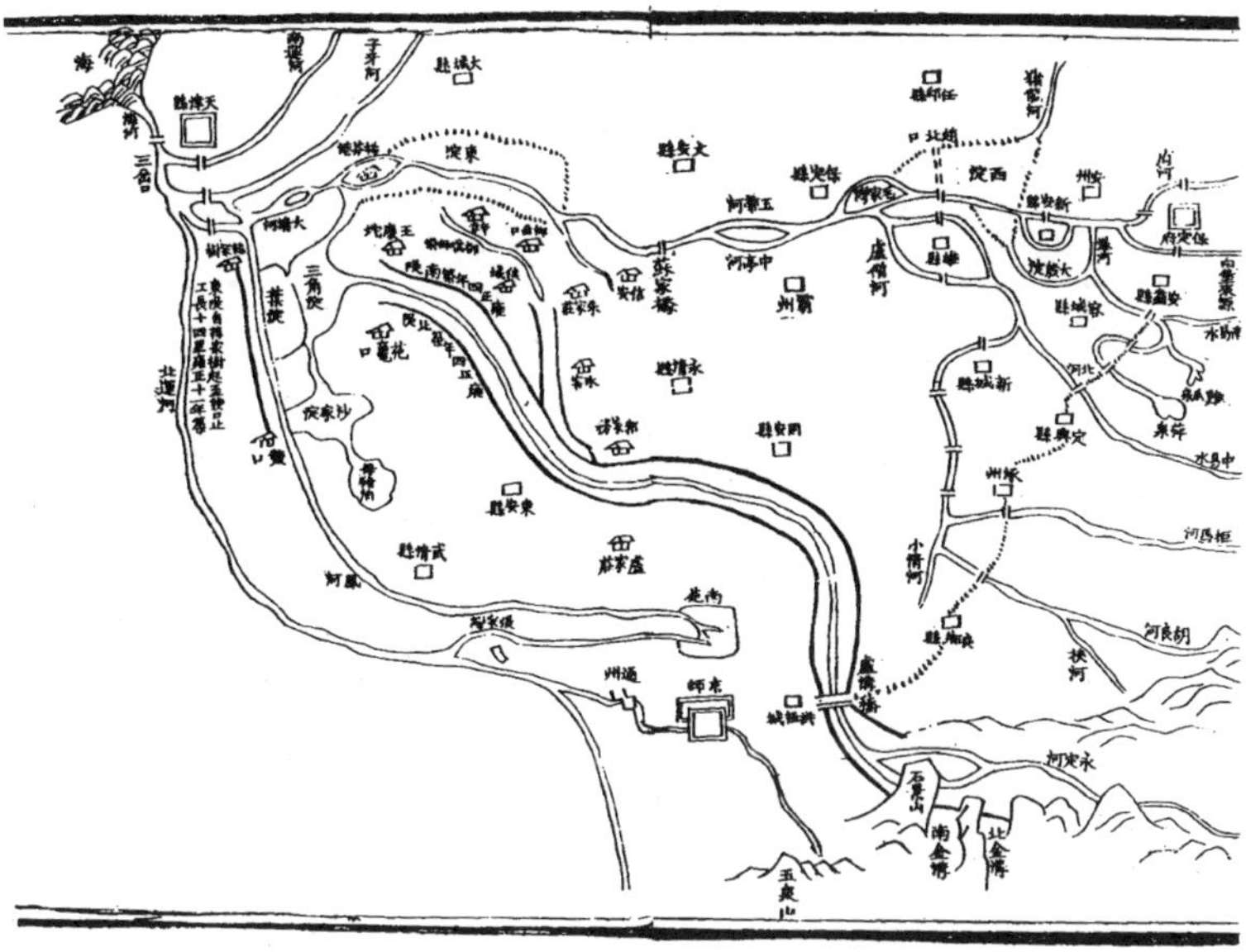

「永定河志」巻一　絵図　六次改河図　三次接隄改河図（雍正４年）

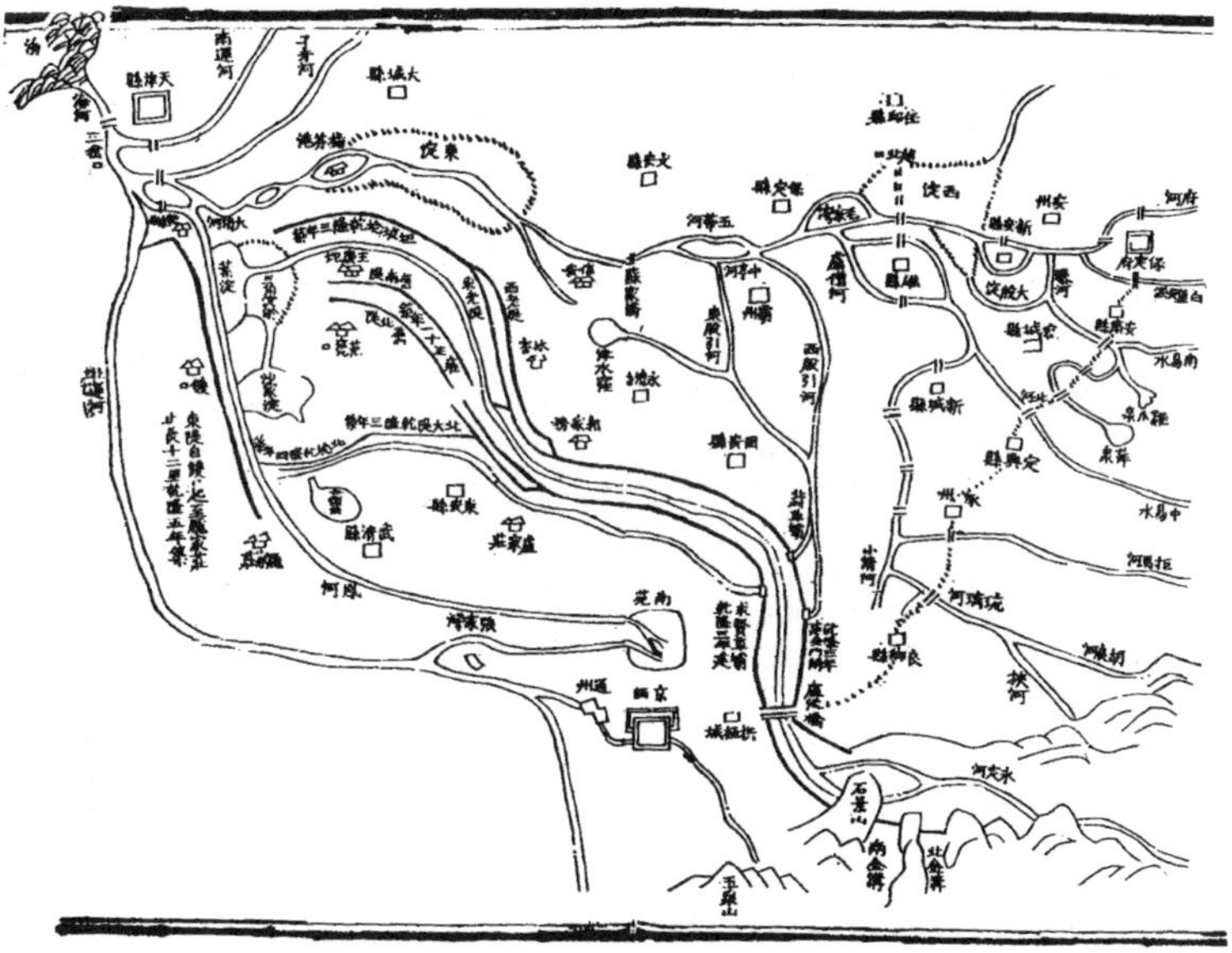

「永定河志」巻一　絵図　六次改河図　四次加隄改河図（乾隆16年）

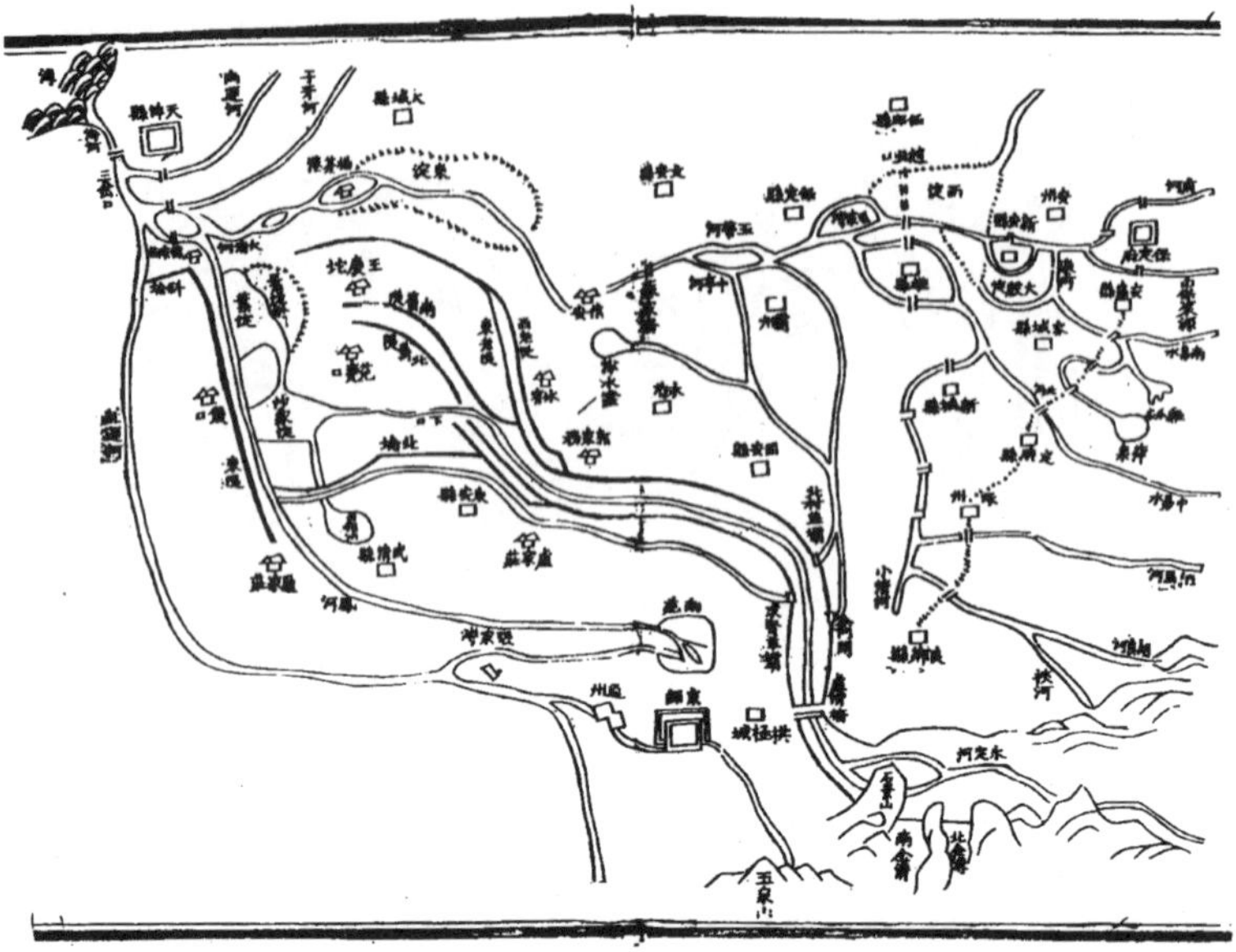

「永定河志」巻一　絵図　六次改河図　五次改移下口河図（乾隆20年）

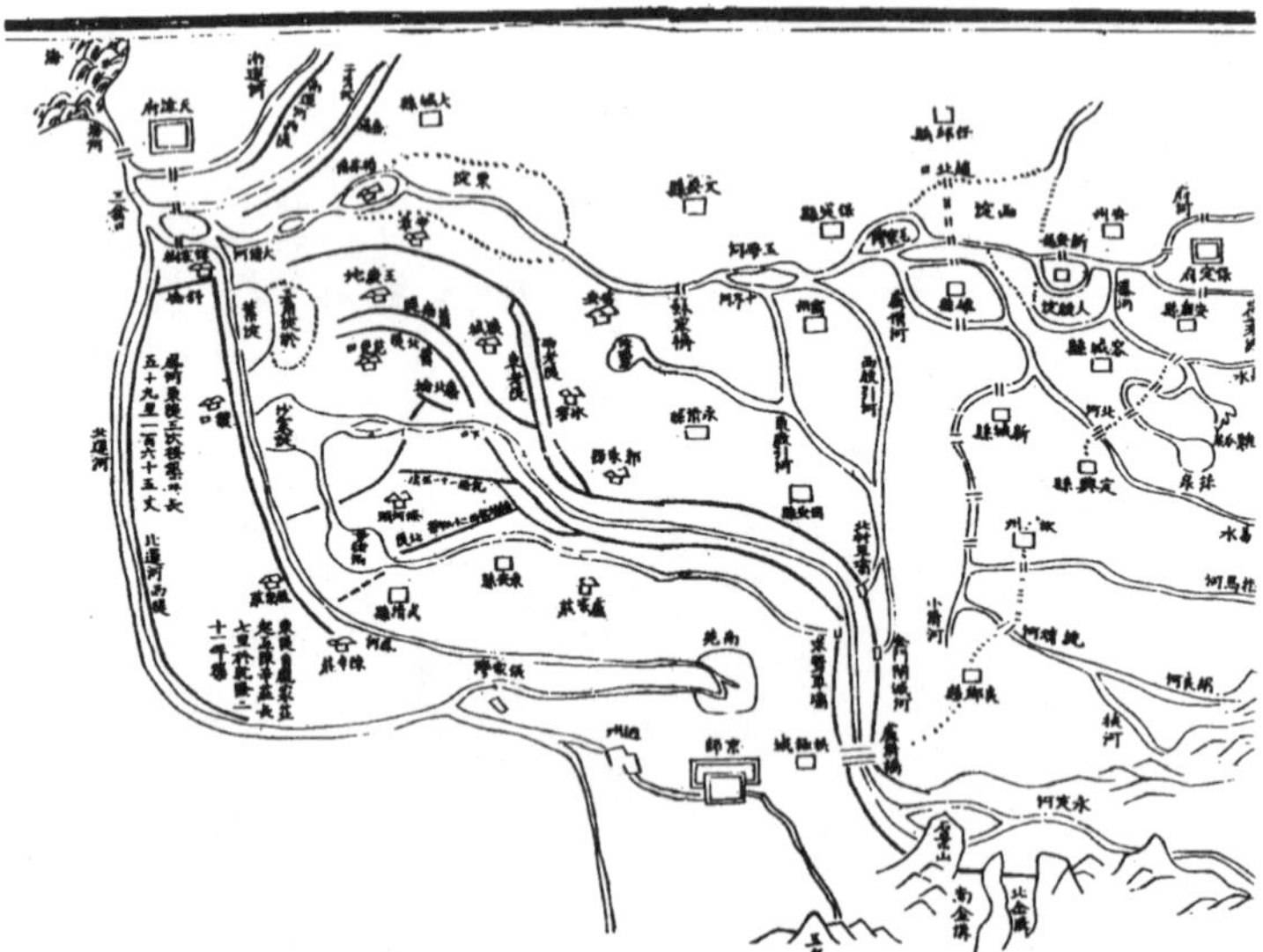

「永定河志」巻一　絵図　六次改河図　六次改移下口河図（乾隆37年）

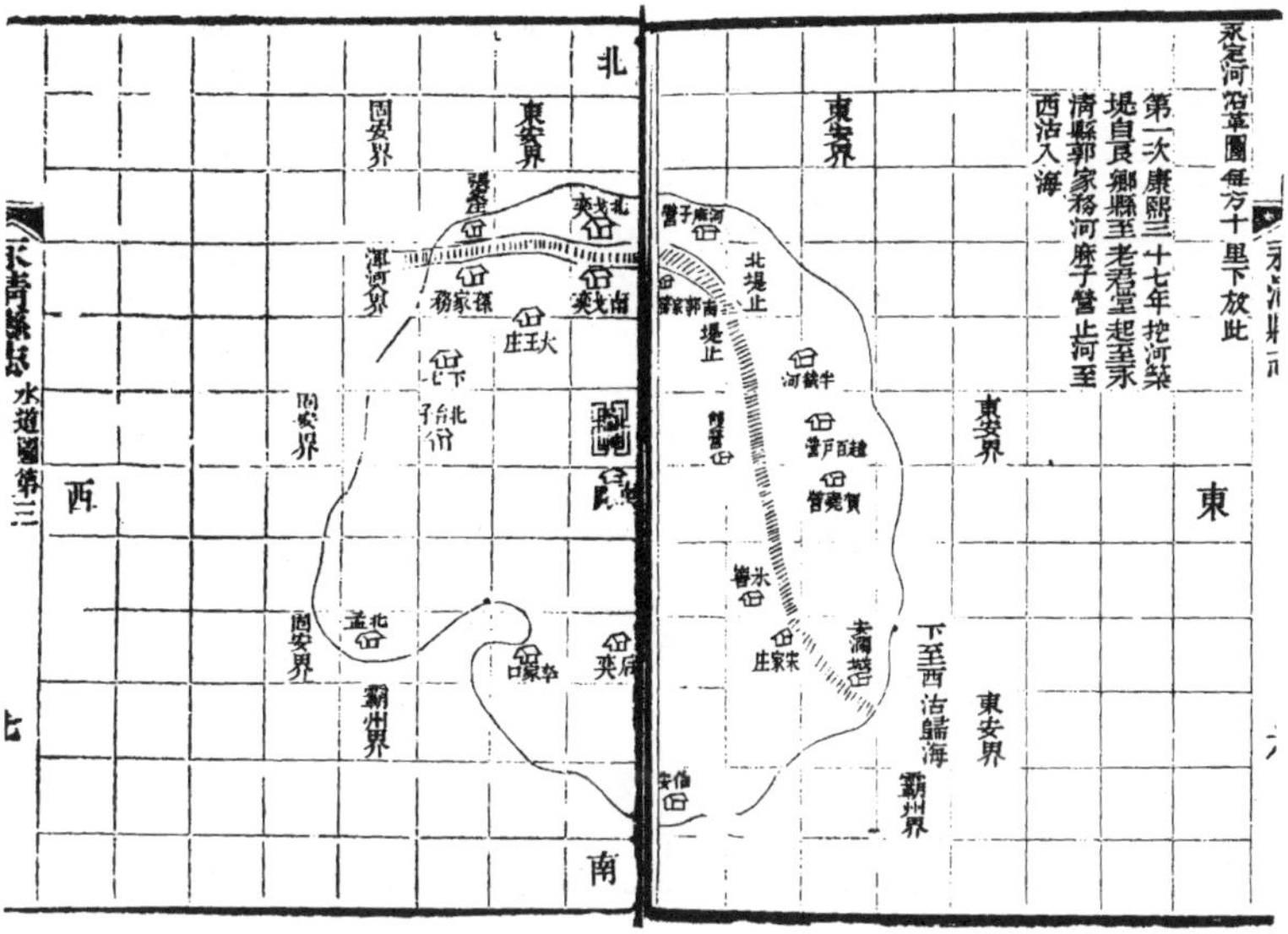

乾隆『永清県志』水道図第三、永定河沿革図①

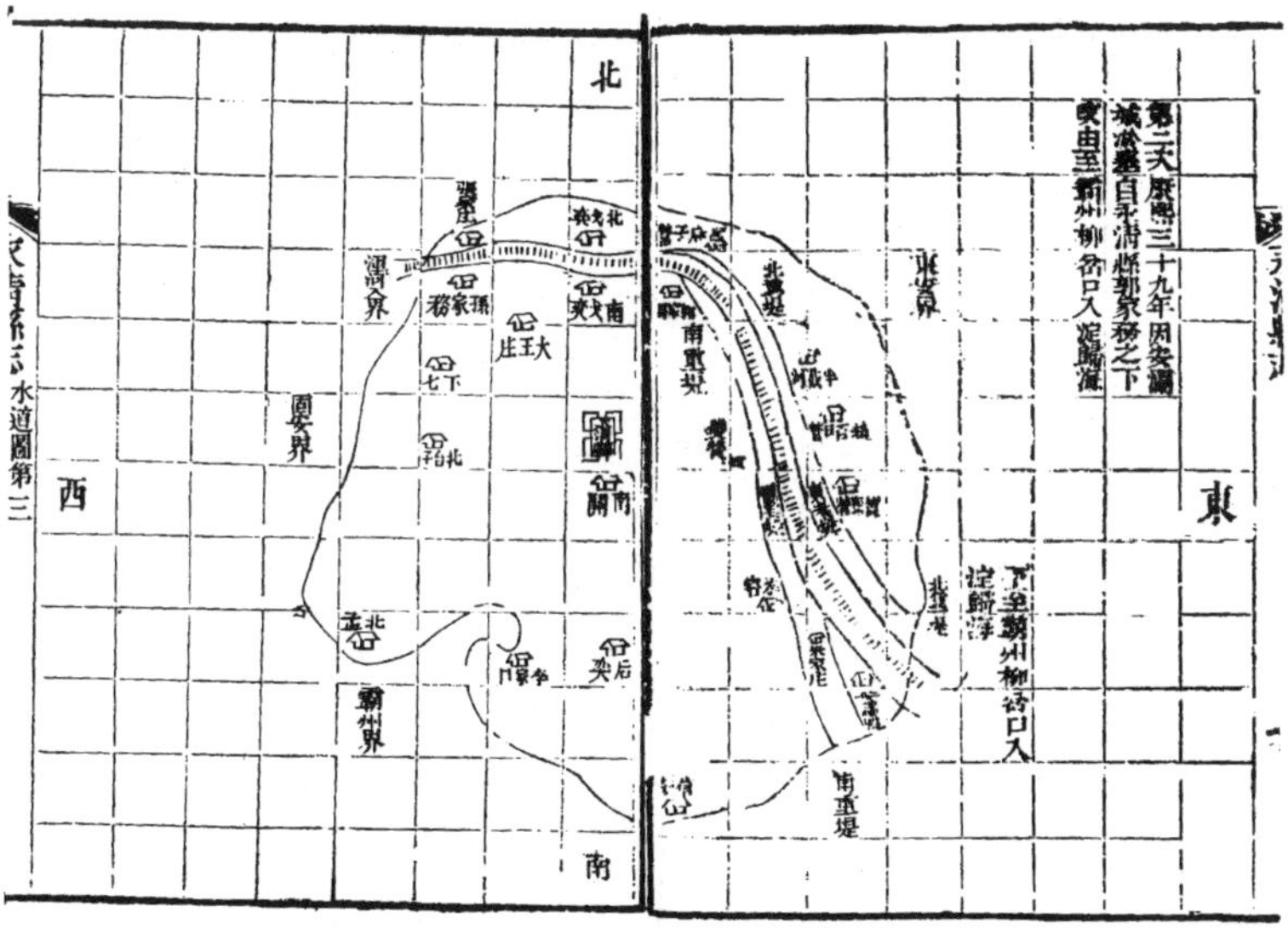

乾隆『永清県志』水道図第三、永定河沿革図②

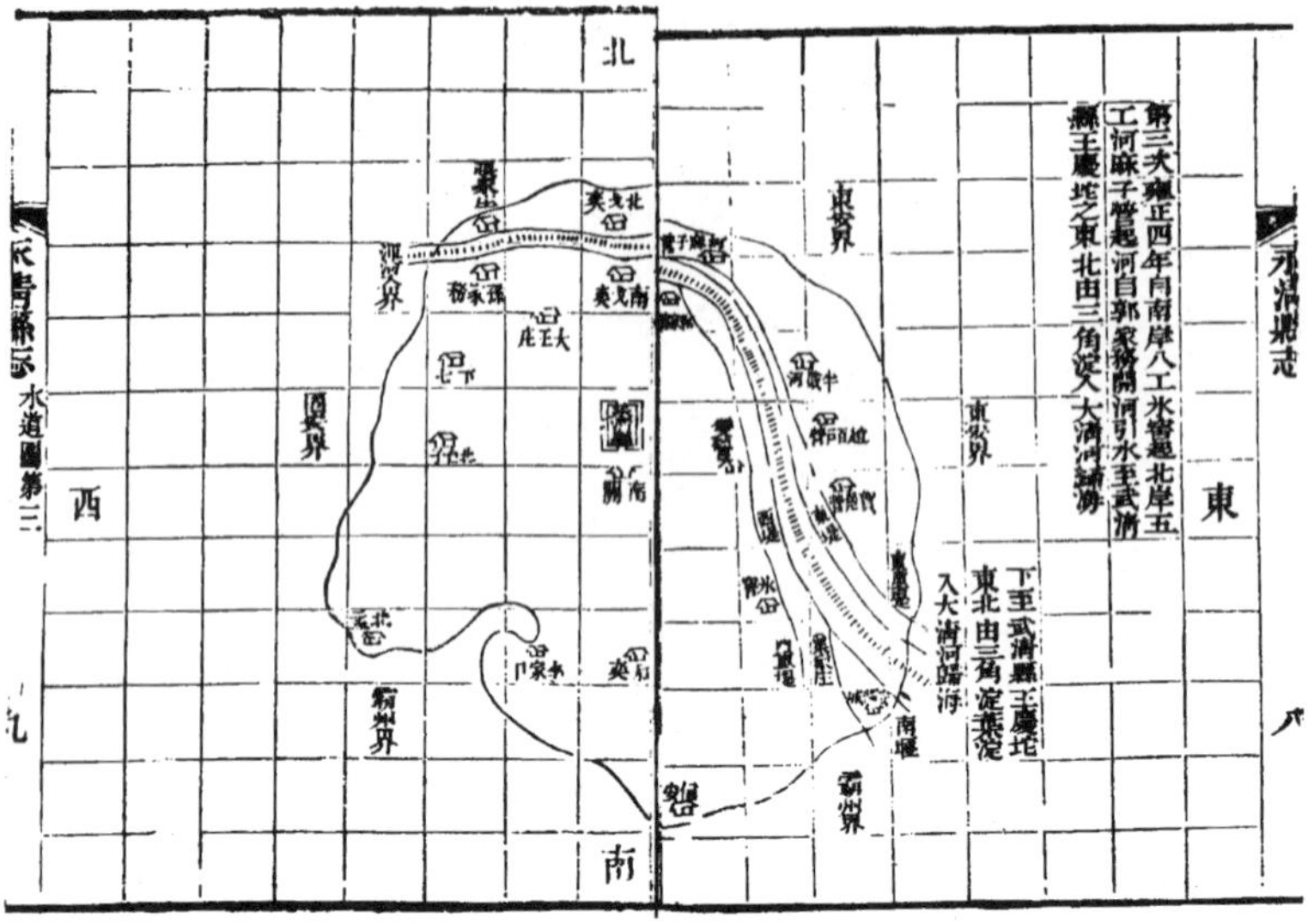

乾隆『永清県志』水道図第三、永定河沿革図③

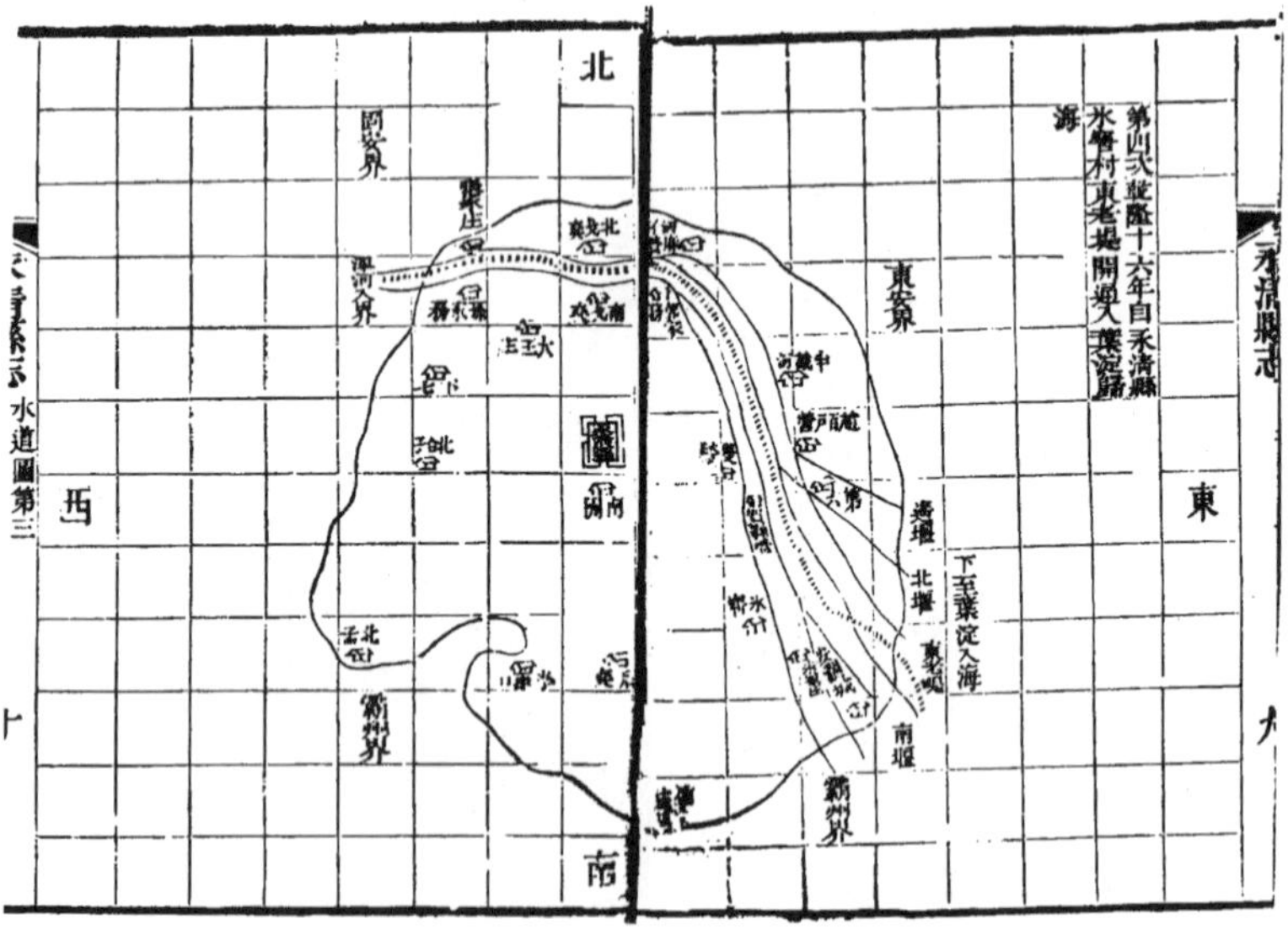

乾隆『永清県志』水道図第三、永定河沿革図④

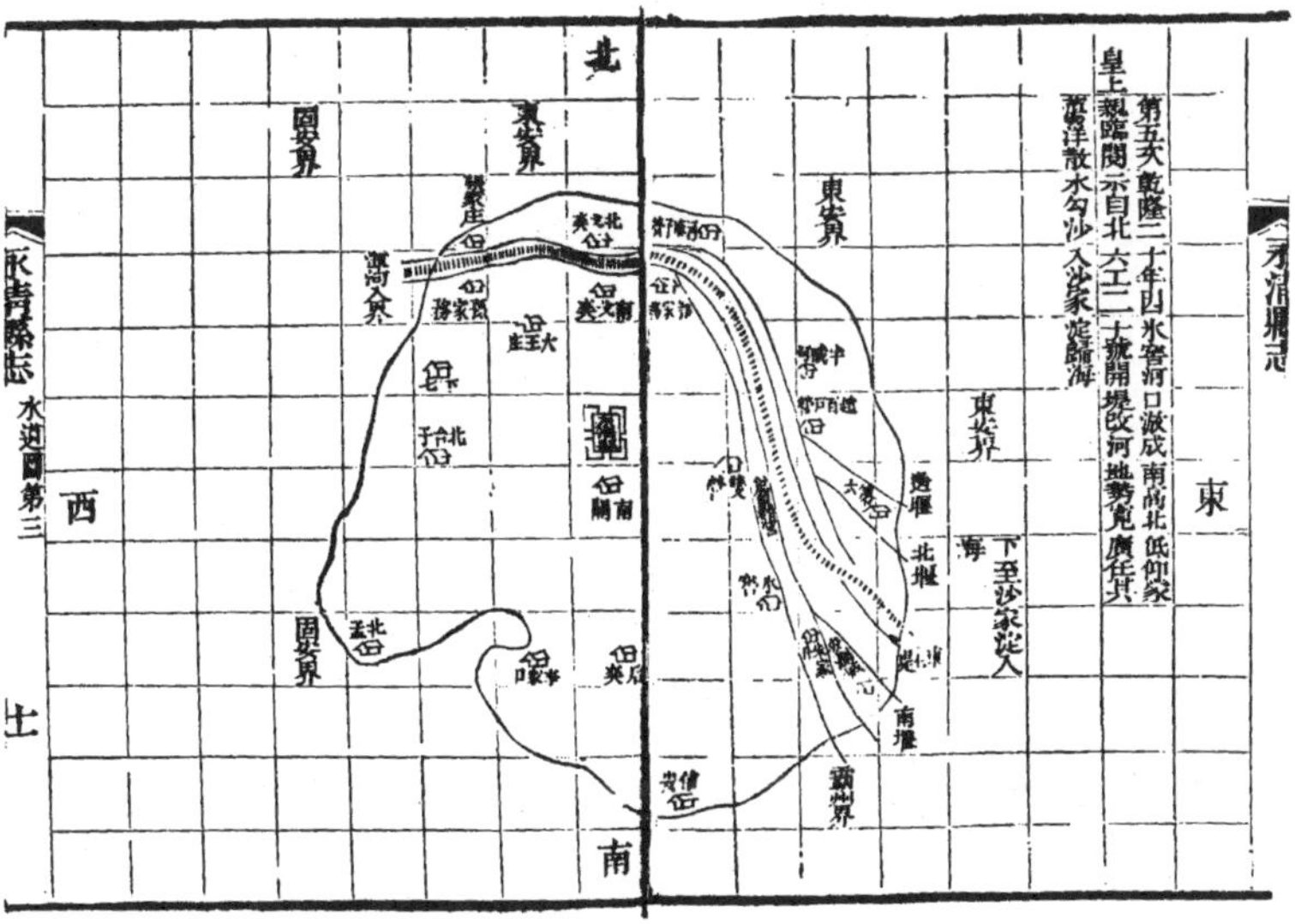

乾隆『永清県志』水道図第三、永定河沿革図⑤

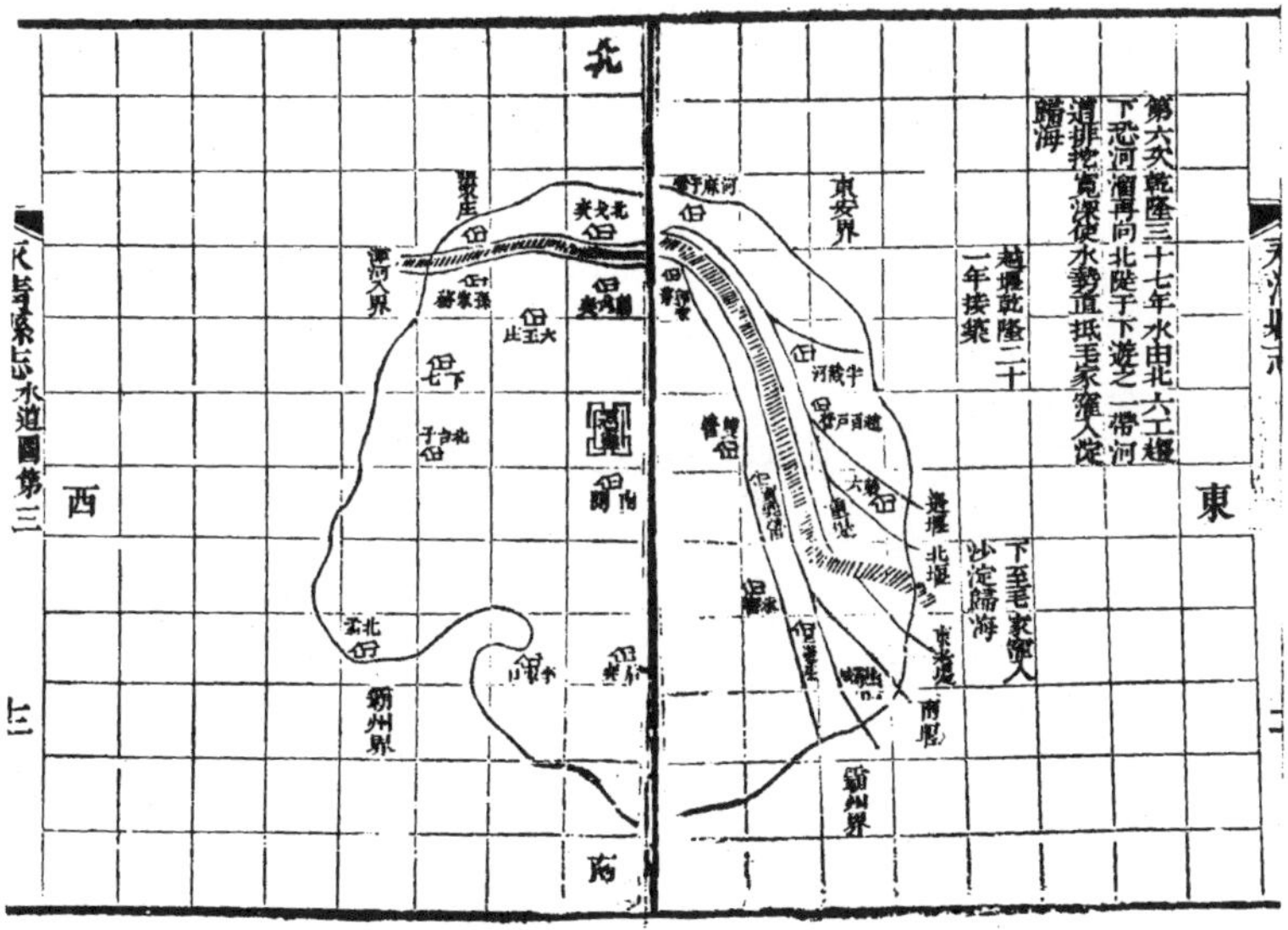

乾隆『永清県志』水道図第三、永定河沿革図⑥

第七章　清代前期の子牙河治水

本書はここまで、清朝中央・地方の経済政策が清代の中国社会（特に「北部中国」）にどのように関わっているかの検討を進めてきた。最終章である本章では、序論で述べた経済政策への視点という課題をより強く明確化し、乾隆前期（乾隆三十年前後まで）の子牙河水系の治水政策を素材として、清朝の政策過程および権力過程の性格を明らかにしていきたい[1]。

さて本書では、貨幣などの「経済」的事象として一般にはみなされる素材を扱いながら、実際には政策的側面・行政手続き的な側面からの分析に比重をおいてきた。本章でもやはり政策史的視点を強調するが、特に以下の二点に着目したい。それは、①長期的な政策の変化と②政策決定過程に現れるパターンである。①については、経済的な背景や社会思想との連関の中で治水政策がどのように変化したのかを実証するのが具体的な作業となる。②については、皇帝を頂点とした行政官僚制のヒエラルキーの中で、清朝の治水・水利の政策決定がいかになされていったのか、ということを実証していくことになる。具体的な政策からパターンを分析することは、『則例』などの政書類による静態分析では見えにくい制度の動態を明らかにするための有効な作業であると考える。

一・子牙河の概要

本節ではまず子牙河の概要を押さえることにしたい。

一・一　河川の概要

子牙河は直隷省の五大河川（永定河・南運河・北運河・大清河および子牙河）の一つである。狭義には滹沱河と滏陽河という二つの河川の合流地点より下流をいう。滹沱河は大行山脈中の山西省繁峙県に源を発し、五台山の山麓を一巡して直隷省正定府に入る。その後正定府城の南を通り、東鹿県・深州を経過して冀州附近で滏陽河と合流する。支流は少ない。一方、滏陽河の水系は数多くの支流からなる。滏陽河本流とされる河川は広平府磁州に発し、邯鄲県等を経て順徳府任県の大陸澤という遊水池の東を通り、大陸澤からでる鶏爪河と合流し、趙州直隷州寧晋県にあるやはり遊水池の寧晋泊の東を通り、寧晋泊からでる澧河と合流、そして滹沱河と合流する。合流後は、北流して天津に至り北運河から海河に合流し、渤海湾に注ぐ[2]。

子牙河は流路の変化が多く、地図における河道確定は難しい作業ではあるが、主として方観承『畿輔義倉図』（乾隆十八年刊）に基づくものを乾隆前期の子牙河流域図として代表させることとしたい（図7—I参照）。

地図によって明らかなように、直隷省南部の非常に多くの州県がこの河川系に関わる。

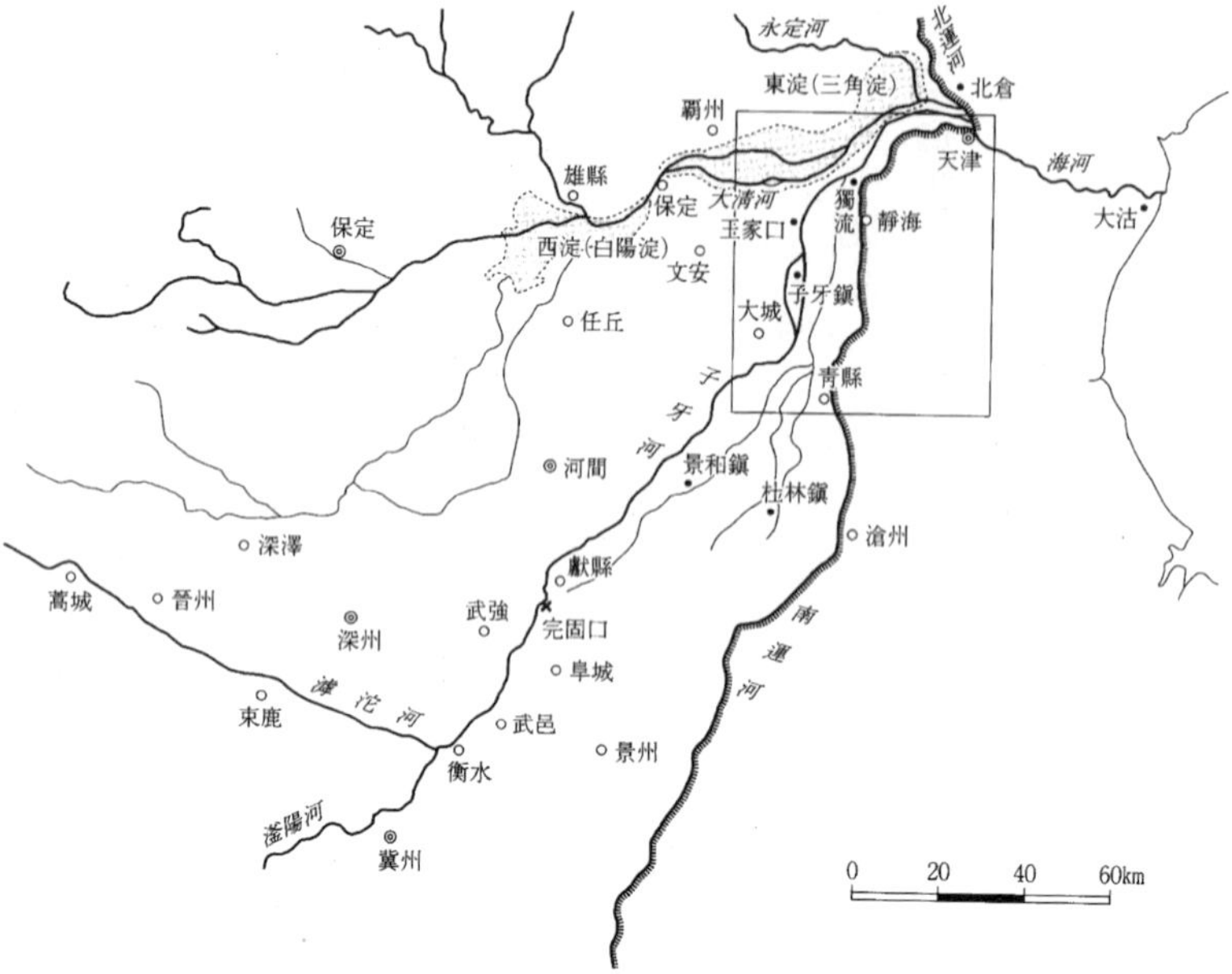

図７―Ⅰ　直隷省中部河川地図
（譚其驤主編『中国歴史地図集』第８冊、方観承『畿輔義倉図』参照）

一・二　子牙河の性格

清代直隷省の治水の性格を規定する河川の性質の共通の問題については、すでに先行研究が多く言及しているので屋下に屋を架すことはしない。要約すれば、河道が大行山脈東麓の扇状地から河北平原に出る際に河床勾配が急激に小さくなること、また、海河水系の河川のほとんど全てが天津一個所に集中すること、この二点となる[3]。扇状地河川は一般に土砂含有量が多く、天井川となりやすい。また洪水時には急流となり、堤防内に溢水し多大の被害をもたらす。子牙河もこのような性格を持つ河川であり[4]、「子牙河は滏陽河・滹沱河の下流で、泥砂を多く含み、堆砂しやすい[5]」という記述はその典型的なものであるが、実はこのことは主として滹沱河の問題である。以下に滹沱河に関する同時代の認識について列記する。

・滹沱河は、源は遠く流域は長い。独行して海に流れ、堤防の決壊や土砂の堆積がおこりやすい。河道・河流の変化が多く、古くからそのことを患いとしている。（奏摺、雍正三年[6]）

・（滹沱河の）直隷地方の流域は七七六里であり、その河道・河流の変化が多い。（同治『霊寿県志』巻一地理）

・滹沱河は山西繁峙に源を発する。あるときは南流しあるときは北流するなど、その河道・河流の変化が常に生ずる状況である。（道光『深州直隷州志』巻一、地輿志）

・滹沱河は吾が邑においては、小舟運航の利はあるが、常に氾濫潰決の害を受ける。思うに太行山脈以東は、地勢により水勢は湍急となり、にもかかわらず水量調節の役割をもつ湖泊が無く、流路を限定する山脈が無い。よって泥沙が沈澱し河道は土砂堆積しやすく、破岸決堤しやすいのは自然の理である。（民国『藁城県郷土地理』滹沱河後）

・滹沱河の水の性質は横溢暴漲で、泛濫・積潦・淤沙の三つの害がある。（光緒『東鹿縣志』巻一、河渠）

・子牙河の上游は、一つは滏陽河、一つは滹沱河である。滏陽河は……寧晋泊以上の滏水の経過する各県は、流れを引いて稲を種えており、等しく河の潤いにあずかっているが、水が臧家橋を過ぎると地勢は南高北下となり、滹沱の湍悍の流れによりその勢いは遏《とど》めることができない。滹沱沿河の各処は、しばしば洪水にみまわれる。（『直隷河防輯要』第四章直隷河防総論、第一節各河水系、四子牙河）

共通して指摘されているのは、土砂の堆積により流路が安定しておらず、洪水や溢水による被害が大きいというものである。もう一方の上流河川である滏陽河は寧晋泊等の巨大な遊水池のためか、「滏水には利益があり、滹沱河が河道・河流の変化が常態で患いをなすこととは異なる」[7]とする。

ただし、河川氾濫が被害のみをもたらすわけではない。諸史料に多く言及される「一水一麦の地」という表現にみえるように、水害ののちに水が運んできた肥沃な土砂が次年の豊作を準備するという認識は、特に積極的治水政策を抑制する主要な根拠となる[8]。

さて、以上は河川それ自体の性格についてであったが、子牙河に関する史料の記述において特徴的なのは、その交通路としての機能への言及である。

・冀州属の衡水県城の西には滹沱・滏陽二河の合流地点があり、天津から順徳・広平・大名各府に至る米・塩の運道はことごとくここに達している。（奏摺[9]、乾隆三十一年）

・滏陽河は直隷磁州より冀州・寧晋等を通過して天津に直達する。客貨・民船は絡繹として絶えることなく、長蘆商人が冀州寧晋等の三十四州県の引塩を行運するにあたっては、皆なこの河によって各処に運び塩を販売している。歴来において舟楫の流通にまったく阻滞はない。（奏摺[10]、乾隆三十四年）

・滹沱は、夏秋の間は、小舟により天津に達することができるが、河道・河流の変化が多く、堅橋を設けることは困難である。実に我が邑の南北往来の妨げとなっている。（民国『藁城県郷土地理』交通）

・滏陽河は我が県唯一の水路で、……献県に至って滹沱河と合流し子牙河となり、天津に直達する。彭城の瓷器、西佐や峯峯の石炭はここから多く移出され、雑貨等の逆流してくるものも多い。（民国『磁県県志』第十一章、第三節、水路）

・子牙河本支各流は、倶に舟揖を通ず。上行の船隻は多く雑貨を載せ、下行の船隻は多く滏陽河からくる磁器、棉花・山貨・皮毛、及び滹沱河からくる棉花等を載せている。（民国二十年『天津誌略』第十一編交通、第一章水路、第一節河道、（四）子牙河）

以上の記述から、特に滏陽河から子牙河を通じ天津に至る河道が交通路としての機能を有していたことは明らかである。具体的物流品が多く言及されるのは十九世紀後半以降の地方志の記述であり、特に棉花を天津に輸送する経路であったということはよく知られているが[11]、乾隆期において言及されるは米穀輸送および長蘆塩の行塩路としてのものである。このうち、特に後者の長蘆塩の輸送の問題は後に検討する乾隆期の治水政策と大きく関わる。直隷省五大河のなかでは、南運河・北運河も当然交通路としての機能を果たしていたのであるが、「南糧北調」という帝国全体の問題と関わるものであり、その政策は直隷地方に限定されない。子牙河はその役割が直隷省地域に限定される点で運河とは異なり、また、前章で検討したように、交通路としての機能を全く持っていない永定河とも、大きな対照をなしている。この物資輸送に関わる交通の問題と農業・居住地等の生産安定の問題という二つの問題をどう矛盾することなく地方レベルで解決していくかということが、子牙河にかかわる治水政策の重要な課題となるのである。

次節では清代の子牙河治水を具体的に分析する。

二・清代の子牙河治水

二・一　制　度

(a) 官制

まず治水の官制から子牙河治水をみていくことにしよう。

直隷省の河川管理を統括する官は、雍正期にいたるまで、濟寧州に駐在する総河（河道総督）であった。雍正九年に至り、はじめて直隷河道を専管する正・副二名の総河が置かれ、天津に駐在した。のち、乾隆元年に副総河は廃され、さらに乾隆十四年に直隷省河務は直隷総督の兼管となり、それが以降清末までの定制となる。したがって、それ以降の直隷省河工に関する皇帝への題本・奏摺の提出、各部への咨文提出はこの直隷総督が行うこととなる。

直隷総督以下には、河川管理を分掌した道員が置かれ、総督に直属する。この制度が成立したのは雍正四年で、直隷省の河道を四つの管轄に分け、それぞれの総括者を道員（天津河道・永定河道・通永河道・清河道[12]）とした。子牙河については河間府献県臧家橋より下流が天津駐在の天津道、上流が保定府駐在の清河道の管轄となる。それ以前は、康熙三十九年に置かれた子牙河分司が子牙河の河務を専管していた[13]。これは名称からみてもわかるように工部の出先機関であり、当時の直隷省という地域が中央直轄の要素を残していたことを表している（第五・六章参照）。雍正期の制度改革の要は、地方の総河系統と中央の工部系統という二つの行政系統を、直隷総督―管河道員―府州県管河佐弐官という形に一本化し、明確化したことである。この背景には、「分司に適任の人物を得ず、河員はその職責を怠り、堤の多くが潰決した」[14]というように、工部分司による管理体制の不備にあった。道以下各府州県にも河川管理を専管とする官が置かれた。その名称は同知・通判・県丞・主簿といった府ないしは州県の属官であるが、河川管理のみをその職責とした。これは永定河治水の体制と同様である。[15]

乾隆期に至り、乾隆六年六月、直隷河道総督顧琮は、河間県県丞管轄の子牙河の東西百二十里の堤防の管轄範囲が広く巡防が困難であることを理由に、東岸の堤防を景和鎮巡検の兼管とした。また、同時に子牙河通判を置き、青県主簿・静海県主簿・文安県県丞・文安県主簿・大城県県丞・大城県主簿・霸州通判が担当する堤防工事について、その管轄下に置いた。[16]これ以降の子牙河管理の官制はおおむねこの体制による。（表7―I参照）

その他、当初より河兵四〇名がおかれ、また、乾隆初期には垡船・衩夫が設置され制度化された。垡船・衩夫とは、乾隆二年、協辦吏部尚書署直隷河道総督顧琮が、土砂堆積時に浚渫労働に従事させる労働者を集めることが困難であることから、彼が雍正期に営田観察使の職にあった時に見聞した捕魚の小舟（長さ一丈三～四尺から二丈、二～三人乗り）三百隻を垡船とし、船ごとに衩夫三名を淀の近くに居住している民人から雇用して浚渫作業をさせることを奏摺により提案したものである。船舶に関わる費用は三千両、衩夫には工食銀一両五銭を支給、三月から五月、八月から十月の汛水の二期に五日間、淀において一日二方（方は十分の一立方丈）の泥土を浚わせ、その泥土は附近の村荘に運んで家屋の基礎などに用いさせた。三百隻のうち二百隻は東淀に配備して三角淀通判が統轄し、残り百隻は西淀に配備し雄県駐在の清河同知が統轄した。この顧琮の奏摺は乾隆前半期に直隷河道に設置された垡船・衩夫に関する初議であり、この地方の産業に漁業があったことを示す史料でもある。[17]乾隆三年にこの議は裁可され、子牙河に属する垡船は一六〇隻とされた。乾隆十年、協辦大学士劉於義の上奏と部議を経て、管轄の細分化などの制度の充実が行われたが、[18]乾隆二十九年に直隷総督方観承によって、維持費がかかること、設立以来、所期の効果を生んでいないことにより廃

表7―I　子牙河職官表

官　名	管轄(子牙河に関するもののみ)	備　考
分巡清河道	蔵家橋以上の滹沱河の河道・堤工、轄庁一	雍正十一年より保定・正定府の河務を管轄
正定府通判	冀州・深州・束鹿県の滹沱河河道	
天津道	蔵家橋以下の子牙河の河道・堤工、轄庁二・汛六	
河間府河捕同知	献県・河間県の河道、県丞・主簿・巡検を管轄	
献県主簿	蔵家橋以上の東岸三十五里および西岸三十七里 蔵家橋以下鄚家馬坊まで東岸四十一里、西岸三十九里	
河間県県丞	子牙河西岸献県蓋家荘から大城県烟村の六十六里	乾隆六年まで両岸を管轄
景河鎮巡検	子牙河東岸献県蓋家荘から大城県烟村の六十六里	乾隆六年設置
子牙河通判	経管子牙河河道、州同・県丞・把総を管轄	
霸州州同	子牙河西岸の千里長堤・広安横堤、東岸の南大堤	
大城県県丞	子牙河西岸の千里長堤、格淀大堤	
西汛把総	子牙正河、格淀大堤、格大堤	
大名道	順徳・広平府属の滏陽河河道堤工	
広平府管河同知	府属の滏陽河河道	
順徳府管河同知	府属の滏陽河、隆平・寧晋地方南北二泊の各河道	

出典：王如鑑『畿輔河防備考』巻四、子牙河、官汛

止された。廃止後は必要に応じて民船・民夫を雇用することとなった。[19]

（b）会計・雇用制度

先述のように、直隷河道総督が置かれたのは雍正九年であった。当初直隷省河工に関する固有の章程はなかったが、河工は、毎年必要な維持工事である歳修、および歳修以外で必要な工事のうち、一件五百両以内の搶修、一件五百両以上で単独の題奏が必要な別案大工に分かれていた。雍正十一年の段階では河東河道（黄河）・江南河道（長江）の例に照らして工程を運用していくことが決定されている。雍正十一年にその基準策定および従来の工事の会計報告を、当時の直隷河道総督王朝恩が各道に命じて行わせた。[20]

その後、乾隆初期に直隷省独自の河工会計システムの整備が行われた。直隷総督兼直隷河道総督高斌の乾隆六年の奏摺によれば、前直隷河道総督顧琮から引き継いだ案巻を調査したところ、雍正十三年から乾隆六年まで、天津・通永・永定の三道の項目下の歳修・搶修・大工が合計八十八案があり、合計百八十七万七千六百余両が見積もられている。そのうち、当初の見積もり通り予算が認められたのは二十件のみで、多くは部駁により削減され、あるいは全く予算がつかなかったものがあった。部駁の多さが目立つ。[21] 恐らくはこの高斌の上奏を端緒として、直隷河道工事の見積もり作成の制度化が進められたようで、その結果は乾隆八年閏四月、『直隷五道条規』という形でマニュアル化される。行政事前審査機能よりも行政効率が優先された政策決定であったといえよう。[22]

直隷省河工においては、官が経費を支出し工事を行うものと、民間が無償で工事を行う「派民興修」がある。後者は例えば堤防修築が必要な場合において州県が里甲の地畝に照らして派夫して工事にあたらせるもので、徴発に際して官費が支出されず、胥吏の不正もあり、また人を雇って力役を代替させる等の弊害もあった。実際に工事箇所に至る者達の多くは乞食の窮民であったようだ。州県のなかには派夫修築を止めることを請うたり、公費支出を求めたりするところもあった。以上の状況をふまえ、乾隆元年直隷河道総督劉勷は、民修工程は雍正十二年の以工代賑の例により、土一方ごとに毎土折米価銀三分九厘、河道浚渫で乾燥した土砂の場合、毎方三分、湿潤土泥に関しては四分五厘を支給することを要請し、部議をへて裁可されている[23]。ただし、この方法が以後の工事の全てに適用されたか否かは不明である。さて、ここで賃金は銀建てであり、河工管轄の地方官は必要経費を銀で受け取ったが、雇用した民夫に実際に支給されるのは銅銭であった。担当官は基本的には工事現場の州県で銅銭を購入していたようであるが、乾隆三十七年には近京の州県においては京師において銅銭を購入し、京師外に持ち出すことが認められた[24]。

また、倉穀を貸し付ける事例もある。乾隆二十二年春期の南北運河の工事において、時期が端境期にあたるので、常平倉の倉穀を戸毎に三斗無利息で貸し付け、収穫後に返還させている。なお合計見積もりは千五百余石であり、五千戸分の人員動員が見込まれている[25]。

その他の工事の動員数の例としては、乾隆二十九年の子牙河および東西の淀の治水工事の三万人という数字がある。彼らに対する食糧確保は災害による穀物価格高騰時であっただけに重要な問題であった。この時には土方一方につき、米一升が支給された。工事量は百五十万方であったから、一万五千余石の天津北倉の奉天米が発出され、工事現場近辺で市価よりも安価に販売された。発出に際しては夫役十名に対して票一枚が支給され、その票と引き替えに販売を行うこととし、夫役でないものが米穀を購買する弊害を防止した[26]。

二・二　乾隆期の子牙河治水政策の展開

二・二・一　乾隆期以前の子牙河治水

明代の河道については朱玲玲氏によってすでに明らかにされており[27]、その清代との大きな相違点は、滹沱河・滏陽河会流の後、完固口から交河県を経過し青県杜林鎮附近で漳河と合流し南運河に入る河道が正流であり、完固口から北流して臧家橋から河間県を経て大城県子牙鎮への河道は支流であった点である。[28] 康熙二十年代から河勢は北に移り、五十年には支流に帰し、雍正四年に完固口を塞いだ後は、明代正流であった河道は涸れてしまった。[29]

さて、光緒『大城県志』によれば、清朝に入って子牙河堤に初めて官が関与したのは康熙十四年である。[30] この時の工事は、「大城県、馬�口から三岔口に至る隄一万三千四百二十丈を自修する」[31] とする記述の「自修」という表現から、中央や省レベルは関与しない、県レベルでの独自の対応であったと考えられる。明代から清初まで、多少の洪水による被害については、土砂集中の防止や運河の維持の観点から、中央は必要悪として放置していたのである。

康熙三十年代に入り子牙河治水は大きな転換を迎える。まず、直隷巡撫の発議により、康熙三十三年・康熙三十七年に浚渫と築堤が行われた。さらに、康熙三十九年正月二十九日より永定河への視察を開始した康熙帝は、二月初七日静海県に至り子牙河の河堤を親閲し、河道開濬の場所を河道分司（子牙河分司）朝琦に下問する。朝琦の「閻・留二荘の間から四十里を開濬し、両岸に堤防を築き、三角淀に導水する」という奏を得た帝は、「河道を新たに設けたら水勢は東流して、恐らくは運河に妨げが有るだろう。どのようにするのか」と運河への影響を懸念する。[32] 二月初十日には直隷巡撫李光地等に、[33]「閻・留二荘の間に石閘を作り、水量が多いときはこの閘から減水し、通常時は閘を閉鎖し、王家口の旧河に導けば、漕運と民田双方に利がある」と指示した。康熙帝はこの日に、「修築の方略はみな朕が自ら指授するもので、もし参差があってもそれは朕の責任である。疑懼を抱く必要はない」[34] として、自らの責任を明確化する。四月十九日、再び康熙帝は王家口に行き、乗船して子牙河を親閲し、閘の建築を一時停止して閘の左右の濬口から洩水させ、翌年まで様子を見よ、と指示する。[35] 結局、この年に、献県と河間の子牙河東西両岸に長く高さもある堤防が建築された。その西堤は大城県に、東堤は青県・静海県に達するものであった。また、この時東堤においては青県広福楼地方の焦家口で新河を開いて子牙河の勢力を分減した。そしてその管理を職掌とする分司一員を特設し、河間府同知にも分轄させ、さらに県丞・主簿等の官を増設して防修を専管させた[36]。堤防建設の時期と経過、またその結果により成立した制度は同時期の永定河治水についての制度と非常に類似している[37]。これは、前年に宣言された「今、四海太平となり、最も重き者は、治河の一事である[38]」という康熙帝の認識と治世方針の一つの表れといえる。また、康熙帝の子牙河治水においては、上述の康熙帝と朝琦の対話にみえるように、「河務」と同じく康熙帝の親政開始時の政治課題である「漕運」について配慮がなされている点に注意したい[39]。

さて、堤防建設の結果、従来は予測不可能であった流路の変化についてのある程度の制御が可能となり、「この時（康熙三十九年）から、河間・大城・青県・静海の民に、始めて安寧が訪れた[40]」というように、不意の洪水被害は抑止され、可耕地・可居住地が広がることとなるが、堤防により一つの河道に多くの水が集中するようになり、また、既述のごとく子牙河は上流滹沱河の土砂含有量が多く天井川となり易いため、溢水や堤防の決壊が発生すると堤防建築以前より大きな人的被害を及ぼすことになる。その結果、行政はメンテナンスを継続し、そのためのコストを恒常的に投下する必要に迫られることとなる。

雍正期に入り、直隷省では怡親王允祥による畿輔水利事業が行われる[41]。子牙河に関しては、雍正三年十二月段階の怡親王等の認識として、「数百里におよぶ紆迴曲折の堤防をつくったが、河身は土砂堆積して平地よりも高くなり、両岸と河流があい隔たること数丈に過ぎないほどに接近している。旧時の支港・岔巯はすべて堙塞してしまい、決壊や溢水を防ごうとしてもどうして成果を得ることができようか[42]」とあり、天井川の形成と水流の分散を行いうる支流が無くなった事による弊害を指摘しており、すでに堤防設置による問題が生じていることがわかる。対策として、王家口分流の箇所を塞いで三角淀への流入を制御する一方、旧時の支流を復活させ水勢を分減させることを構想し裁可されている。しかし、現実には翌雍正四年に「運河の水漲を憂慮したため[43]」完固口を塞ぎ、河流を王家口から三角淀に誘導することになったため、三角淀にはまた土砂が堆積した、という[44]。上流で河道を一本化したものの、下流でその勢力を分減する河道が見つけられないのであれば、治水の一貫性を欠く。この時期の子牙河治水の優先度の低さを推察させる。

雍正期の子牙河に関する動きとしてその他に注目されるのは、雍正四年四月に磁州が河南省管轄から直隷省広平府属になった事である。直隷省の滏陽河流域は、明代の地方官によって建設された恵民閘などからの取水による灌漑によって、豊かな農業生産をあげていたが、清代には水田が無くなっていた。これは上流の磁州の民が取水堰を建築して下流に水を流さなかったからであった。上流・下流との水争いが絶えず、官が調停をおこなったが、省の管轄が異なることから遵守されなかった。また、滏陽河をルートとする商船の通行にも支障を来していた。怡親王は磁州を直隷省広平府属に変更し、滏陽河水系全体を直隷省の管轄とすることを提議し、裁可された。十二月には磁州の取水閘の五日毎の開閉に関するルールが策定され、翌年四月に批准された[45]。後述するが、このことは乾隆三十四年において長蘆塩流通と絡んで問題となる。

二・二・二　乾隆初期の子牙河治水

乾隆初期の子牙河治水において注目すべき最初の動きは、乾隆四年の直隷総督孫嘉淦による政策である。これはこの年の三月初九日の稽察天津等処漕務吏科給事中馬宏琦による海河堤防の整備の必要性を説いた上奏に端を発するものである。孫嘉淦と直隷河道総督顧琮は、海河堤防整備を実現する方向で処理を進める一方、直隷全省の治水管理の必要性を認識し総合的調査を行った[46]。

子牙河に関しては孫嘉淦は、「永定・子牙の故道には、従来はともに堤が無かった。よって泥は田間に留まり、淀への土砂の堆積は無かった。……子牙の築堤束水より台頭等の淀にも亦た土砂が堆積した。淀口に既に土砂がたまり河身は日々高くなった。……子牙河には新旧両道が有るが、新河に已に土砂が堆積している。臣等は、焦家口を閉じて、従来通りその河身を浚渫し、上游の黒龍港諸水を、帰淀させることを提案する。旧河は王家口より入淀するが、これも漸次淤塞していった。臣等は、閻・留二荘において旧河の東堤を開き、淤を蒲港等窪に漸引させ、楊柳青を東過し、西沽の南に入らせることを提案する。そうすれば則ち子牙河もまた別に海に行入するであろう(47)」という案を提出し堤防修築による束水こそが問題であるという永定河治水でも見せた持論を展開している。直隷河道総督顧琮も八月十八日の段階で、同様の認識を示している(48)。この構想はいかなる政治過程を経たのか今ひとつ明確でないが、翌乾隆五年三月、顧琮等の子牙河治水案が工部の議を経て裁可される。それは、楊家荘から支河を引き、閻・留二荘を経て、朱家窪から独流において淀河に帰入させ、子牙河を西南から東北方向に導くというものである。効果としては土砂を窪地に堆積させて下流への土砂流入を防ぎ、また土砂が堆積した窪地は肥沃な土地に変じて「一水一麦の利」を得ることができる、とする。また、王家口の子牙河入淀の個所の土砂堆積が激しいので荘頭村から台頭まで浚渫して河道を整備することなどもあわせ行われた。孫嘉淦・顧琮の一連の治水は、特に本書第六章でも検討した永定河故道策の失敗に見られるように全体としてうまくいったとはいえないが、子牙河については水勢分減という雍正以来の懸案の解決を果たしたといえよう。

その後、乾隆九年五月初八日の山西道監察御史柴潮生の上奏(49)に端を発する、直隷総督高斌と協辦大学士・吏部尚書劉於義による一連の畿輔水利事業が行われる。その際子牙河にはどういった対応されたか。この年十月に上奏された「勘初次応挙各工」のうち「一、子牙河濁流穿淀、宜別疏出水口門、并築長堤、分別清渾也」の条には、王家口の北荘児頭から陳家泊まで河道一本を作り東流させ、閻・留二荘の支河と合流させ、西沽から北運河・海河に帰する策が提案される。工事延長は九十一里、見積もり費用は三万五千六百八十余両であった。また、初次工程を終えた段階での十条の善後事宜のなかには、子牙河に関連したものとして「一、子牙隄河、宜分隷庁汛以専責成也」があり、子牙河通判の堤防管轄範囲が広大なため、荘児頭から当城までを子牙庁の管轄とし、當城から西沽までを津軍廳の管轄に帰した。また「子牙長隄、応請建営房、以資防護」は堤岸に営房を作り増水期の防守等に使用することをいう。[50] 乾隆帝の眷属（慧賢皇妃の父）として信任が厚く、河官として評価が高い高斌による堅実な施策であった。

二・二・三　乾隆十八年～二十五年の方観承の子牙河治水

前章でもみたように、乾隆初年から三十年前後にいたる時期の直隷省の治水事業の背後に常に存在した官僚が方観承である。

方観承が初めて子牙河の治水を提議したのは乾隆十八年三月十六日の上奏[51]においてである。そこでは「向来より舟楫が通行し、長蘆引塩を畿南各属に行銷するにあたっては、皆なこの河によって通運している」と、長蘆塩の流通路であることをまず最初に述べる。そして、乾隆五年に楊家口において流水の勢力を分減するために開削した支河の流量が七～八割であり、一方、正河の流量が二～三割で、土砂が堆積して商船の通行が不能となっており、年々積み替え作業のための費用が多くかかり、また、支河は流量の多さが東側の青県・静海県の村荘に水害をもたらすおそれがある、とする。（図7—Ⅱ参照）支河の流量が正河を上まわる事態となっていたのである。

方観承はおそらく二月の段階に東陵行幸時の行営において乾隆帝に対して図面を提出してその判断を求めたうえ、自ら大城県に赴き、東西堤防の乗船調査を行う。結果、楊家口から荘児頭までの四十八里は河身が土砂堆積により浅

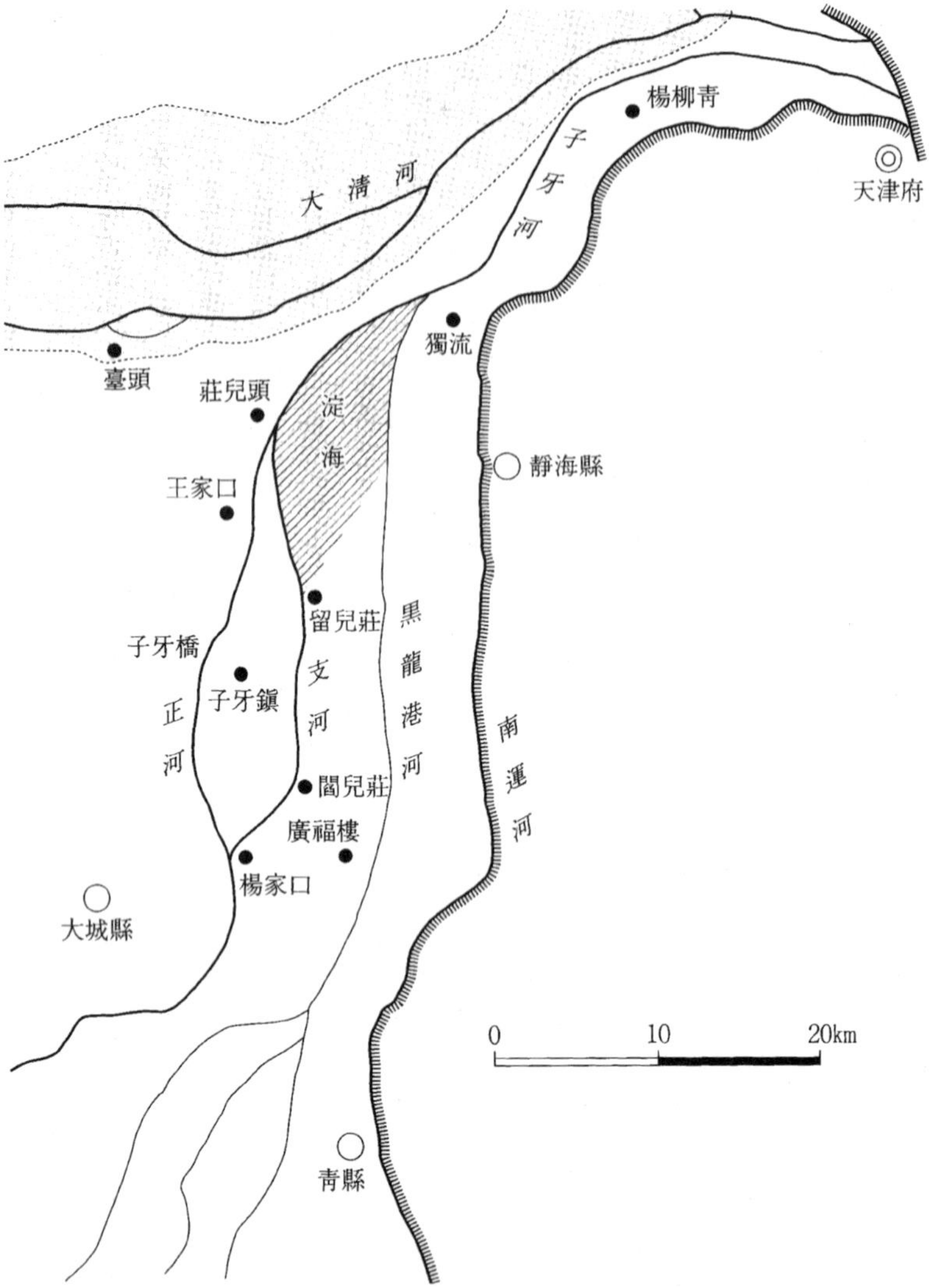

地図7—Ⅱ　子牙河地図
（譚其驤主編『中国歴史地図集』第8冊、方観承『畿輔義倉図』参照）

くなっており、特に楊家口から子牙橋に至る十八里は浅窄がもっとも甚だしく、河身は僅かに深さ二尺から四尺であることが判明した。一方、支河の幅は十四～五丈、深さ七～八尺から一丈一～二尺であった。管轄の天津道は正河の浚渫を主張したようだが、方観承はその案を採用せず、旧支河を新正河とするという正河・支河の逆転案を提案する。旧支河は楊家口から閻児荘に至る長さおよそ八里あまりであり、現在、特に流路・両岸の状態とも問題はなく天津に通じているからそれを利用して新しい正河とし、また留児荘の東隄にそって河漕一路を挑河し、楊家口以下の全河を子牙橋の北で帰入させる。この場合、約九里余りの挑河が必要であるが、旧正河十八里を浚渫するよりも、工事の負担・経費ともにメリットがあり、また、浚渫して出た土砂を東堤の培築工事に使用すれば、波風の防止に有益で、船を牽引する道にもなる、とする。なお、方観承奏摺のこの部分に乾隆帝の「朕は以前にこのことについて言及したのを覚えている。汝はなお不可能であるとした。今はどうであるか。朕に迎合して命令に従おうとしてはいけない」という硃批がある。二月の面見に際して、乾隆帝が方観承の案に近い治水計画の素案を出していたことがわかる。

方観承の提案はさらに続く。楊家口から子牙橋北までは浚渫の必要はなく、減水河とすればよい。ただし合流地点である子牙橋北から荘児頭の正河三十里は一律に七尺浚渫すれば、商船民載の妨げにならず、順徳・広平・大名府および河南省への二十万引塩の運搬において荷の積み替えの必要が無くなる。閻児荘の現在の河流の東隄を越えているところは攔河草壩を建築して流路を塞ぎ、水を悉く正河に帰するようにし、その草壩の北東の隄の上に減水石壩一座を建築し、夏の増水期に正河が収めることができない水をこれによって分減し、堤防内の旧河を引河とすれば、正河は停淤という情況におちいらず、堤防の強度維持にも資し、さらに青県・静海県の数十村が積水の患を免れるだろう、とする。

次に方観承は工事経費を見積もる。浚渫等の河道整備と草壩の建設、石壩の建設等、すべての工事をあわせて一万四千九百六十一両である。財源については、前年の冬に長蘆塩商人が挑河による河道整備を懇請した際に、長蘆塩政吉慶と商議したところ、河道整備により節約できる積み替え作業のコストを、商人達が「輸公辧理」したいと申し出ており、挑河と草壩の費用一万八百両余りはとりあえず布政使庫から借撥して費用にあて、塩商に五年に分けて返還させ、石壩建設の費用四千両余りは、布政使庫の節年帰公平飯項から動撥し興修することとする。以上が三月十六日の方観承奏摺の内容である。

この方観承上奏には「議する所の如く行え」の硃批がついたが、方観承は三月二十七日に覆奏を行う。これは前奏の乾隆帝の文中の硃批について応えるものであり、「全く（皇上に）迎合しようという見解ではありません」とする。この覆奏には「知道了」がつき、提案は実行に移されていくことになる[52]。

翌乾隆十九年正月二十一日、方観承は前年の処置について河流や塩船の通行において「効果があった」とした上で、以下のような上奏を行う[53]。従来より夏秋の増水期においては減水壩から水を溢れさせているが、壩から堤防内に出て行かない水が堤根つまり堤防の下部に滞留している。一帯は地勢が西高東低なので増水期が終わっても水が河道に戻らず、閻児荘から広福楼（青県）に至るまでの河川敷四十余里に積水がある。例年、河川敷上の居民は、東堤が元より民修であるため、増水が多い年においては、春に呈請して春麦を栽培するため開堤放水している。以上は現状と積水の例年の処理方法である。そしてこの情況が望ましくないと認識したうえで、すでに前年に作った減水石壩の南に双門の石閘を建設し、河道から溢れ出た東隄一帯の水を悉く閘口から壩外の引河に排出させる。さらに、東隄の地勢が窪地であるところに涵洞（樋管・樋門）三か所をあけ、閘から稍や遠い所の積水もそこから排出させる。

この対策により、増水期の後、村民は「一麦の利」を得ることができ、彼らの生計を助け、税収入も期待できる。また工学的にも堤根において浸透水による堤防強度の弱化を防ぐことができるとする。建築費の見積もりは双門石閘と涵洞あわせて二千七百七十余両、財源は滹沱河歳修生息項目とした。以上のような方観承の提議に対し、乾隆帝は、「面奏の時に図を持参して奏聞せよ。もし工事が一刻も遅延できないものであれば、すぐに工事を開始せよ」と硃批をつけ、提案を認めている。

これらの事例から、子牙河治水の政策決定の過程においては、乾隆帝と直隷総督方観承が工部等の審議を経ず、直接に具体案を協議していることが明らかである。また乾隆帝が子牙河の情況をかなり具体的に把握していたこともわかる。度々の巡幸による現地把握の結果であろう。

その後、子牙河水系は小康を得るが、乾隆二十四年の秋の増水期に溢水による広範囲の被水が発生する。とはいえ、実際の被害は収穫の後であったことから大きくはなかった。[54]この時に問題となったのが、滹沱河の河道が変化し東鹿県の南を通り寧晋県において滏陽河と合流するようになったことである。（図7―Ⅲ参照）河道近辺に住む士民は旧道への導水を訴え、冀州・趙州の地方官も旧路を濬復して滏陽河に入れるように要請したが、方観承は九月十五日に乗船して自ら視察を行い、改道した河川はすでに大河となって順調に流れており、旧河に復する必要がないと判断、乾隆帝もそれに同意している。この中で方観承は、河道に近い村荘は多くは高台にあり、築埝して洪水対策をしていること、また旧道・新道双方の地がともに「一水一麦の地」であり、洪水後に多くの収穫が見込めることに言及している。[55]

翌乾隆二十五年、この年の直隷省の治水において、工事を行うべき個所の四割は「例に照らして民力を勧用」するほか、残りの六割の部分は、具体的には河間府河間県の子牙河両岸および河間府景州においては、前年収穫時に耕地が冠水したので、北倉の漕米を以工代賑の例によって現物給付することが決定されている。[56]またこの時、子牙河東堤五十九里四分について、従来は大城県丞と静海県（小河村から瓦子頭まで三十七里六分）・青県（大城県横堤から小河村静

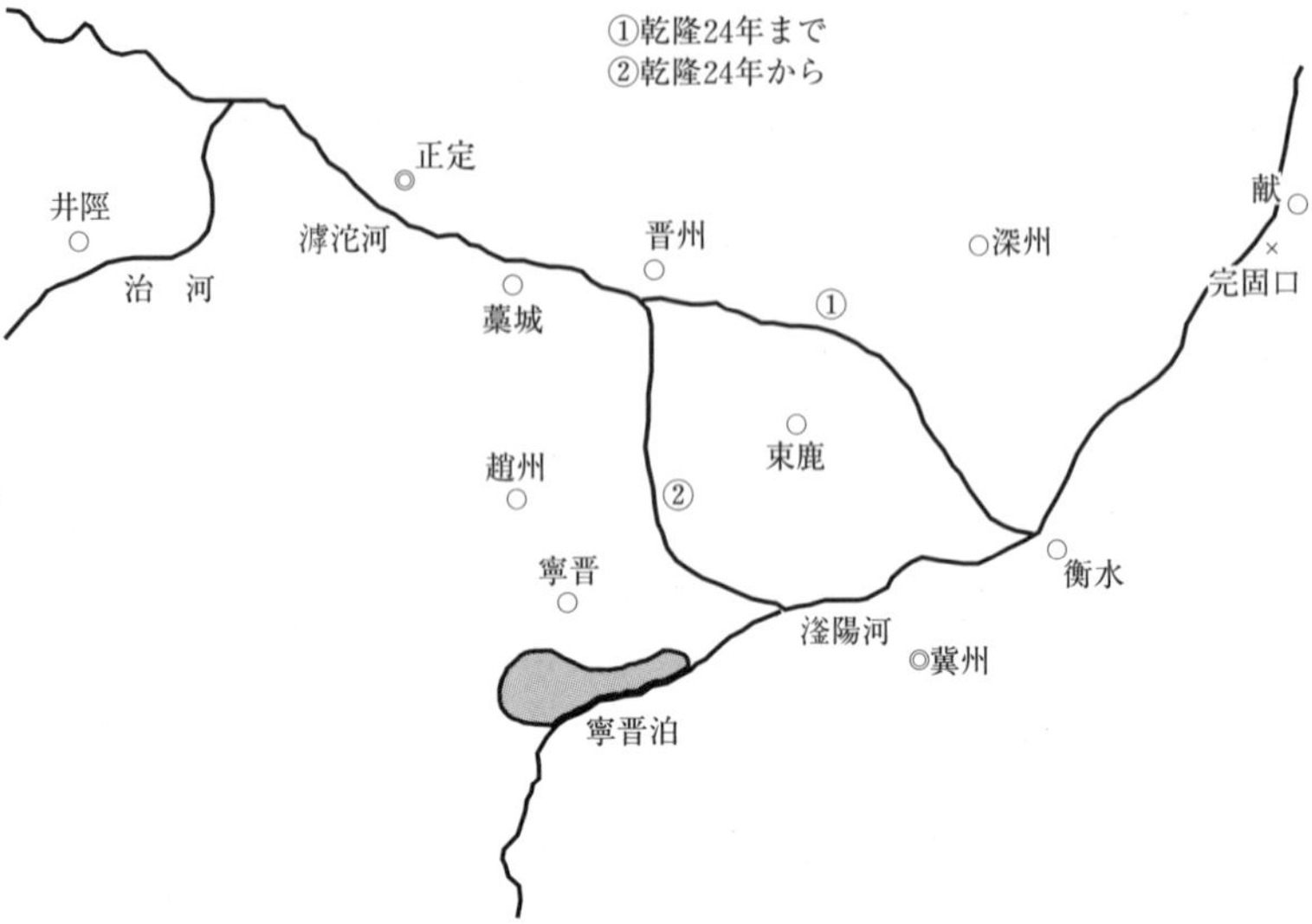

地図７—Ⅲ　滹滏会流図
(譚其驤主編『中国歴史地図集』第８冊、方観承『畿輔義倉図』)

海界まで十里九分）の主簿が管轄していたが、両主簿の裁汰にともない、全堤防を大城県丞管轄とし、静海県主簿衙門が派遣していた献県の浅夫二十名も大城県丞の管轄とすることが、方観承の提案から部議を経て決定されている。[57]

この時期の直隷省治水・水利行政に関しては、方観承の言を借りていうならば「直隷水利はしばしば対策を講求し具体的工事を興こし、遺漏はない」[58]と表現できよう。

二・二・四　乾隆二十七年以降の方観承の子牙河治水

乾隆二十六年に至り、大きな被害を生ずる洪水が直隷省各河川系で起こった。子牙河においても、下流の大城県・文安県・静海県・天津県などの低盆地に冠水の被害が起こる。結局足かけ三年にわたって被害は継続し、営田・溝洫の問題題も含め、様々な問題が提起されるが、ここでは子牙河に関する問題に限定して議論を進める。

乾隆二十七年三月初六日、方観承は以下のような対策を上奏する。前年の直隷各地の水害への対処として、民力活用を基本線とはするが、大規模工程については民力による対処が困難であり、また永定河工工事のように「銭糧」を財源とする「土方之例」によって工事を行うと経費が高額になるため、「興工代賑之例」により、土一方毎に米一升、塩菜銭八文を支給することにより工事を行うこととし、そのために必要とする米は通州倉の漕米二十万石のうち賑恤に用いた残りを充てる、という策である。方観承は二日後の初八日、関係箇所に視察に赴いた。視察の結果、四月初六日に必要工事箇所の確認がなされ、必要工程量（四六二万四三九一方）必要米石量（四万六二四四石）必要経費（銀四万六二四三両）が見積もられた。子牙河関連水系はこの方法によって工事を進められることになった。[59]

乾隆二十八年正月二十六日、乾隆十八年の正河・支河の変更箇所の堆積土砂の浚渫を中心とする維持工事が行われた。費用は四千六百二十二両余り、財源は懋捐項目（塩商の献金による財源か）であった。[60]二十八年の二月に署理吏部侍郎裘曰修が、また五月から軍機大臣・工部尚書阿桂が直隷省に派遣され、方観承と水害問題について共同辦理したが、子牙河の分流地点以下の流量調査において、正河が四割、支河が六割ということが明らかになり、正河を深開して旧規に復すことを協同で議請していた。乾隆二十九年正月十一日、方観承が字寄による諭旨を奉じて子牙河の営盤道路の査明を行った際に、乾隆帝は方観承に面諭し子牙河の支河を深通して改めて正河となすことを指示した。方観承は支河が正河に入る個所の形勢が不順で堆沙を起こしていることから、新たに子牙村の南から堤防を穿って東北に河道二十里を作り、王家口の東の窪子頭に引き、正河に帰入させ、挑河の際の土砂は東岸の堤防に用いることを提案した。[61] 三月初二日には工事の詳細と見積もりがなされ、そのまま裁可された。財源はやはり懋捐項であった。[62]

制度・システムが一旦確立すると、それを悪用する動き、利権化する動き、が次第に表面に現れてくる。乾隆二十九年四月、この時期は「青黄不接」の端境期であるが、大城県において県丞王邴が工房の胥吏である苑とともに工費の中胞を行っており、また、子牙河附近の蔡家大窪を占拠し、耕作を行おうとする民戸から畝あたり三十文の勒索を于姓・張姓の胥役にさせているなど、弊害が顕在化していく。[63]

その後、乾隆三十二年三月初一日、乾隆帝は天津巡幸に際して子牙河を視察した。その際帝は、文安県の千里長隄の灘里から格淀隄の間に堤防が無いことを指摘し、調査させ、隄がない箇所が長さ十余里、その中に民修の隄があるが、多雨期には村民一～二千戸、地畝にして千余頃に被害が出ることを明らかにしたうえで、方観承に堤防の建築を命じた。[64] 方観承は四月十四日に覆奏し、該当箇所の工事要領を報告し、堤防建設が実現した。[65] これは、まったく乾隆帝の発意による治水工事である。

また同じ月、乾隆二十九年に行った子牙新河の浚渫土によって作られた、子牙村の南から王家口までの長さ二十二里の東岸堤防（堤頂の幅二丈、堤底の幅六丈、高さ八尺）について、増水後に堆砂が見られ溢水の恐れがあり、さらに北風時の水送流等により堤防の浸食が存在するため、修理の必要があることが方観承によって上奏された。費用見積もり一千五百三十余両で、天津道庫の河淤租銀（堤防外の河川敷を貸与して得た財源）を動用することとしたが、即時に裁可された[66]。

以上、直隷総督任後の方観承による子牙河治水について見た。明らかな特色は、政策決定過程において、方観承の裁量が非常に大きいことである。清朝の官僚政治システムにおいては、高官になるほど、総督と巡撫、督撫と六部など、品級や業務の質の違いはあるが制度上ほぼ同等の権限を有する官僚が並立してバランスをとる形になっていた。しかしこの時期の方観承は皇帝の支持・承認を得ることができれば、ほとんど他の官僚の牽制をうけることなく、ほぼ構想通りの政策を遂行することが可能であった。乾隆初期に直隷河道総督と直隷総督が並立しているときには、彼らの間の考えの違いが問題化することがあったが[67]、乾隆八年から事実上直隷河道総督は直隷総督の兼管となり（乾隆十四年より制度化）、直隷省においては巡撫も置かれておらず、治水問題に限らず総督の決定権は強い[68]。直隷省において同等の地位にあるのは管順天府尹大臣であるが、これは権限が順天府に限定される。また中央の戸部・工部も雍正期からの地方官河道管轄制と乾隆はじめの現地会計システムの整備によって、管轄できる範囲、あるいは部駁を行う範囲が極めて限定されている。河工技術的問題についても方観承の信頼は厚かったようで、彼の発案による治水工事のほとんどは、乾隆初期に多かった工部の議准という手続きをとることなく、直接裁可されている。また直隷省という地理的位置も重要である。乾隆帝は第六章でみたように、しばしば直隷省各地に巡幸し、また外省に出る際も必ず直隷省各地を経過する。扈従に当たることが多い方観承にとっては中間的な処理（奏事処・軍機処）を省略して面奏して意思表示する機会も多い。少壮の乾隆帝が最も活動的な乾隆前期において、適切な政策課題設定（アジェンダセッティング）を行った上で、行政処理を行っていく方観承は、清朝の政治的存立基盤である「社会の安寧と万人の調和的生存という普遍的利益」[69]の実現に最も適任であると考えられたのではないだろうか。治水に限らず彼の業績がのちの直隷省地方志に頻繁に現れるのはただ任期が長かったからだけではあるまい。方観承は、三十三年八月に病免の後死去する。直隷総督の在任期間はのちの李鴻章に次ぐ異例の長さであった。

二・二・五　方観承以後の政策

方観承の死の約一年後、乾隆三十四年七月二十日、長蘆塩政であった高誠が、子牙河の上流である滏陽河についての奏摺を提出した[70]。まず、高誠は「この河は磁州から冀州・寧晋等の州県を経由して天津に直達する。客貨・民船は続々と往来している。長蘆商人は冀州・寧晋等の三十余州県の引塩を行運する際に皆なこの河によって各処に運往し、また銷售してきたが、歴来において船楫流通にまったく滞りはない」と、滏陽河が長蘆塩商の行塩路であることを強調する。

つづけて、「乾隆三十二年に滹沱河の水が冀州・寧晋二州県の境内の滏陽河に入り、土砂堆積をおこした。この時商人晋鎭等が地方官に浚渫を要請したが、はかばかしく進展せず、三十三年の春に、長蘆塩運使に呈請して二千七百余両の資金を供出し、塩運使の派遣した委員とともに浚渫を行い、五月に完了した。しかし、七月に至り滹沱河水が再び流入し、土砂堆積をおこした。長蘆塩運使の詳によると、商人達は浚渫費用の捻出ができず、直隷総督への移咨を請願してきた。よって、塩運使は前任直隷総督方観承に移咨し、方観承は清河道に転飭して冀州・寧晋県に命じて浚渫を行わせた」と、前々年、前年の方観承在任時の状況を整理する。

そして、三十四年の状況に記述を転ずる。「三十四年の五月に至り、直隷総督楊廷璋が長蘆塩政に出した咨文によると、昨年浚渫業務を現地で行った冀州知州・寧晋知県から清河道への詳に、『三十三年の浚渫は該処の積水をなくすためであり、塩運に利するためではない。滏陽河は長蘆商人の塩運の区であるから、今後は商人に浚渫業務を行わせたい』、とあった。一方、商人達の呈によると、今年再び土砂堆積をおこしており、客船・塩船二〜三百隻が停滞を余儀なくされている。地方官が浚渫業務を行わない以上、商人が自ら行う必要があるが、商人には治水の情況判断、民夫の雇用などが現実にはできない。よって、地方官が浚渫業務を施行し、必要な費用については商人が負担する形にしたい」とする。浚渫業務の主体となるものについて、官と民（塩商）との主張に食い違いがある。

高誠は、更に、衡水県から寧晋県にかけての百余里の土砂堆積と、それにより塩船・民船がやはり停滞していることを述べ、滏陽河は三十余州県の客貨・民船の往来の交通路であり、また沿河村荘の田畝にも影響があるとして、浚渫は塩船のためだけではないことを強調する一方、商人による河工業務が不可能である以上、長蘆塩運使や商人等の要請のとおりに、直隷総督・清河道という指揮系統のもと、州県に民夫の雇用と速やかな浚渫業務を行わせ、河工の定例によって工事費用を見積もり決算し、その後商人達の捐資を清河道庫に償還させることを提案した。そのようにすれば、国課・民食双方に利益がある、とする。ただ、滏陽河にかかわる商人は三十余家で引塩額は少なく、毎年の捐資の拠出は困難であるから、直隷総督に何らかの対策を講じるように勅命していただきたい、と主張する。おおむね塩商たちの主張に沿った意見具申である。

乾隆帝は、当日直ちに上諭を発する。帝は堆積個所が運塩の経路である以上、商人が自ら浚渫を行うことは応分なことである、という認識を示す一方で、現実的には高誠が指摘する技術や労働力雇用等の問題からいっても、地方官が浚渫業務を行い、費用は商人が負担する形をよいとする。新たな問題点として、官が業務を行った際にいたずらに公費を費やす傾向があるという弊害も認識している。また乾隆帝は、方観承の後任の直隷総督である楊廷璋に乾隆二十九年の浚渫業務の会計監査を命ずるとともに、浚渫をしたにもかかわらず、かように短期間において堆砂してしまっ

た原因について報告することを指示し、あわせて現地へ楊廷璋自ら調査へ行くことを命ずる。(71)

楊廷璋は、七月二十三日に奏摺を提出し、二十九年の該地の浚渫費用について二百十八両と報告し、また、滏陽河と滹沱河会流の個所は増水期の水が運んできた土砂が残ることが堆積の原因だとする。また、従来は堆砂により塩運ができなくなった場合には、商人が出資し地方官が民夫を雇用し、賃金は地方官の手を経ずに商人が自ら給していた、とする。(72)また、楊廷璋は八月初一日に、清河道李湖(73)とともに現地調査を行ったことを報告する。ちなみに楊廷璋はこのとき八十歳の高齢であった。この中で、新たに認識した事柄として、三月から八月にかけて、滏陽河の水源がある磁州の農民が水利営田の灌漑用水として取水していることが滏陽河の水量の減少を引き起こしているということを述べる。(74)

楊廷璋はさらに八月初六日に奏摺を提出し、貨物船や塩船は二月から三月の間に集中的に輸送を行い、もし水量が不足した場合には滹沱河・滏陽河の会流の個所に待機して夏の増水期に移動をするというのが歴年の情況である、とする。また、長蘆塩商はすでにこのような情況を熟知しており、例年それを見越した上での行塩をおこなっている、という事実を独自の調査結果により把握している。管轄外の保定の総督衙門には依拠すべき成案がないため、長蘆塩政に調査させ、定例と異なった形での行塩の結果、船運の支障を来しているのであれば、商人達に牛車を自ら雇用させ、陸運させるべきである、とする。楊廷璋は八月下旬に磁州の灌漑取水が終わるのを待ち、それ以降になお船の運行に支障があれば、塩政と協議の上、地方官・委員に民夫を集めさせて浚渫を行わせる。また、高誠がいうような、まず官が工事費用を出し、後に塩商がその分を道庫に償還するという方法は、かえって胥吏等の不正を生み妥当な策ではない、と述べる。(75)楊廷璋は高誠の意に反して、安易な財政出動を抑制しようとしたと推定される。

この上奏を受け、乾隆帝は軍機大臣と楊廷璋および高誠の三者会談で決着をつけるように指示、高誠は直ちに結論は出しかねるとして塩運使に命じて塩商を集めて審問調査する事とし、天津に戻った。軍機大臣尹継善はその旨を上奏し裁可を得る。九月初九日、高誠は、塩運使紀虚中の調査に基づき、九月段階で磁州が閘門をあけた後の冀州附近の水位が二尺二寸から五寸、重船は運行できないが小船ならば運行が可能である。ただし数か所でやはり河床が高く、浚渫の必要があることをいう。塩商を集めて詢問したところ、商人晋鎮・劉岱は「塩船が衡水県焦旺村で前進ができなくなっても、周辺の冀州・南宮等は近いので塩商による陸運で処理できるが、それより遠方の州県では、一台の車で五包、一日の行程七～八十里、一日の脚価は一両二～三銭、塩は全部で十万包、ということから数万両の費用がかかり、負担できない。よって水路の浚渫を望む」という。よって高誠は塩運使との協議の結果、捐納銀を集めるのには時間がかかるのでとりあえずは庫内の閑款より二千五百両を支出し商人に与えて現場に行かせ、地方官と会同させ民夫を集め浚渫工事を行うこととし、乾隆帝はこの案を裁可した[76]。

この乾隆三十四年の政策過程においては、この時以前には表面には出てこなかった長蘆塩商の行塩の問題が焦点となる[77]。そして長蘆塩政（満包衣缺）という新しいアクターが、直隷省の治水行政に関わっていき、最終的には長蘆塩商人達の要請が通る形となる。この動きは、行塩の問題がこの年だけのものではありえないことから見ても、方観承の死をきっかけに表に出た可能性が高い。直隷省の治水をどのように長期的にデザインし被害を最小限に留めていくか、という方観承的な観点よりも、短期的な利権が優先されるようになることを、この政策過程は象徴するものである。

長蘆塩政が駐在する天津を拠点とする政治的動きは、乾隆二十七年からの水利工程案にも垣間見られたが[78]、塩という内務府がらみの財政問題・利権問題と密接に関わり、政治上微妙な問題をはらんでいる。直隷総督との協議に満人の軍機大臣・大学士尹継善が入ったことはその表れであろう。乾隆三十年代以降、長蘆塩商は行塩以外の直隷省行政にしばしば登場することとなる。[79]

三・天　津

最後に、分析を進めて行くにあたって浮かび上がってきた一つの事柄を強調して、この章の結びとしたい。それは天津の存在である。十九世紀に至りこの都市はさまざまな意味で脚光を浴びるのであるが[80]、乾隆期においても直隷省経済あるいは行政の要の位置を形成していることに気づくであろう。天津周辺は長蘆塩の産地であり、塩商が政治過程において重要な位置を占めるようになる。また、子牙河・大清河の河川交通をつうじて、直隷省南部の物資が集まり、また南運河からは、王朝を支える南方からの漕運米が集積する。災害時には当局は、この天津を拠点として賑恤を行い、結果として清朝の財が直隷省の社会の維持の為に投下される。図式的に言えば、総督・布政使・按察使が駐在する政治都市保定と長蘆塩の産地、漕運・奉天米流通の結節点、直隷省物資の集積地としての経済都市天津という二つの中心が、十八世紀中期以降の直隷省の政治・経済・行政の構造を規定していたと見ることができよう。

註

（1）　明代の子牙河については田口〔1997〕、清末の子牙河治水については山本進〔2002〕第九章「清代直隷の棉業と李鴻章の直隷統治」が論及する。ここで山本進氏は筆者が旧稿「乾隆初期の通貨政策―直隷省を中心として―」『九州大学東洋史論集』十八、一九九〇、において論じた直隷省の「地域経済」の内実について批判する。「地域経済」という用語については既に筆者が、黒田明伸「二〇世紀太原県にみる地域経済の原基」への書評（『法制史研究』四七、一九九八年）で言及したように、論者様々な定義によっており、問題は多い。確かに山本進氏の「地域経済」の定義に即せば筆者の旧稿における議論は成立しない。筆者の視角は一貫して行政主体が認識する地域であり、生産力が低い直隷省においては行政主導の経済政策がこの地域の経済活動に大きな意味を持つことから、この視角も意味があると考えているし、本書でもそれは同様である。しかし、それをもって「地域経済」とするのは確かに安易であった。なお「政策過程」と「権力過程」の概念についての明確な規定は、大嶽〔1990〕参照。

（2）河川自体のデータは、以下すべて二十世紀における記述によるものであるが参考のために記す。川幅は河口の紅橋においては七〜八十メートル、沙窩附近において三〜四十メートル、正定において二十メートル、というのが通常の状態であるが、増水期においては百メートルを越え、千メートルに及ぶ時もあるという。水深は平時下流河口は五メートルを最大として平均三メートル、沙各橋上流は一メートルから五十センチ、それより上流は水がないが、増水期には蔵家橋付近で四〜五メートル、正定府附近でも一メートル、洪水時には十五メートルに達する。（『支那省別全誌』第十八巻、直隷省、一九一七、秋草〔1943〕、参照）また、『順直河道改善建議案』（京大人文研蔵）は、「子牙河の上流の重要な支流は一つは滹沱河、一つは滏陽河である。滹沱河は京漢路の上にあり、流域面積は二万四千平方キロであり、滏陽河は大部分小河から成り、その流域面積は九千六百平方キロである。両河は毎年盛漲の時、文安窪と寧晋泊がその停蓄の地でありその唯一の去路は、一子牙河に恃むもので、此の河の能容水量は毎秒四百立方メートルに過ぎず、故に上流の被淹の地は急には涸復することができない。故に羅総工程師の意見は、滹沱河の上流の南荘附近に蓄水地を作り、河の水位の高さを減らし、換言すれば災害の劇禍を減少できる。次策は一つの新河を開いて南運河を横切らせ海に導くことである。そうすれば上游の被淹地及び衛河左岸の決堤の災害もまた此により涸免することができる。但し新河が南運河を横切れば交差点以下の南運は廃棄され天津航運もまた断じ、小站の営田も南運河の水が馬廠に入らなかったら灌漑の利益が損なわれる」とする。

（3）森田〔1990〕第二部第四章「清代畿輔地域の水利営田政策」、田口〔1997〕参照。

（4）子牙河流域では、一七三六年から一九一一年までの百五十八年間のうち、約六割にあたる九十四年分の洪水記録が檔案史料により抽出されている。（水利水電科学研究院水利史研究室編『清代海河灤河洪澇檔案史料』中華書局、一九八一）。
（5）中国第一歴史檔案館所蔵『硃批奏摺』（以下単に『硃批奏摺』とする）水利類河工、七箱、乾隆四年八月十八日、直隷河道総督顧琮奏摺。
（6）『畿輔水利四案』初案、雍正三年十二月、怡親王等会奏。
（7）乾隆『衡水県志』巻十二、藝文、陶淑「滹滏会流考」。
（8）本書第六章、孫嘉淦による永定河治水における「不治而治之」策を参照。
（9）『硃批奏摺』水利類河工、三十八箱、乾隆三十一年十一月初十日、直隷総督方観承奏摺。
（10）『硃批奏摺』水利類河工、四十二箱、乾隆三十四年七月二十日、高誠奏摺。
（11）大島〔1930〕参照。
（12）『世宗実録』巻四十一、雍正四年二月甲戌。（『畿輔水利四案』初案、雍正四年二月初六日）雍正十一年にそれぞれ府・直隷省を管轄する巡道に復したが、以後も河務を兼管した。
（13）『畿輔安瀾志』巻四、滹沱河、官司。
（14）蔡新「畿南河渠通論」（光緒『畿輔通志』巻八十三河渠略、所収）。
（15）州県属官の管轄の実勢については『紳縉全書』等参照。永定河の河川管理体制については本書第六章を参照。
（16）『清史列傳』巻十六、顧琮。
（17）『硃批奏摺』水利類河工、二箱、乾隆二年八月二十五日、協辦吏部尚書署直隷河道総督顧琮奏摺。淀地における漁業については、他にいくつかの史料で確認できる。例えば、『乾隆朝上諭檔』第五冊、七五頁、乾隆三十二年三月初五日内閣奉上諭、等参照。
（18）『畿輔水利四案』三案。
（19）『宮中檔乾隆朝奏摺』第二〇輯、六二九頁、乾隆二十九年二月二十三日、直隷総督方観承奏摺。なお『直隷河道事宜』（撰

者未詳、北京大学図書館蔵、道光以降刊、稿本）「淀河」には、船をもって業となす淀民の雇用を前提に、垡船の大きさは長さ一丈二尺の三人乗り、一日に泥土三方を浚渫可能であると試算する記述がある。

(20) 中国第一歴史檔案館蔵『工科題本』水利工程、編号四六〇、乾隆元年七月二十一日、議政大臣武英殿大学士兼吏部尚書兼管工部尚書事務邁柱等題本。

(21) 『硃批奏摺』水利類、二一〇箱、水利類水文災情、乾隆六年十二月十三日、直隷総督高斌奏摺。谷井〔1990〕は六部（とりわけ戸部）の部駁という地方衙門に対する監督機能について分析している。

(22) 財源は様々な項目からなるが、代表例を挙げれば、営運生息銀である。乾隆二十七年正定府城西南偶の護城土隄の補修費用百七十両八銭、財源は滹沱河原設の営田工本生息一項があり歳修の費用としていたが、乾隆十七年に歳修を停止した後、清河道庫には四千六百余両があり、この項目から支出された（『硃批奏摺』水利類河工、三十四箱、乾隆二十七年年五月二十九日、直隷総督方観承奏摺）。この清河道庫の営田工本銀は正定府各州県の行塩商人に発され、月一分の利息を滹沱河歳修の用にあてていたものである。（『硃批奏摺』水利類河工、二十六箱、乾隆十七年十二月初八日、直隷総督方観承奏摺）。歳修停止の経緯もここに記されており、それによれば、乾隆十一年に乾隆帝が自ら視察して指示をした対策が効果を挙げているため歳修が必要なくなったという。

(23) 中国第一歴史檔案館蔵『工科題本』水利工程、編号四五八、乾隆元年六月十二日、議政大臣武英殿大学士兼吏部尚書兼管工部尚書事務邁柱等題本。

(24) 『硃批奏摺』水利類河工、四十九箱、乾隆三十七年二月初十日、裘曰修奏摺により提議され、翌日の上諭で裁可。（『高宗実録』巻九百二、乾隆三十七年二月丙子。この日大新荘行宮に駐蹕）

(25) 『硃批奏摺』水利類河工、十四箱、乾隆二十二年三月初三日、直隷総督方観承奏摺。

(26) 『宮中檔乾隆朝奏摺』第二十輯、七三四頁、乾隆二十九年三月初五日、直隷総督方観承奏摺。なお乾隆十七年の永定河河工においても「三万余人を下らない」という数字が挙げられている。（『宮中檔乾隆朝奏摺』第二輯、五一四頁、乾隆十七年三月二十六日、直隷総督方観承奏摺）。なお、ここで支給される票については、清末民初のものであるが、東大東洋文化研究所蔵『永定河工銭聯票』がそれに近いものとして想定される。

(27) 朱〔1989〕。

(28) 民国『青県志』巻之四、輿地志、古蹟篇、「子牙河故道」に詳細な考証がある。

(29) 朱〔1989〕、一一二頁。

(30) 光緒『大城県志』巻一、輿地。

(31) 光緒『順天府志』河渠志十一、河工七。

(32) 『康熙起居注』康熙三十九年二月辛未。

(33) 李光地については滝野邦雄〔2004〕、伊東〔2005〕参照。特に伊東は、清朝盛期の儒教的理念と既成の政治的現実の妥協的ともいえる一体化の志向への代表者として李光地を挙げる。李光地については本書のように実際の行政的実績についても光をあてる必要があるだろう。

(34) 『聖祖実録』巻一九七、康熙三十九年二月壬申。

(35) 同上。

(36) 註（14）前掲の蔡新「畿南河渠通論」、民国『青県志』巻之四、輿地志、古蹟篇。光緒『大城県志』巻十二、藝文志、奏疏、李光地「報河工完竣疏」。

(37) 本書第六章参照。

(38) 『聖祖実録』巻一九五、康熙三十八年九月戊申。

(39) 木下〔1996〕一五四頁、参照。

(40) 註（14）前掲、蔡新「畿南河渠通論」。

(41) 本書第五章、森田〔1990〕第四章参照。

(42)『畿輔水利四案』初案、雍正三年十二月、怡親王等会奏。
(43)『培遠堂偶存稿』文檄巻五、「子牙河修防事宜」。陳弘謀が乾隆三年～五年に天津河道の職にあったときのもの。
(44)『畿輔河防備考』河道、子牙河。
(45)『畿輔水利四案』初案。
(46)『畿輔水利四案』二案。
(47)同。
(48)註（5）前掲、顧琮奏摺。閻・留二荘から支河を作る構想は、註（43）前掲、陳弘謀「子牙河修防事宜」に述べられている。構想の発案は陳弘謀による可能性が高い。
(49)『高宗実録』巻百十六、乾隆九年五月。
(50)『畿輔水利四案』三案。
(51)『宮中檔乾隆朝奏摺』第四輯、八一四頁、乾隆十八年三月十六日、直隷総督方観承奏摺。
(52)『宮中檔乾隆朝奏摺』第四輯、九一二頁、乾隆十八年三月二十七日、直隷総督方観承奏摺。
(53)『宮中檔乾隆朝奏摺』第七輯、四二二頁、乾隆十九年正月二十一日、直隷総督方観承奏摺。
(54)『硃批奏摺』水利類河工、二十三箱、乾隆二十四年八月二十五日、直隷総督方観承奏摺。
(55)『硃批奏摺』水利類河工、二十四箱、乾隆二十四年九月二十四日、直隷総督方観承奏摺。なお、乾隆三十四年に至り、再度束鹿県の北を通り、深州を経由して衡水縣焦旺口において滏陽河と合流する乾隆二十四年以前の旧道に河道が移動する。（『硃批奏摺』水利類河工、四十一箱、乾隆三十四年四月十八日、直隷総督楊廷璋奏摺）
(56)『硃批奏摺』水利類河工、二十八箱、乾隆二十五年四月初三日、直隷総督方観承奏摺。
(57)『畿輔河道備考』巻四子牙河、修治。
(58)『硃批奏摺』水利類河工、二十三箱、乾隆二十四年七月初十日、直隷総督方観承奏摺。

(59)『畿輔水利四案』四案。
(60)『宮中檔乾隆朝奏摺』第十六輯、六九〇頁、乾隆二十八年正月二十六日、直隷総督方観承奏摺。
(61)『宮中檔乾隆朝奏摺』第二十輯、四三七頁、乾隆二十九年正月三十日、直隷総督方観承奏摺。
(62)『宮中檔乾隆朝奏摺』第二十輯、七〇五頁、乾隆二十九年三月初二日、直隷総督方観承奏摺。
(63)『宮中檔乾隆朝奏摺』第二十一輯、一二〇頁、乾隆二十九年四月初四日、直隷総督方観承奏摺。
(64)『高宗実録』巻七八〇、乾隆三十二年三月乙丑、上閲子牙河河隄、諭。
(65)『硃批奏摺』水利類河工、四十箱、乾隆三十二年四月十四日、直隷総督方観承奏摺。
(66)『硃批奏摺』水利類河工、三十九箱、乾隆三十二年三月十八日、直隷総督方観承奏摺。
(67)たとえば、乾隆五年、直隷総督孫嘉淦の永定河故道策が失敗であるのが明らかになってきたころ、直隷河道総督顧琮は、「総督孫嘉淦が勘河の議論を定めるにあたり、……臣と意見と合わないにもかかわらず、臣の会稿を待たず、列銜して具奏した」と孫嘉淦の独断を非難し責任転嫁しようとしている。もっとも乾隆帝は「責任は汝にあるのに、汝は復びこのような上奏を行った。これを観れば則ち汝には全く定見が無く、実に一無用の物であるだけである」と看破している。『高宗実録』巻百三十三、乾隆五年十二月。
(68)ただし後述のように、個々の直隷総督との政治的力関係において、天津の長蘆塩政が直隷省行政のアクターとして浮上してくるケースなどはある。
(69)この時期の社会思想の基盤として想定される儒教的政治思想である。岸本〔1997〕第八章、三一八頁、参照。
(70)『硃批奏摺』水利類河工、四十二箱、乾隆三十四年七月二十日、高誠奏摺。
(71)『乾隆朝上諭檔』第五冊、八四七頁、乾隆三十四年七月二十日、上諭。
(72)『硃批奏摺』水利類河工、四十二箱、乾隆三十四年七月二十三日、直隷総督楊廷璋奏摺。
(73)李湖は知県クラスの時に「用人に明るい」方観承に見いだされ、のちに累進して湖南等の巡撫に至った。黨〔1995〕八二頁。

(74)『硃批奏摺』水利類河工、四十二箱、乾隆三十四年八月初一日、直隷総督楊廷璋奏摺。磁州の営田については第五章を参照。

(75)『硃批奏摺』水利類河工、四十二箱、乾隆三十四年八月初六日、直隷総督楊廷璋奏摺。

(76)『硃批奏摺』水利類河工、四十二箱、乾隆三十四年九月初九日、高誠奏摺。

(77)長蘆塩商と有力満洲貴族の関係については鈴木真〔2009〕参照。

(78)『畿輔水利四案』四案、

(79)例えば、乾隆五十年、「船隻総匯の区」である天津において、船舶不足により漕運輸送が滞る情況が生じていた。当然船舶の不足は塩の円滑な售銷に差し支える。そこで長蘆塩商は三十万両の捐銀により千余隻の船を造ることを長蘆塩政に情願し、長蘆塩政の上奏を経て認められている。(嘉慶『新修長蘆塩法志』巻十六、奏疏下)

(80)天津研究に関する成果として、天津地域史研究会〔1999〕、吉澤〔2002〕を挙げておく。前者第一章に前近代の天津の位置について若干の言及がある。周知のように十九世紀末には、直隷総督衙門が天津にも作られ、政治的役割も高くなっていく。

小結（第二部）

第二部は明末から清代道光期前後までの直隷省の治水・水利政策を乾隆期の治水事業を軸として分析した。まず、章ごとに明らかにしたことを要約し、その後に序論の枠組みとの関連において第二部の総括をしたい。

第五章では、道光初年に編纂された『畿輔河道水利叢書』と『畿輔水利四案』という二つの畿輔水利に関する書物を詳細に分析することによって、明清期を通じての畿輔水利論について、その議論が時代によっていかなる位相の違いを見せたかについて考察した。

「基本経済地域」とされる南方の資源（物資・人材・貨幣・文化等々）の北方への移動は、明清時代の帝政中国を特徴付け、また帝政を維持する重要なシステムであった。このシステムの存在様態は常に歴史的状況（景気変動、王朝のサイクル）によって変化した。システム維持の為に整備される大運河や河川堤防や灌漑施設等が、社会的負担とならず逆に社会資本として機能している時代においては、南の経済・北の政治という二つの中心（焦点）は求心性を帯びあたかも一つの中心のごとく現象し、帝政中国の一統に正に作用した。逆に社会がこの負担に耐えられなくなり、制度自体も官僚制維持コスト増大などの制度疲労を起こすと、特に南方は北方から離れようとする傾向を持つ。「畿輔水利論」という共通の問題が、システムの円滑作動期には単に雍正乾隆期において行われたような地域の独自の発展の中での畿輔地域の再開発という性格を帯び、一方、王朝体制危機の時代には、元末（虞集の議論）・明末（徐貞明の議論）

・清末（林則徐の議論）のように、「南方の負担」と認識され南方の利害と深く結びつけて議論される、という位相の違いを明確にあらわす。

第六章では、清代になって事実上はじめて組織的な治水が完成した永定河治水について分析した。永定河は、首都である北京（京師）附近を流れ、土砂含有量も多く、しばしば洪水を引き起こしていた河川であったにもかかわらず、明代から清初にかけては、中央が体系的な治水政策を行うことはなく、水害が生じても知県レベルの地方官や有力者が一過的な対応をするのみであった。しかし、康熙三十年代に堤防が建築されて以来、雍正から乾隆期にかけて多くの官が配置され、周到な治水組織が整備された。また、乾隆前期には臨機応変な河道の移動の政策が行われ、一定の成果を挙げた。

雍正期には、布政使・按察使が置かれ、制度的にも「行省」としての体裁を整えつつあった直隷省では、永定河の治水組織も、その権限は中央から直隷省という地方に移されていったが、直隷省はその位置が故に中央行政の影響を受けざるを得なかった。要所において河務に明るい大学士や中央六部官僚が永定河に派遣され、直隷総督と共同で業務が遂行される。さらに皇帝自らも視察に赴いて様々な具体的な指示を行い、その業績が顕彰される。基本的には「一省」の問題にである。皮肉な見方をすれば、変動していく社会の中で、神話の時代までさかのぼろうかという伝統的な行政（禹の治水）への回帰の典型を永定河治水に求めたのではないだろうか[1]。

第七章では、永定河と同じ海河水系に属する河川であるが、交通路としての機能を持つが故に、永定河とは異なった治水政策がとられた子牙河について分析した。その際、より政策過程に着目したアプローチを行った。

乾隆三十年代までの子牙河の治水事業の流れを、政策の長期的変化という観点から見ると、（1）康熙後期は中央が関与した形で体系的な堤防が作られた制度確立期であり、（2）雍正期から乾隆初期は官制を中心とした制度的大枠の完成時期であり、（3）乾隆前期は細かい修正は加えられながらも、おおむね制度の適切な運用がなされた時期である、と整理しうる。いずれの時期も、帝政中国を支える南北経済循環が十分に機能しているため、明末や清末の南北経済循環機能の不全期に現れる華北自給論などという観点は全く無い。それよりも現実に生じている直隷地域の諸問題に対処する形で政策が進められていっている。ただ、治水事業という伝統的蓄積がある政策であるため、会計制度や官制の整備などの微調整は適宜行われたが、革新的な新制度の創出には至らず、また、政策の背景にある伝統的社会思想をゆるがすことはなかった。以上指摘した点は六章の永定河の治水政策と共通している。また、政策決定過程に現れるパターンについては、清朝の政治過程は、一般には定式化した文書行政の中において、皇帝・官僚の個人的資質や二者間のパーソナルな関係によって異なる様相を示すが、本論における乾隆前期の直隷省の治水の事例については、政務に意欲的な乾隆帝と高い行政手腕（「経済之才」）を持つ直隷総督方観承の間における政策決定が次第に主要なものとなっていき、政策決定過程における中央、特に工部の相対的な地位低下が確認できる。それとともに乾隆三十年以降は、天津を中心とした長蘆塩政とその背後の利益集団である塩商の治水行政におけるアクターとしての出現が見て取れる。これらの督撫の権力伸張と地方利益団体の相対的な影響力の増大は、清代後期に至る地方への権力分権への萌芽とも評価できる。

第二部全体を総括すれば、清代乾隆前期までの直隷地域では、皇帝の強力なリーダーシップと督撫の適切な政策提案（アジェンダセッティング）、また重点的財政投入による堤防の維持管理システムの構築という制度的枠組みに守られながら、「無形之帑蔵」(2) つまり社会資本（インフラ）の整備と地域の再開発が進み、可耕地・可居住地が拡大し、増加する人口(3)を辺境と同様に吸収した。また、治水・水利工事は雇用の確保という機能も果たした。第一部でみた緻密な雲南からの銅輸送システムに裏付けられた北京での銅銭の大量鋳造と治水における「以工代賑」策は、貨幣（銅銭）の社会への投下につながり、その貨幣は直隷省地域の経済活動を活発化させる役割を果たした。

これらの施策を可能にしたのは、当時の経済的な好況状況[4]であり、その状況下、適切な富の再配分が行われた結果、専制的性格をもつ清朝統治権力の直接的影響力が個別の社会構成員に相対的に強く作用して社会も安定を示した。それゆえに、やはりここでも一種の「公共性」が生まれ、確信的な反清勢力を除く、大部分の社会構成員の清朝への自発的な統合志向が生じた。ただ、江南地方などの社会の成長と一定の自律化をみせている地域と比較して直隷地域は社会自体の包摂力が脆弱なため[5]、経済サイクルが下降局面となり、また清朝の統合力が弱くなっていくと、容易に社会が不安定化する。宗教結社などに人々が取り込まれていくこととなる背景であろう[6]。

展望として示せば乾隆後期から十九世紀にいたる過程で、直隷省の治水政策の体系性は低下していく[7]。二十世紀に至って行われる上流のダム貯水による洪水調節技術はまだなく、もっぱら堤防に依存する当時の技術水準における治水は、一旦河道変更などをしても、永定河の下口移動や子牙河の正河・支河の十年単位での変更にみえるように、五十年百年といった長期間に効果があるわけではなく[8]、常に状況をみて対策を講じ、それと同時に堤防の日常的な維持管理を遂行しなければならない。こういったシステムが乾隆後半からうまく機能しなくなっていったと考えられる[9]。

序論で論じたように、十八世紀は中国に伝統中国としての「タテの連続性」が（特に清朝政府当局者においては主観的に）依然として強く存在した時代ではあったが、帝政による統治システムが客観的に対処できる経済の諸分野は限られたものになっていく傾向にあった。その十八世紀中期に、経済現象すべてに干渉することの無効性を認識していたその治世前半期の乾隆帝（とその官僚達）が正しくも選択した経済にかかわる諸政策とその一定の成果は、「伝統中国」の最後の開花ではなかったろうか。マカートニー等の遣中国使節に述べた「地大物博」という乾隆帝の言葉は、かつてその選択を行った自信への郷愁だったのではなかろうか。

註

(1) 鈴井〔1955〕によれば、第六章での分析の舞台となった固安県・覇州・永清県では雍正期に「井田」が実施されている。
(2) 『畿輔水利四案』三案、乾隆九年五月初八日、山西道監察御史柴潮生奏請。第五章参照。
(3) 本書第三章、註(29)参照。
(4) 康熙前半までのいわゆる「康熙不況」からの脱却は、永定河治水や子牙河治水等の清朝による「公共事業」の展開による貨幣投下と連動しているのかもしれない。岸本〔1997〕第七章「康熙年間の穀賤について」参照。
(5) 永定河・子牙河の治水事業については、伝統的とも言える治水に関わる官僚制機構が自己運動することによって恒常的な行政の対応をある程度可能にした。しかし、治水とは異なり社会の基盤である農業に直接関わる水利営田策は、「社会」がこれを受容する力が必要不可欠である。営田策遂行過程の水稲栽培の半強制への抵抗、南人に対する北人の危機感、これらは直隷省社会の拒否的反応を示す。また、方観承による乾隆十八年施行の「畿輔義倉」は民間による自治的な維持管理を前提としていたが、乾隆三十年代にはほぼその機能は停止していた。当時の直隷省地域の民間には義倉の維持を続ける社会基盤が無かったのである。
(6) 小田〔1994〕に述べられる黄育楩による直隷省州県レベルの民間宗教統制の事例等参照。
(7) 沈聯芳撰『邦畿水利集説』(嘉慶八年閏二月序刊)には、「聖祖・世宗年間の淀にあっては、深広未墾の地がはなはだ多かった。故に当日の王河督新命や怡親王は『興利』を調査実行することが大半であったが、乾隆二十八〜九年間、制府方恪敏(方観承)の時は、『除害』と『興利』が参半であった。今はただ『除害』を求めるのみである」とある。光緒『順天府志』河渠志十一、河工七、には道光七年の紀事として、「年久失修之隄」を県レベルで修築していることを述べる。森田〔2002〕第五章に見える、文安県の旗地がらみの紛争の顕在化に対応したのは知県であった。また山本進〔2002〕第九章「清代直隷の棉業と李鴻章の直隷統治」、は清末、直隷省の治水政策が弥縫的なものにとどまらざるを得なかった状況を分析している。

（8）乾隆十五年の方観承の永定河河道移動提案に関して、乾隆帝は効果を訊ねた。方観承はその時「二十年のうちは無事保てるでしょう」と答えたが、その後はどうか、との乾隆帝の問いには答えることができなかった。『御製詩四集』巻五十九、「懐旧詩」。地域は異なるが、寧波における水災の数が明らかに減少しているのは、一七五一年から一八〇〇年の間、つまり乾隆期である。この時期に王朝のインフラ維持が効力を持っていた傍証となるであろう。岡〔1998〕参照。

（9）本書で捨象せざるを得なかった観点であるが、治水と生態環境との関連はやはり重要である。藤田〔1998〕によれば、淮河の水害状況を分析した上で、一七三六年から七〇年代まで、つまり乾隆前半期は、水害の頻度が極端に大きい年と少ない年が交互に出現する変動・バラツキが多い時期（第一期）、一八〇五年まで、つまり乾隆後半期は頻度は低位で安定したパターンを見せる時期（第二期）、一八四〇年まで、つまり嘉慶～道光前期はほぼ毎年高頻度で水害が発生する時期（第三期）、その後一八七〇年代までは水害頻度減少の時期（第四期）、一八九〇年代までは第三期ほどでないが、水害の高頻度が続き降水量が多い時期（第五期）であるとする。例えば五章冒頭で論じた道光初年の水害が起こった第三期には東アジアの寒冷化が進んだとされ、水害が東アジアの気候環境と連動していると指摘している。

結　論

ここで、本書の主題である清代の経済政策についての考察を終える。

本書序論では、全体を貫く問題設定について提示した。十八世紀乾隆期を時代の対象とすること、経済政策を主題とすること、後期帝政中国の南北関係・中央地方関係という枠組みを準備すること、檔案史料を通じて文書行政そのものを検討すること、を明示した。第一部の「乾隆期における通貨政策」では、乾隆初期の「銭貴」に清朝がいかなる政策をもって対応しようとしたのか、乾隆末年の「小銭」という民間社会の経済活動で実質的に使用されていた貨幣に対して清朝とりわけ乾隆帝がいかなる態度をとったのかを検討した。第二部の「清代直隷省における治水・水利政策」では、第五章において畿輔水利論が時代によって異なる位相を見せることを明らかにした。第六章と第七章では直隷省の主要河川である永定河と子牙河の治水を検討した。

以上の分析を通して本書が明らかにし得たことを、序論において分析対象として特に強調した「政策」を中心に総括して本書の結論としたい。

政策というものを軸として考えると、ある特定の政策が、例えば物の流通に関わる問題等、本来的に社会（その他の社会集団）における問題に密接に関わる性格をもつ場合があり、また衙門における人事政策のように官制という国家（統治権力）の範囲の中で自己完結する性格の問題というものがある。(1) しかし、前者の問題においても政策決定の内容が社会的問題と遊離することがあれば、人事政策においてもそれが「社会」の動向と密接に関わる場合がある。その様相は個々事象の歴史的文脈・時代の文脈において変化する。

本書第一部で検討した通貨政策の場合、乾隆初期においてはまがりなりにも八旗兵丁や「民間日用」のようなよりその他の社会集団に近い対象の為に検討された。漢人士大夫も統治権力に積極的に参与して、そこには特定の「利益集団」によるあからさまな利益誘導もみえない形で、自らの主張にしたがった上奏文を提出している。第二部でみた治水水利政策も、直隷省地域の社会の利益・要求（フィードバック）に即して行なわれ、方観承のような清朝の治統によりそう官僚たちにより適切なアジェンダセッティングがなされ、施行された。

この時期帝政中国の制度上最も重要なアクターであった乾隆帝は、雍正帝とは異なり比較的スムーズな皇位継承により即位し、目立った政敵は存在しなかった。張廷玉や鄂爾泰などの重臣の存在の中、二十五歳の乾隆帝は自制と柔軟性を有していた。また雍正帝の官僚制運用の規律化の遺産がまだ機能し、治世の初めの言路が開かれた状況にあった(2)。また、何よりも経済が非常に好況で、民の生活が比較的安定していた。このような諸々の好条件下、ここに一種の「公共性」の回路が生まれ、統治権力と社会とその中間にある士大夫との関係に一種の調和した理想的状態が生まれた。第一章でみた京師銭法八条のような、従来はなかった市場への直接的介入の試みなどは、その調和状況の一つの体現であったし、政策の効果に疑問があるとされた段階ですぐにそれを停止したのも良識であったと思われる。銅銭とりわけ「制銭」への信任はこのような中で歴史的に生じたといえるかもしれない。従来は市場の論理での信任の強調であったが、このような理路を考えることはできないだろうか。

しかしその関係は何度も強調するがあくまでも経済環境の良好な状況に支えられていた。経済が下降局面に転じ、つかみかけた民間社会が離反していくのを感じたとき、ともに手を携えて治世を共有したと思った漢人士大夫達に裏切られたと感じたとき、乾隆帝はまさに「手負いの虎」となったのではないか。このとき、乾隆帝には漢人士大夫も、利に走ること鶩のごとき小民も、また、阿諛追従と「日々久しく廃弛」をよしとする世界に安住する官界も、すべてが清朝の一家ではなく敵として認識された。官界は統治権力によりそう故に社会の少ない資源を独占する。社会（その他の社会集団）は清朝統治への呼応をやめ、離反へと向かう。

士大夫知識人に対しては科挙制度と翰林院制度などの恩典によって体制に取り込む一方で暴力的で不条理な文字の獄を施行することで内面まで萎縮させた。[3] しかし、嘉慶期からは士大夫の体制への取り込みのみが積極的に行われるようになり、[4] 再び清朝と漢人士大夫の義合的状況が生じ、後に清朝を支えることとなる翰林出身の漢人洋務官僚の系譜につながっていく。

このように政策の具体的過程の分析は、様々な位相の歴史像を提供する。

本書においては文書行政システムが各所で問題にされた。この文書システムが無数の政策決定を行っているのであれば、分析すべき対象は、本書における問題に止まるものではないことはいうまでもない。序論において政治体系の出力たる行政の範囲として同定した大清会典によるならば、そこに項目として挙げられている政府機関の数だけの広範囲のものが政策としての対象となりうる。吏部の人事政策、戸部の財政、礼部の祭祀政策・人材登用政策、兵部の軍事政策、刑部の司法政策、工部の建設・水利政策、都察院の監察、のように数限りない政策課題が存在し政策決定が行われ、そして文書が営々と生み出され、先例となるべきものが事例として蓄積されていった。

中国の統治権力とその他の社会集団の統合というものが、暴力を本質としつつも「礼」という文化的理念に基づいて構成された行政官僚制のシステムによってかろうじて成り立っていたとするならば、統治権力が生み出した政策決定の蓄積は中国社会を凝集させてきた一つの営為であると言えるし、「国家」と「社会」の関係、あるいは中央と地方の関係のダイナミズムが中国史の各舞台を演出してきたのであれば、政策とはそのダイナミズムそのものであるとも言える。

いずれにせよ、上述のごとく多岐にわたって行われた政策が膨大な蓄積を現に有し、またそれらの政策群が過去の遺物ではなく、現代中国の理解や展望をするために必要なものであるとするならば、今後の研究において残された課題もまたその蓄積と同じだけ膨大に存在するということになる。

註

（1）官僚制度の自己回転を同時代において描いたのが、「掌故」の学の世界である。具体的著作として、呉振棫『養吉斎叢録』、礼親王『嘯亭雑録』、王慶雲『石渠余記』等がある。また、本書で扱った問題のなかには、鈴木中正〔1952〕が述べる「官僚の庶民に対する圧力の増大」、増井〔1974〕が描く「官逼民反」が言及されることが無かった。これが素材の偏りなのか、時代の相違によるものであるのかは早々に結論づけられない（仮説としては、経済成長期には富が広い階層に応分に再配分されるため不正が不正として認識されにくい）が、官僚社会の自己回転の負の側面が強調された、いわゆる『官場現形記』的世界を清朝史全体に敷衍するのは危険であろう。

（2）乾隆期を政治史的に時期区分すれば、この時期（乾隆十年まで）を第一期としてよいだろう。鄂爾泰・張廷玉退任後、孫嘉淦偽稿事件・胡中藻案（乾隆十七年まで）を第二期、三十年代の劉統勲・尹継善・方観承などの諸臣が死亡する時期までが第三期、和珅の権力掌握から乾隆帝の退位・崩御までが第四期となるだろう。

（3）文字の獄・禁書の知識人に与えた影響は、それが本質的に暴力的であったゆえに極めて深刻なものであったと考える。ただそれが思想自体に与えた評価については、結論には至らない。清代思想の豊穣な面と井上〔1992〕がいうような閉塞・停滞面を、伊東〔2005〕が主張するように過不足無く把握する必要があろう。

（4）黨〔2001〕参照。この論考の発表後、さらにデータ処理を進め、嘉慶期に庶吉士の数が大幅に増加し、その高位官職への到達率も上昇していることを既に実証している。近日発表の予定である。

研究文献一覧

①和文（著者名五十音順）

秋草勳〔1943〕『北支の河川』常磐書房

足立啓二〔1991〕「清代前期における国家と銭」『東洋史研究』49—4

〔1998〕『専制国家史論』柏書房

安部健夫〔1971〕『清代史の研究』創文社

アリソン（グレアム・T）〔1971〕『決定の本質』（宮里政玄訳、中央公論新社、1977）

イーストマン（ロイド・E）〔1988〕『中国の社会』（上田信・深尾葉子訳、平凡社、1994）

イーストン（デヴィッド）〔1965〕『政治分析の基礎』（岡村忠夫訳、みすず書房、1968）

石橋崇雄〔2000〕『大清帝国』講談社

石橋秀雄〔1989〕『清代史研究』緑蔭書房

石原潤〔1973〕「河北省における明・清・民国時代の定期市—分布・階層および中心集落との関係について—」『地理学評論』46—4

市古尚三〔2004〕『清代貨幣史考』鳳書房

伊東貴之〔2005〕『思想としての中国近世』東京大学出版会

井上進〔1992〕「樸学の背景」『東方学報』64

今堀誠二〔1955〕『中国封建社会の機構—帰綏（呼和浩特）における社会集団の実態調査』日本学術振興会

ウィットフォーゲル（カール・A）〔1957〕『東洋的専制主義 全体主義権力の比較研究』（アジア経済研究所訳、論争社、1961）

ウェーバー（マックス）〔1919〕『職業としての政治』（脇圭平訳、岩波書店、1980）
上田裕之〔2009〕『清朝支配と貨幣政策―清代前期における制銭供給政策の展開―』汲古書院
上田信　〔1996〕「史的システム論と物質流―十八世紀中国森林史のために―」『史潮』新38
　〔2005〕『中国の歴史9　海と帝国』講談社
内田直文〔2005〕「清代康熙年間における奏摺政治の展開」『九州大学東洋史論集』33
大島譲次〔1930〕『天津棉花と物資集散事情』天津：大島譲次
大嶽秀夫〔1990〕『政策過程』東京大学出版会
大谷敏夫〔1991〕『清代政治思想史研究』汲古書院
　〔2002〕『清代の政治と文化』朋友書店
岡田英弘〔1983〕「東アジア大陸における民族」『漢民族と中国社会』山川出版社
　〔1992〕『世界史の誕生』筑摩書房
岡元司　〔1998〕「南宋期浙東海港都市の停滞と森林環境」『史学研究』220
小田則子〔1988〕「清代華北における直接生産者の一側面―民間宗教の伝播から見た農村社会―」『名古屋大学東洋史研究報告』13
　〔1994〕「清朝と民間宗教結社―嘉慶帝の「邪教説」を中心として」『東方學』88
小野和子〔1996〕『明季党社考―東林党と復社―』同朋社出版
何炳棣　〔1962〕『科挙と近世中国社会―立身出世の階梯』（寺田隆信・千種真一訳、平凡社、1993）
萱野稔人〔2005〕『国家とはなにか』以文社
川勝守　〔1980〕『中国封建国家の支配構造』東京大学出版会
　〔1988〕「台北故宮博物院所蔵、雍正朝硃批奏摺提奏人官職一覧・年月別件数表」『九州大学東洋史論集』16
　〔2004〕『中国城郭都市社会史研究』汲古書院

〔2009〕『明清貢納制と巨大都市連鎖』汲古書院
岸本美緒〔1993〕「比較国制史研究と中国社会像」『人民の歴史学』116
〔1997〕『清代中国の物価と経済変動』研文出版
〔1999〕『明清交替と江南社会—17世紀中国の秩序問題』東京大学出版会
〔2001〕「一八世紀の中国と世界」『七隈史学』2
冀朝鼎〔1936〕『支那基本経済と灌漑』（佐渡愛三訳、白揚社、1939）
木下鉄矢〔1996〕『「清朝考証学」とその時代』創文社
キューン（フィリップ）〔1990〕『中国近世の霊魂泥棒』（谷井俊仁・谷井陽子訳、平凡社、1996）
黒田明伸〔1994〕『中華帝国の構造と世界経済』名古屋大学出版社
〔2001〕「金にならないお金の話」東京大学東洋文化研究所編『アジアを知れば世界が見える』小学館
〔2003〕『貨幣システムの世界史—〈非対称性〉をよむ—』岩波書店
桑原隲蔵〔1925〕「歴史上より観たる南北支那」（『桑原隲蔵全集』第2巻、岩波書店、1968、所収）
香坂昌紀〔1981〕「清代前期の関差弁銅制及び商人弁銅制について」『東北学院大学論集　歴史学・地理学』11
国分良成〔1999〕「中国の政策決定モデル試論」（小島朋之・家近亮子編『歴史の中の中国政治—近代と現代—』勁草書房）
佐伯富〔1971〕『中国史研究』第二、東洋史研究会
斯波義信〔1988〕『宋代江南経済史の研究』汲古書院
〔1990〕「華僑」『シリーズ世界史への問い3　移動と交流』岩波書店
杉村勇造〔1961〕『乾隆皇帝』二玄社
鈴井正孝〔1955〕「雍正年間に行われた井田制について」『歴史』11
鈴木中正〔1952〕『清朝中期史研究』愛知大学国際問題研究所

鈴木真〔2009〕「清朝前期の権門と塩商―イェヘ＝ナラ氏と長蘆塩商を例に―」『史学雑誌』118―3
滝野邦雄〔2004〕『李光地と徐乾学―康熙朝前期における党争』白桃書房
滝野正二郎〔2001〕「明・清　2000年の歴史学会―回顧と展望―」『史学雑誌』110―5
田口宏二朗〔1997〕「明末畿輔地域における水利開発事業について―徐貞明と滹沱河河工―」『史学雑誌』106―6
竹沢尚一郎〔2010〕『社会とは何か』中央公論新社
田中愛治他〔2000〕『政治過程論』有斐閣
谷井陽子〔1990〕「戸部と戸部則例」『史林』73―6
谷光隆〔1991〕『明代河工史研究』同朋社
檀上寛〔1995〕『明朝専制支配の史的構造』汲古書院
天津地域史研究会〔1999〕『天津史』東方書店
黨武彦〔1998〕「清朝における地方文書行政システム―仁井田陞博士旧蔵清末蘇州府昭文県文書を中心として―」『専修法学論集』72
〔1999〕「清代陵墓建築の歴史的研究―崇陵建築初期の行政処理過程―」『専修人文科学年報』第29号
〔2001〕「清代の翰林院」『専修大学人文科学月報』194
〔2003〕「清代檔案史料論序説―乾隆期の日本人漂流民送還関係軍機処録副奏摺を素材として―」『東京大学史料編纂所研究紀要』13
〔2005〕「方観承とその時代―乾隆期における一知識人官僚の生涯―」『東洋文化研究』7
〔2006〕「清代文書行政における内閣の政治的機能について―日本・琉球関係檔案を素材として―」『東京大学史料編纂所研究紀要』16
〔2008〕「方観承撰『薇香集』について―詩を史料とした乾隆期政治史の再構成―」『熊本大学教育学部紀要』57、人文科

学〔2009〕「方観承撰『燕香集』上について—詩を史料とした乾隆期政治史の再構成（その2）—」『熊本大学教育学部紀要』58、人文科学

東洋史研究会編〔1986〕『雍正時代の研究』同朋社

内藤湖南〔1912〕『清朝衰亡論』弘道館（『清朝史通論』平凡社東洋文庫、1993、所収）

則松彰文〔1989〕「清代中期の経済政策に関する一試論—乾隆十三年（一七四八）の米貴問題を中心に—」『九州大学東洋史論集』17

濱下武志〔1990〕『近代中国の国際的契機　朝貢貿易システムと近代アジア』東京大学出版会

濱島敦俊〔1982〕『明代江南農村社会の研究』東京大学出版会

藤井宏〔1961〕「明清時代に於ける直省と独裁君主」『和田博士古稀記念東洋史論叢』講談社

藤岡次郎〔1963〕「清代直隷省における傜役について—清朝地方行政研究のためのノオトⅣ—」『北海道学芸大学紀要』第一部B、社会科学編14(1)

藤田佳久〔1998〕「清朝中期以降の淮河流域における水害変動」『愛知大学文学論叢』116

夫馬進〔1989〕「陳応芳『敬止集』に見える「郡県論」」岩見宏・谷口規矩雄編『明末清初期の研究』京都大学人文科学研究所

ポランニー（カール）〔1977〕『人間の経済』Ⅰ（玉野井芳郎・栗本慎一郎訳、岩波書店、1980）

増井経夫〔1974〕『清帝国』講談社

松田吉郎〔1986〕「清代の黄河治水機構」『中国水利史研究』16

間宮陽介〔1986〕「貨幣の技術と貨幣経済」『思想』748

溝口雄三〔1978〕「いわゆる東林派人士の思想——前近代期における中国思想の展開—上—」『東洋文化研究所紀要』第75冊

宮崎市定〔1947〕「清朝における国語問題の一面」（『宮崎市定全集』14、岩波書店、1991、所収）

宮崎市定〔1950〕『雍正帝―中国の独裁君主』（『宮崎市定全集』14、岩波書店、1991、所収）
〔1969〕「洪武から永楽へ―初期明朝政権の性格」（『宮崎市定全集』13、岩波書店、1992、所収）
〔1977・1978〕『中国史』上、下、（『宮崎市定全集』1、岩波書店、1993、所収）
宮嵜洋一〔1996〕「清代十七～一八世紀の黄河治水事業とその背景」『九州大学東洋史論集』24
村松祐次〔1949〕『中国経済の社会態制』東洋経済新報社（1975年復刊）
〔1968〕「清の内務府荘園―『内務府造送皇産地畝冊』という史料について―」『一橋大学研究年報、経済学研究』12
〔1970〕「乾隆時代下級満州貴族の治産と人丁―『大爺得分屯中差租地畝京内屯中北寨関東等処人丁地畝総冊』という史料について―」『東洋史研究』28―4
百瀬弘〔1980〕『明清社会経済史研究』研文出版
森田明〔1974〕『清代水利史研究』亜紀書房
〔1990〕『清代水利社会史の研究』国書刊行会
〔2002〕『清代の水利と地域社会』中国書店
森正夫〔1995〕「『錫金識小録』の性格について」（『森正夫明清史論集』第三巻、汲古書院、2006所収）
山田賢〔1995〕『移住民の秩序』名古屋大学出版会
山根幸夫〔1995〕『明清華北定期市の研究』汲古書院
山本英史〔2007〕『清代中国の地域支配』慶應義塾大学出版会
山本進〔2002〕『清代の市場構造と経済政策』名古屋大学出版会
湯浅赳男〔1984〕『経済人類学序説』新評論
〔2007〕『「東洋的専制主義」論の今日性―還ってきたウィットフォーゲル』新評論
幸徹〔1986〕「宋代の南北経済交流について」『九州大学教養部歴史学地理学年報』10

〔1993〕「唐宋時代における南北商業流通と証券類についての諸問題」川勝守編『東アジアにおける生産と流通の歴史社会学的研究』、中国書店
吉澤誠一郎〔2002〕『天津の近代―清末都市における政治文化と社会統合―』名古屋大学出版会
劉序楓〔1986〕「清日貿易の洋銅商について―乾隆～咸豊期の官商・民商を中心に―」『九州大学東洋史論集』15

②中文（著者名ピンイン順）

白新良〔2002〕『清代中枢決策研究』遼寧人民出版社
〔2004〕『乾隆皇帝伝』百花文藝出版社
荘吉発〔1979〕『清代奏摺制度』国立故宮博物院
戴逸〔1992〕『乾隆帝及其時代』中国人民大学出版社
〔1999〕『18世紀的中国与世界：導言巻』遼海出版社
鄧亦兵〔2001〕「清代前期政府的貨幣政策―以京師為中心―」『北京社会科学』2001（2）
狄寵徳〔1985〕「析『畿輔水利議』談林則徐治水」『福建論壇』1985-6
高翔〔1995〕『康雍乾三帝統治思想研究』中国人民大学出版社
郭成康・成崇徳〔1994〕『乾隆皇帝全伝』学苑出版社
郭成康〔1999〕『18世紀的中国与世界：政治巻』遼海出版社
賈振文・姚漢源〔1986〕「清代前期永定河治理方略」中国科学院水利電力部水利水電科学研究院水利史研究室編『水利史研究室五十周年学術論文集』水利電力出版社
雷栄広・姚楽野〔1990〕『清代文書綱要』四川大学出版社
梁方仲〔1980〕『中国歴代戸口・田地・田賦統計』上海人民出版社

倪道善〔1990〕『明清檔案概論』四川大学出版社
裴燕生・何荘・李祚明・楊若荷〔2003〕『歴史文書』中国人民出版社
彭澤益〔1982〕「清代採銅鋳銭工業的鋳息和銅息問題考察」『中国古代史論叢』1982年第一輯
秦国経〔1994〕『中華明清珍檔指南』人民出版社
〔2005〕『明清檔案学』学苑出版社
秦佩珩〔1941〕「明代水利之研究」『経済学報』第二期
単士魁〔1987〕『清代檔案叢談』紫禁城出版社
水利水電科学研究院中国水利史稿編写組〔1989〕『中国水利史稿』下冊、水利電力出版社
孫文良〔1993〕『乾隆帝』吉林文史出版社
王永厚〔1990〕「林則徐与農田水利」『農業考古』1990-2
尹鈞科・呉文涛〔2005〕『歴史上的永定河与北京』北京燕山出版社
趙志強〔2007〕『清代中央決策機制研究』科学出版社
鄭永昌〔1997〕「清代乾隆年間的私銭流通与官方因応政策之分析——以私銭収買政策為中心」『国立台湾師範大学歴史学報』第25期
〔2006〕「清代乾隆年間銅銭之区域流通——貨幣政策与時空環境之変化分析」（陳捷先・成崇徳・李紀祥主編『清史論集』下巻、人民出版社）
中国第一歴史檔案館編著〔1985〕『中国第一歴史檔案館蔵檔案概述』档案出版社
朱玲玲〔1989〕「明清時期濘沱河的変遷」『中国歴史地理論叢』総10輯

③欧文

Bartlett, Beatrice S.〔1991〕*Monarchs and Ministers: The Grand Council in Mid-Ch'ing China, 1723-1820*, Berkeley: University of

California Press.

Elvin, Mark〔1973〕*The Pattern of Chinese Past*, Stanford: Stanford University Press.

Lavely, William〔1989〕"The Spatial Approach to Chinese History: Illustrations from North China and the Upper Yangzi", *The Journal of Asian Studies* 48-1.

Little, Daniel and Esherick, Joseph W.〔1989〕"Testing the Testers: A Reply to Barbara Sands and Roman Myers's Critique of G. William Skinner's Regional Systems Approach to China", *The Journal of Asian Studies* 48-1.

Mann, Susan〔1987〕*Local Merchants and the Chinese Bureaucracy, 1750-1950*, Stanford: Stanford University Press.

Naquin, Susan and Rawski, Evelyn S.〔1987〕*Chinese Society in the Eighteenth Century*, New Haven: Yale University Press.

Sands, Barbara and Myers, Ramon〔1986〕"The Spatial Approach to Chinese History: A Test", *The Journal of Asian Studies* 45-4.

Skinner, G. W.〔1977〕"Regional Urbanization in Nineteenth-Century China." In *The City in Late Imperial China*, ed. G. W. Skinner. Stanford.: Stanford University Press.

〔1985〕"Presidental Address: The Structure of Chinese History", *Journal of Asian Studies* 44-2.
(宋代史研究会『宋代の長江流域—社会経済史の視点から—』汲古書院、2006、に「中国史の構造」として翻訳。訳者、中島楽章)

Will, Pierre-Etienne〔1980〕*Bureaucratie et famine en Chine au 18e siècle*. Paris: Mouton.

あとがき

本書は、およそ二十年の間に執筆した、直隷省を中心とした貨幣および治水に関する論文をもとに、全体の論旨を再構成してできたものである。
章ごとに対応する初出の論文をあげる。序論や結論は一九九五年に九州大学に提出した博士論文「清代における地域行政―乾隆期直隷省における通貨政策、水利・治水政策を中心として―」の記述をもとにしているが、大幅に改稿をしている。

第一章「乾隆九年京師銭法八条の成立過程およびその結末―乾隆初年における政策決定過程の一側面―」『九州大学東洋史論集』二三、一九九五
第二章「乾隆初期における銅銭流通の地域差について―檔案史料を中心として―（上）（下）」『専修大学人文科学研究所月報』一七七、一七八、一九九七
第三章「乾隆初期の通貨政策―直隷省を中心として―」『九州大学東洋史論集』一八、一九九〇
第四章「乾隆末年の小銭問題について」『九州大学東洋史論集』三一、二〇〇三
第五章「明清期畿輔水利論の位相」『東洋文化研究所紀要』第百二十五冊、一九九四
第六章「清中期直隷省における地域経済と行政―永定河治水を中心として―」川勝守編『東アジアにおける生産と流通の歴史社会学的研究』中国書店、一九九三

第七章「清代直隷省の治水政策―乾隆前期の子牙河治水を中心として―」『東洋史研究』六八―一、二〇〇九

福岡という多民族多階層の混沌とした空気の社会の中で育った私は、社会そのものよりも、それをどう秩序化するのかという上からの視点に興味を持ち続け、政治史を志していたが、卒業論文の構想中、偶然に貨幣に興味を持った（演習で『関世編』銭法を担当した）ことから、貨幣史の迷路に迷い込んでしまった。しかし、一方で檔案という史料のおもしろさに惹かれ、常に政治史を意識して研究を続けてきた。

その研究の出発点でもあった九州大学在学中は、様々な先生、先輩方にお世話になった。一九九八年に亡くなられた越智重明先生には、ご退官直前の最後の修士指導学生としてあたたかく見守っていただいた。貨幣を卒論の題材にしたいと言った時「福田徳三を読みなさい」とおっしゃったのが印象に残っている。礼の重要性や銅が貴金属であること、等々、基本的なことを先生に学び、その演習ノートは今も大切に保管している。

教養部で教鞭をとっておられた幸徹先生には、手談を通じて、学問への態度と人生のあり方を身をもって今なお教えていただいている。本書における南北問題は幸先生の論文を着想の出発点としている。

川勝守先生には一番脂の乗りきった時期に巡り会えて幸運であった。学部進学より博士課程に至るまで一貫して指導教官として、厳しい指導を通じて学問への道へ導いていただいた。演習後、研究室の先輩としてお世話になった城井隆志氏、則松彰文氏、滝野正二郎氏（滝野氏には本書の序論に目を通していただき、貴重なご意見をいただいた）、宮嵜洋一氏ともに、川勝先生と徹夜で議論することもしばしばであったが、その足で朝一番の講義に望まれる先生のエネルギーには圧倒されたものである。修士課程在学中はちょうど「ニューアカ」ブームの時期であった。その影響を受け小賢しい議論を振り回す私に、鷹揚にしかし真摯に対してくれた。先生の学風の特徴は、ややもすれば「知的遊戯」

に堕する危険性を持つ空虚な構築論への直感的な疑義であると思われる。体系や理論で対象を鋭利に切り裂いて分析するのも学問だとは思うが、対象の全体を眺めまた脈を感じ、また愛情をもって叙述していく先生の手法の重要性を学びつつ、依然としてその境地に達し得ていない。

一九九二年、僥倖により、東京大学の東洋文化研究所という恵まれた環境に助手として身を置くことができた。東アジア第一部門の松丸道雄先生や平勢隆郎先生、文献センターの岡本さえ先生など多くの先生方に研究の環境を整えていただいた。その中でも特に濱下武志先生には俊英の居並ぶ中、ずいぶん見劣りするであろう私に、同僚というよりは指導学生として、博士論文への助言を含め、多くの学恩をうけた。大学に評価や合理化などがおよぶ直前の、よき時代最後の日々、終日書庫に籠もって漢籍を読みあさった東文研在籍の日々は至福の時間であった。

また、助手任期中に在外研究員として中国人民大学の清史研究所で勉強をする機会を得た。実際にはほぼ毎日のように中国第一歴史檔案館に通い、檔案史料の海に埋没していた。指導教授の李華先生には暖かく見守っていただいた。

その後、専門の中国史以外の先生方から過大な評価をいただき、杜甫研究の第一人者である松原朗先生に導かれて勤務することになった専修大学では、中国思想研究の馬淵昌也先生、道教研究の土屋昌明先生をはじめとする多士済々の教養科目担当教員に研究活動を通じて様々な助言を得た。また、日本のイギリス中世史研究をリードする大家である鶴島博和先生には、郷里九州の熊本大学という理想的な環境で勤務する機会を与えていただいた。本書刊行の道を拓いてくださったのも鶴島先生である。現在、日本中世史の春田直紀氏と三人で、日・東・西がそろった教育学部歴史学ゼミを受け持ち、教員養成という困難ながらもやりがいのある教育業務に従事している。

熊本大学では、時代遅れの伝統芸能のような漢文読解に素直に取り組んでくれる教員養成課程の東洋史専攻の学生に励まされ、そういったものには一切興味を示してくれないが、環境問題、格差問題、研修生問題、東シナ海ガス田問題など、現代的関心に対しては明敏に反応して卒論に取り組む地域共生社会課程の学生たちに逆によい刺激をうけている。

研究史をふりかえりつつ、日本人はなぜこんなに中国を毀誉褒貶の渦中に置こうとするのだろうか、と思う。近年中国に対する突き放した視線が一般的となったが、日本にも不正義やおかしなこと（しかも多くは合法的な……）は数限りなくある。いろいろな意味で自らを相対化してくれる中国という研究対象を選んだことは、本当に幸運に思う。

歴史からみれば（あるいは本書の拙い結論からみれば）、ある統治権力が永続することはあり得ない。ただ chineseness は世界に一定の役割として存在し続ける、という予測は導き出すことができる。カールシュミットは「政治とは概念をめぐる闘争であり、覇権国は力だけで勝つのではない」と言ったが、伝統中国が東アジア世界で示したような普遍的概念を現在の中国は未だ出し得てはいない。グローバリズム（アメリカ的価値）の中で相対的に優位な地位を占めるにとどまるのか否か、今後数十年の興味は尽きない。

本書の作成には多くの方々のご援助を得た。汲古書院の石坂叡志社長には出版の御理解をいただき、三井久人氏には、企画書の段階からお世話になり、励ましていただいた。柴田聡子氏には、ずいぶんひどい原稿に丁寧に朱筆を入れていただいた。

中国につながる最大のチャンネルでもあり、日々黙々と生活を支えてくれている妻房琦には感謝している。中文要旨は彼女の翻訳からなる。研究活動の妨害を使命としている二人の子供たちにも人間であることを思い出させる存在として感謝。最後に本書は大学院進学と研究者への進路に理解を示し、支えてくれた両親に捧げたい。ただ、既に他界した母には見せることができない。そのことは残念である。

いずれ滅びゆく人間という種のことを考えると、本書の作業は所詮むなしいものではある。それでも生きた証として僅かの期間でも研究史の片隅に残ることができれば本望である。

癸卯　正月朔日　龍田山の麓、述本斎にて

黨　武彦

〔附記〕
本書の刊行にあたっては、平成二十二年度「熊本大学学術出版助成」経費の交付をうけた。

汲 古 叢 書

1	秦漢財政収入の研究	山田　勝芳著	本体 16505円
2	宋代税政史研究	島居　一康著	12621円
3	中国近代製糸業史の研究	曾田　三郎著	12621円
4	明清華北定期市の研究	山根　幸夫著	7282円
5	明清史論集	中山　八郎著	12621円
6	明朝専制支配の史的構造	檀 上　　寛著	13592円
7	唐代両税法研究	船越　泰次著	12621円
8	中国小説史研究－水滸伝を中心として－	中鉢　雅量著	品　切
9	唐宋変革期農業社会史研究	大澤　正昭著	8500円
10	中国古代の家と集落	堀　敏 一著	品　切
11	元代江南政治社会史研究	植 松　　正著	13000円
12	明代建文朝史の研究	川越　泰博著	13000円
13	司馬遷の研究	佐藤　武敏著	12000円
14	唐の北方問題と国際秩序	石見　清裕著	品　切
15	宋代兵制史の研究	小岩井弘光著	10000円
16	魏晋南北朝時代の民族問題	川本　芳昭著	品　切
17	秦漢税役体系の研究	重近　啓樹著	8000円
18	清代農業商業化の研究	田 尻　　利著	9000円
19	明代異国情報の研究	川越　泰博著	5000円
20	明清江南市鎮社会史研究	川 勝　　守著	15000円
21	漢魏晋史の研究	多田　狷介著	品　切
22	春秋戦国秦漢時代出土文字資料の研究	江村　治樹著	品　切
23	明王朝中央統治機構の研究	阪倉　篤秀著	7000円
24	漢帝国の成立と劉邦集団	李　開 元著	9000円
25	宋元仏教文化史研究	竺沙　雅章著	品　切
26	アヘン貿易論争－イギリスと中国－	新村　容子著	品　切
27	明末の流賊反乱と地域社会	吉 尾　　寛著	10000円
28	宋代の皇帝権力と士大夫政治	王　瑞 来著	12000円
29	明代北辺防衛体制の研究	松本　隆晴著	6500円
30	中国工業合作運動史の研究	菊池　一隆著	15000円
31	漢代都市機構の研究	佐原　康夫著	13000円
32	中国近代江南の地主制研究	夏井　春喜著	20000円
33	中国古代の聚落と地方行政	池田　雄一著	15000円

34	周代国制の研究	松井　嘉徳著	9000円
35	清代財政史研究	山本　進著	7000円
36	明代郷村の紛争と秩序	中島　楽章著	10000円
37	明清時代華南地域史研究	松田　吉郎著	15000円
38	明清官僚制の研究	和田　正広著	22000円
39	唐末五代変革期の政治と経済	堀　敏一著	12000円
40	唐史論攷－氏族制と均田制－	池田　温著	未刊
41	清末日中関係史の研究	菅野　正著	8000円
42	宋代中国の法制と社会	高橋　芳郎著	8000円
43	中華民国期農村土地行政史の研究	笹川　裕史著	8000円
44	五四運動在日本	小野　信爾著	8000円
45	清代徽州地域社会史研究	熊　遠報著	8500円
46	明治前期日中学術交流の研究	陳　捷著	16000円
47	明代軍政史研究	奥山　憲夫著	8000円
48	隋唐王言の研究	中村　裕一著	10000円
49	建国大学の研究	山根　幸夫著	品切
50	魏晋南北朝官僚制研究	窪添　慶文著	14000円
51	「対支文化事業」の研究	阿部　洋著	22000円
52	華中農村経済と近代化	弁納　才一著	9000円
53	元代知識人と地域社会	森田　憲司著	9000円
54	王権の確立と授受	大原　良通著	品切
55	北京遷都の研究	新宮　学著	品切
56	唐令逸文の研究	中村　裕一著	17000円
57	近代中国の地方自治と明治日本	黄　東蘭著	11000円
58	徽州商人の研究	臼井佐知子著	10000円
59	清代中日学術交流の研究	王　宝平著	11000円
60	漢代儒教の史的研究	福井　重雅著	12000円
61	大業雑記の研究	中村　裕一著	14000円
62	中国古代国家と郡県社会	藤田　勝久著	12000円
63	近代中国の農村経済と地主制	小島　淑男著	7000円
64	東アジア世界の形成－中国と周辺国家	堀　敏一著	7000円
65	蒙地奉上－「満州国」の土地政策－	広川　佐保著	8000円
66	西域出土文物の基礎的研究	張　娜麗著	10000円

67	宋代官僚社会史研究	衣川　強著	11000円
68	六朝江南地域史研究	中村　圭爾著	15000円
69	中国古代国家形成史論	太田　幸男著	11000円
70	宋代開封の研究	久保田和男著	10000円
71	四川省と近代中国	今井　駿著	17000円
72	近代中国の革命と秘密結社	孫　江著	15000円
73	近代中国と西洋国際社会	鈴木　智夫著	7000円
74	中国古代国家の形成と青銅兵器	下田　誠著	7500円
75	漢代の地方官吏と地域社会	髙村　武幸著	13000円
76	齊地の思想文化の展開と古代中國の形成	谷中　信一著	13500円
77	近代中国の中央と地方	金子　肇著	11000円
78	中国古代の律令と社会	池田　雄一著	15000円
79	中華世界の国家と民衆　上巻	小林　一美著	12000円
80	中華世界の国家と民衆　下巻	小林　一美著	12000円
81	近代満洲の開発と移民	荒武　達朗著	10000円
82	清代中国南部の社会変容と太平天国	菊池　秀明著	9000円
83	宋代中國科學社會の研究	近藤　一成著	12000円
84	漢代国家統治の構造と展開	小嶋　茂稔著	10000円
85	中国古代国家と社会システム	藤田　勝久著	13000円
86	清朝支配と貨幣政策	上田　裕之著	11000円
87	清初対モンゴル政策史の研究	楠木　賢道著	8000円
88	秦漢律令研究	廣瀬　薫雄著	11000円
89	宋元郷村社会史論	伊藤　正彦著	10000円
90	清末のキリスト教と国際関係	佐藤　公彦著	12000円
91	中國古代の財政と國家	渡辺信一郎著	14000円
92	中国古代貨幣経済史研究	柿沼　陽平著	13000円
93	戦争と華僑	菊池　一隆著	12000円
94	宋代の水利政策と地域社会	小野　泰著	未　刊
95	清代経済政策史の研究	黨　武彦著	11000円

（表示価格は2011年３月現在の本体価格）

著者略歴

黨　武彦（とう　たけひこ）

1963年　福岡市に生まれる

1986年　九州大学文学部史学科卒業

1992年　九州大学大学院文学研究科博士課程修了　博士（文学）（1996年）

1992年　東京大学東洋文化研究所助手

1996年　専修大学法学部専任講師

2002年　熊本大学教育学部助教授

現　在　熊本大学教育学部准教授

汲古叢書95

清代経済政策史の研究

平成二十三年三月三十一日　発行

著　者　黨　武彦

発行者　石坂叡志

整版印刷　富士リプロ㈱

発行所　汲古書院

〒102-0072　東京都千代田区飯田橋二-五-四

電　話　〇三（三二六五）九七六四

FAX　〇三（三二二二）一八四五

ISBN978-4-7629-2594-8　C3322

The History of Economic Policy in the Qing Dynasty

TO Takehiko

Contents

清代经济政策史研究

序　论

在序论中，把本书考察的内容的组成通过以下几个部分提示出来：1．18世纪中国的社会经济环境、政治环境。2．研究经济政策的意义。3．着眼北部中国地域与帝政中国里存在的南北问题以及中央地方问题。4．档案史料和文书行政体系。5．研究通货政策和治水、水利政策的意义。

第一部　乾隆时代的通货政策

第一章　乾隆9年京师钱法八条的成立过程

雍正年间至乾隆初年出现了“钱贵”。对此政府于乾隆9年实施了“京师钱法八条”。在本章里明确其政策产生的过程，以及其政策带来的结果。首先对乾隆帝即位起至乾隆9年左右，官僚们围绕钱贵进行的种种讨论的内容进行分类，然后分析实行“京师钱法八条”取得的成效，以及停止实行其政策的经过和原因。

关于乾隆初期的钱法，官僚们的提议是为兵丁和老百姓的日常之便着想的。因此，政府容许地方钱局铸造与京局不同规格的铜钱，对铜的统制也做了让步，允许各地独自进行。甚至连私铸钱也包括在内的小钱的流通也得到认可，虽然这只是一时的。铜钱此时在财政上已起不到多少作用，但仍被视为“国宝”，清朝坚持不停地继续铸造。其结果清朝不得不耗费相当大的费用，把铜、铅，从西南运往京师去。这至少给当时的市场带来一个不小的作用。

乾隆9年的钱法八条，政府试图控制铜和铜钱的流通。但是在判断得不到所期待的效果后，迅速撤回了这一政策，不再拘泥继续执行。乾隆帝在提倡奖励使用银钱的同时，还指出“交易之事，原应听民便，非以法制禁

令绳之者，此朕平心静气之论也”。声明对民间的经济活动表示信赖。然而事与愿违，官僚们在某种意义上表现出来的“经世济民”的真挚的讨论和通融性的态度，以及皇帝对民间的信赖，使之产生了一种公共性，反而使民间增强了对“制钱”的信任。

第二章　关于乾隆初期铜钱流通的地域差异

在京师钱法八条取得一定的成果之下，其他省份是否也应采取此政策，对此政府向各省督抚进行了咨询。在本章中对咨询的结果，以及各督抚上报状况进行分析，做出以下几点结论。1.各省强调京师的政策不能在自省照搬。但平粜时所得到的铜钱可以用官价平买这一对策为例外。2.各省督抚的奏报是否真实地反映了各省的实际情况先另当别论，他们的言论做为各省的地方行政统治上的正论所通用。3.对各省督抚的上奏乾隆帝所下的朱批进行分析概括，在铜钱问题上，政府明确地承认存在着地域的差异以及各个省份的政策的差异。4.清朝政府虽然在“供给”上重视制钱的统一规格，但在小钱的流通方面，至少也认为在当时还是需要的。

第三章　乾隆17年直隶省对铜钱囤积的通货政策

在本章中通过分析乾隆17年到乾隆18年针对铜钱囤积问题实施的通货政策，明确了以下三点。1.乾隆17年、18年为了控制直隶省的钱贵所实行的对策，虽然起到了暂时的效果，但没有收到长期的效果。2.京师、直隶实施的钱贵对策是否在其他各省也应实施，针对清朝的咨询，各省大都认为京师直隶的钱贵对策只是北省特有的问题，不需在其他各省实行。以乾隆帝为中心的清朝政府也表示承认这一看法。３．这一北省特有的问题其背景在于以直隶省为中心的华北地区惯于使用铜钱进行高额的生意交易、土地交易。其范围广为河南省、山东省、江苏省北部、安徽省北部。这与skinner 所定下的“北部中国大地域”一致。

第四章　乾隆末年的小钱问题

乾隆30年到乾隆末年，乾隆帝亲自把小钱问题作为政策课题来办理。乾隆初期时，在各个官僚的上奏文里曾有过小钱的问题关系到“国体”、“政体”的看法，但当时清朝政府并没从正面上把它作为清朝中枢的体制问题来受理。乾隆初期的钱贵虽然是个值得改善的问题，但还不是一个直接关系到体制危机的问题。但是到了乾隆末年，小钱收买问题已发展成为一个经济上的问题，同时，还成为给体制带来危机、政治要素很强的问题。

小　结（第一部）

乾隆初期的“钱贵”的原因是什么呢？铜钱一边形成独自的货币体系，一边被称作为“钱价”，是银的货币体系中的一个商品，具有着两面性。可以说乾隆期的钱贵，它是在顺畅的银的流通、银的增加之下，出现缓慢性的通货膨胀之中产生的，是银的价格体系中的“铜钱价格”的上涨。

京师的宝泉局、宝源局正如字面意思所示，本应该成为国家制钱的泉源。但是如果用打比方来形容的话，它不得不依赖不停地把原料（从云南等地）用强大的水泵（系统的铜铅京运制度）抽上来才能维持下来。正如在本书里所举出的在湖北省设置铸钱局之例那样，如果按照经济地理上的实势，武昌（汉口）或者有着洋铜供应的苏州钱局可谓自然涌出的钱泉。但是由于清朝政府掌管的南北物资流通系统，发挥着正常的机能，这个差异并没成为关系到体制上的问题。相反给汉口、苏州的铜市场带来了活气。即使制钱被私销溶解也好，被农村富户蓄积在库也好，对于华北来说，由政府承担运输费用的铜作为一个贵重金属，这个财源在北方蓄积起来，支撑着尚为成熟，但有待展开的北部中国大地域的经济。

第二部　明清时代的水利・治水政策

第五章　明清时期畿辅水利论的诸侧面

在本章中，通过详细分析道光初年编纂的《畿辅河道水利丛书》和《畿

辅水利四案》这两本畿辅水利书，考察明清时期对畿辅水利论的讨论是如何随着时代的推移，呈现其不同观点的。作为“基本经济地域”的南方，其资源（物质、人才、货币、文化等等）的北方移动是为了维持明清时代帝制的一个重要体系。这个体制总是随着历史状况（经济发展变动，朝代兴衰）而发生变化。伴随资源移动建立的官僚制度，同时为了维持这一体制所修建的运河、河川堤防以及灌溉施设，都不仅没有成为社会的负担，相反作为一个社会资本而发挥作用。在这样一个时代里，南部的经济和北部的政治，这两个中心（焦点）恰如一个中心，为帝制中国的一统起了正的作用。可是当社会承受不了这一负荷时，南部就有了要脱离北方的倾向。“畿辅水利论”里共同的问题是，在体制正常运转时，它带有畿辅地域重新开发这一特征，象雍正、乾隆期所进行的那样。一方在王朝体制处于危机时期，如元末（虞集之论）明末（徐贞明之论）清末（林则徐之论）所述，都认为这将成为南方的负担，深深地关系到南方的利害。象这样观点明显地发生变化在本章里得以证实。

第六章　乾隆时期的永定河治水政策

永定河治水到了清代，它的有组织的治水体系才得以完善。在本章里着重分析了永定河的治水事业。永定河流经京师附近，河水含泥沙量多，时常引起洪灾。从明到清初，政府没有具体的系统的治水政策。每当发生水灾，也只是知县级的地方官员和地方绅缙对应。但是自从康熙30年修筑堤防以来，雍正、乾隆期间又布置了众多官员，建立了一套周全的治水组织。并且乾隆初期对河道的移动采取的随机应变的措施，取得了一定的成果。

直隶省在雍正期设置了布政使、按察使，行政机构成为“行省”。永定河的治水组织也跟行政一样，其权限是先从中央再移到地方的。但是，由于直隶省所在的位置直接受到中央行政的影响，精通河务的大学士、中央六部官僚，则被派遣到永定河要处，与直隶总督共同管理业务。皇帝甚

至亲自视察，下达各种具体指示。

第七章　乾隆时期子牙河的治水政策

子牙河和永定河同属于海河水系。因拥有交通运输功能，所以有着与永定河不同的治水政策。在本章从考察治水政策入手，分析其政策的形成过程。

截至乾隆30年代的子牙河治水事业从政策的长期性的变化的角度来看，其过程:（1）康熙后期是中央政府参与建立系统的堤防制度的确立期。（2）雍正期到乾隆初期是以官制为中心的制度完成期。（3）乾隆前期其政策虽然进行了小的修整，大体来说是制度妥善运转期。以上无论哪个时期，由于支持着帝制中国的南北经济循环，都发挥着正常的功能，所以在明末清末南北经济循环机能不健全时出现的华北自立论还没产生。乾隆10年至20年间，乾隆帝和有着很高行政能力的直隶总督方观承二人之间制定的政策渐占主要，而政策制定过程中的中央，特别是工部，其地位相对低下。与其同时乾隆30年以后，可以看到以天津为中心的长芦盐政和在其身后的盐商在治水行政上的影响增大。这些督抚的权利扩张和地方利益团体的影响力的相对增大，可以视为到了清代后期成为地方权利分化的一个萌芽。

小结（第二部）

第二部整体概括地说，到清朝前期为至的直隶地域，在皇帝强有力的领导和督抚的确切的政策提示下，通过重点的财政投入，建立起堤防维护管理体制。为了维护这一制度，“无形之帑藏”即社会资本的建设和地域重新开发不断加快，耕地面积、居住面积不断扩大，吸收了增加的人口。而且治水水利工程起到了确保雇用的机能。在第一部里检证的绵密的输铜体系把云南铜运到京师后，在京大量铸造铜钱，加上“以工代赈”的治水政策，共同互动着货币（铜钱）社会的投资，其货币在经济上起到了润滑作用。这些政策之所以能实现，在于当时良好的经济状况，清朝统治权力

强有力地影响并且直接地作用着每一个社会构成成员，社会也显示出了安定状态。在这种状况下一种“公共性”便产生了。这是不抱有反清势力的绝大部分的社会构成成员对清朝产生的一个自发性的统合志向。但是与发达的江南地方地域相比，由于直隶地域社会本身的内涵力脆弱，所以随着清朝的统合力的衰退，社会很容易陷入不安定状态，成为民众容易被宗教结社所笼络的背景之一。

正如序论所述，１８世纪中国仍然是一个传统式的中国，其“竖向连续性”，（特别是对清朝政府当局来说）依然非常浓厚。但是帝政统治体系对种种经济领域能客观地做出对策渐渐有限。１８世纪中期，乾隆帝以及官僚们已认识到对出现的经济现象都加以干涉已无济于事。但是乾隆帝在他治世的前半期里实施的各种经济政策和取得的成果，成为“传统中国”的最后一个硕果。因此对　噶尔尼访华使团，乾隆帝所述的“地大物博”也是对他自己的一个自信的表露。

索　引

事項索引

サ行

タ行

ナ行

ハ行

人名索引

タ行

研究者名索引